高等职业院校教学改革创新示范教材·软件开发系列

网页设计与制作教程

（HTML5+CSS3+JavaScript+jQuery）

（第2版）

张晓蕾　主编

电子工业出版社

Publishing House of Electronics Industry

北京·BEIJING

内 容 简 介

本书面向网站开发与网页制作的读者，采用全新流行的Web标准，以Web前端开发技术HTML5、CSS3、JavaScript和jQuery为基础，由浅入深、完整详细地介绍了网站设计与网页制作的相关知识。本书共分13章，主要内容包括HTML5基础知识、编辑网页元素、页面的布局与交互、CSS3基础、盒模型、使用CSS修饰页面外观、CSS布局技术、JavaScript程序设计基础、HTML5的高级应用、jQuery基础、jQuery的动画效果、jQuery UI插件的用法和天地环保综合案例网站。

本书内容紧扣国家对高等学校培养高级应用型、复合型人才的技能水平和知识结构的要求，以天地环保网站项目案例的开发思路为主线，采用模块分解、任务驱动、子任务实现和代码设计四层结构，通过对模块中每个任务相应知识点的讲解，引导读者学习网页制作、设计、规划的基本知识，以及项目开发、测试的完整流程。

本书适合作为高等学校、职业院校计算机及相关专业或培训班的网站开发与网页制作教材。

未经许可，不得以任何方式复制或抄袭本书之部分或全部内容。
版权所有，侵权必究。

图书在版编目（CIP）数据

网页设计与制作教程：HTML5+CSS3+JavaScript+jQuery / 张晓蕾主编. —2版. —北京：电子工业出版社，2018.6
ISBN 978-7-121-34218-9

Ⅰ．①网…　Ⅱ．①张…　Ⅲ．①超文本标记语言－程序设计－高等学校－教材②网页制作工具－高等学校－教材③JAVA语言－程序设计－高等学校－教材　Ⅳ．①TP312②TP393.092

中国版本图书馆CIP数据核字（2018）第099216号

策划编辑：程超群
责任编辑：底　波
印　　刷：北京七彩京通数码快印有限公司
装　　订：北京七彩京通数码快印有限公司
出版发行：电子工业出版社
　　　　　北京市海淀区万寿路173信箱　邮编100036
开　　本：787×1 092　1/16　印张：19　字数：486.4千字
版　　次：2014年7月第1版
　　　　　2018年6月第2版
印　　次：2024年8月第10次印刷
定　　价：49.00元

凡所购买电子工业出版社图书有缺损问题，请向购买书店调换。若书店售缺，请与本社发行部联系，联系及邮购电话：（010）88254888，88258888。

质量投诉请发邮件至 zlts@phei.com.cn，盗版侵权举报请发邮件至 dbqq@phei.com.cn。

本书咨询联系方式：（010）88254577，ccq@phei.com.cn。

PREFACE 前言

随着 HTML5 规范的日臻完善和普及，Web 前端开发技术也越来越引人注目，如何开发 Web 应用程序，设计精美、独特的网页已经成为当前的热门技术之一。许多高校的相关专业都开设了网页制作及程序开发类课程。

为适应现代技术的飞速发展，培养出技术能力强、能快速适应网站开发行业需求的高级技能型人才，帮助众多喜爱网站开发的人员提高网站的设计及编码水平，作者结合自己多年从事教学工作和 Web 应用开发的实践经验，按照教学规律精心编写了本书。

本书基于 Web 标准，深入浅出地介绍了 Web 前端设计技术的基础知识，对 Web 标准、HTML5、CSS3、JavaScript、jQuery 和网站制作流程进行了详细的讲解。本书围绕 Web 标准的三大关键技术（HTML、CSS 和 JavaScript/jQuery）来介绍网页编程的必备知识及相关应用。其中，HTML 负责网页结构，CSS 负责网页样式及表现，JavaScript/jQuery 负责网页行为和功能。目前，很多高校的计算机专业和 IT 培训班都将 HTML5+CSS3+JavaScript+jQuery 作为教学内容之一，这对培养学生的计算机应用能力具有非常重要的意义。

本书采用"模块化设计、任务驱动学习"的编写模式，实现任务驱动学习的关键是"任务"的设计，它必须是社会实际生产、生活中的一个真实问题。为了解决这个问题，需要把它分解成一系列的"子任务"；每个子任务的解决过程就是一个模块的学习过程。每个模块学习一组概念、锻炼一组技能；全部模块加起来，即完成一种知识的学习，形成一种相应的能力。

在任务驱动学习的具体实施中，以网站建设和网页设计为中心，以实例为引导，把介绍知识与实例设计、制作、分析融于一体，自始至终贯穿于本书之中。在实例的设计、制作过程中，把各章节的知识点融于实例之中，使读者能够快速掌握相关概念和操作方法。考虑到网页制作较强的实践性，本书配备大量的页面例题和丰富的运行效果图，能够有效地帮助读者理解所学习的理论知识，系统全面地掌握网页制作技术。本书的主要特色如下。

（1）基于 Web 标准，所有案例都通过了 W3C 标准检验。

（2）本书通过对天地环保网站的完整讲解，将相关知识点分解到案例实例网站的具体制作环节中，针对性强。同时提供了许多案例，具有可操作性。

（3）语言通俗易懂、简单明了，读者能够轻松地掌握有关知识。

（4）知识结构安排合理、循序渐进，适合教师教学与学生自学。

本书以天地环保网站的设计与制作为主线，围绕网站栏目的设计，详细、全面、系统地介绍网页制作、设计、规划的基本知识及网站开发的完整流程。本书所有例题、习题及上机实训均采用案例驱动的讲述方式，通过大量实例深入浅出、循序渐进地引导读者学习。本书在每章后面附有大量的实践操作习题，并在教学课件中给出习题答案，供读者在课外巩固所学的内容。

本书共分 13 章，主要内容包括 HTML5 基础知识、编辑网页元素、页面的布局与交互、CSS3 基础、盒模型、使用 CSS 修饰页面外观、CSS 布局技术、JavaScript 程序设计基础、HTML5 的高级应用、jQuery 基础、jQuery 的动画效果、jQuery UI 插件的用法和天地环保综合案例网站。

本书条理清晰、内容完整、实例丰富、图文并茂、系统性强，不仅可以作为高等学校计算机及相关专业课程的教材，也可以作为网站建设、相关软件开发人员和计算机爱好者的参考书。

全书由张晓蕾担任主编并定稿，由刘瑞新教授担任主审。

参加本书编写的作者的分工如下：张晓蕾编写第 1~5 章，吕振雷编写第 6 章和第 8 章，马海洲编写第 7 章和第 9 章，莫丽娟编写第 10 章，高欣编写第 11 章，第 12 章和第 13 章的编写及教学资源的制作由刘克纯、骆秋容、刘大学、缪丽丽、陈文娟、李继臣、孙明建、李索、刘有荣、李刚、徐维维、徐云林、曹媚珠、陈文焕、沙世雁、田金凤、王茹霞、田同福等共同完成。参加编写的大部分人员是具有多年计算机教学与培训经验的教师。

由于作者水平有限，书中难免有不足之处，恳请读者提出宝贵意见和建议。

编　者

CONTENTS 目录

第 1 章
HTML5 基础知识

随着 Internet 风行世界，Web 页作为展现 Internet 风采的重要载体受到了越来越多用户的重视。Web 页是由超文本标记语言（Hypertext Markup Language，HTML）组织起来的，由浏览器解释显示的一种文本文件。通过浏览器访问到的 Web 页面，通常是基于 HTML 的基础上所形成的。本章将介绍有关 HTML 的概念及其基本语法。

▎1.1 Web 技术和浏览器

Web 本意是蜘蛛网的意思，现常指 Internet 的 Web 技术。Web 技术提供了方便的信息发布和交流方式，是一种典型的分布式应用结构，Web 应用中的每一次信息交换都要涉及客户端和服务器，客户端技术是 Web 技术的基础。利用 Web 技术可以为企业提供全球范围的多媒体信息服务，使企业获取信息的手段有了根本性的改善，与之密切相关的是浏览器（Browser）。

浏览器实际上就是用于网上浏览的应用程序，其主要作用是显示网页和解释脚本。对一般设计者而言，不需要知道有关浏览器实现的技术细节，只要知道如何熟练掌握和使用它即可。用户只需要操作鼠标，就可以得到来自世界各地的文档、图片或视频等信息。浏览器种类很多，目前常用的有微软的 Internet Explorer（IE）、Edge、Google 的 Chrome、Mozilla 的 Firefox、Opera、Apple 的 Safari 浏览器等。

▎1.2 Web 标准

大多数网页设计人员都有这样的体验：每次主流浏览器版本的升级，都会使用户建立的网站变得过时，此时就需要升级或者重新建设网站。同样，每当新的网络技术和交互设备出现时，设计人员也需要制作一个新版本来支持这种新技术或新设备。

解决这些问题的方法就是建立一种普遍认同的标准来结束这种无序和混乱，在 W3C（W3C.org）的组织下，Web 标准开始被建立（以 2000 年 10 月 6 日发布 XML 1.0 为标志），并在网站标准组织（WebStandards.org）的督促下推广执行。

1.2.1 什么是 Web 标准

Web 标准不是某一种标准，而是一系列标准的集合。网页主要由 3 部分组成：结构（Structure）、表现（Presentation）和行为（Behavior）。对应的网站标准也分为 3 类：结构化标准（语言主要包括 XHTML 和 XML）；表现标准语言（主要为 CSS）；行为标准（主要包括对象模型 W3C DOM、ECMAScript 等）。这些标准大部分由 W3C 起草和发布，也有一些是其他标准组织制定的标准，如 ECMA（European Computer Manufacturers Association）的 ECMAScript 标准。

1. 结构化标准语言

（1）HTML。HTML 是 HyperText Markup Language 的缩写，中文通常称为超文本标记语言，来源于标准通用置标语言（SGML），它是 Internet 上用于编写网页的主要语言。

（2）XML。XML 是 The eXtensible Markup Language（可扩展置标语言）的缩写。目前推荐遵循的标准是 W3C 于 2000 年 10 月 6 日发布的 XML 1.0。和 HTML 一样，XML 同样来源于 SGML，但 XML 是一种能定义其他语言的语言。XML 最初设计的目的是弥补 HTML 的不足，以强大的扩展性满足网络信息发布的需要，后来逐渐被用于网络数据的转换和描述。

（3）XHTML。XHTML 是 The eXtensible HyperText Markup Language（可扩展超文本置标语言）的缩写，目前推荐遵循的标准是 W3C 于 2000 年 10 月 6 日发布的 XML 1.0。XML 虽然数据转换能力强大，完全可以替代 HTML，但面对成千上万已有的站点，直接采用 XML 还为时过早。因此，在 HTML 4.0 的基础上，用 XML 的规则对其进行扩展，得到了 XHTML。

2. 表现标准语言

CSS 是 Cascading Style Sheets（层叠样式表）的缩写。W3C 创建 CSS 标准的目的是以 CSS 取代 HTML 表格式布局、帧和其他表现的语言。纯 CSS 布局与结构式 HTML 相结合能帮助设计师分离外观与结构，使站点的访问及维护更加容易。

3. 行为标准

（1）DOM。DOM 是 Document Object Model（文档对象模型）的缩写。根据 W3C DOM 规范，DOM 是一种与浏览器、平台和语言相关的接口，通过 DOM，用户可以访问页面其他的标准组件。简单地理解，DOM 解决了 Netscape 的 JavaScript 和 Microsoft 的 JScript 之间的冲突，给予 Web 设计师和开发者一个标准的方法，来解决站点中的数据、脚本和表现层对象的访问问题。

（2）ECMAScript。ECMAScript 是 ECMA（European Computer Manufacturers Association）制定的标准脚本语言（JavaScript）。目前，推荐遵循的标准是 ECMAScript 262。

1.2.2　建立 Web 标准的优点

对于网站设计和开发人员来说，遵循网站标准就是建立和使用 Web 标准。建立 Web 标准的优点如下。

- 提供最大利益给最多的网站用户。
- 确保任何网站文档都能够长期有效。
- 简化代码，降低建设成本。
- 让网站更容易使用，能适应更多不同用户和更多网络设备。
- 当浏览器版本更新或者出现新的网络交互设备时，确保所有应用能够继续正确执行。

1.2.3　理解表现和结构相分离

了解了 Web 标准后，本节将介绍如何理解表现和结构相分离。在此以一个实例来详细说明。首先必须明白一些基本的概念：内容、结构、表现和行为。

1．内容

内容就是页面实际要传达的真正信息，包含数据、文档或图片等。注意，这里强调的"真正"是指纯粹的数据信息本身，不包含任何辅助信息，如图 1-1 所示的诗歌的内容页面等。

登鹳雀楼 作者：王之涣 白日依山尽，黄河入海流。欲穷千里目，更上一层楼。

图 1-1　诗歌的内容

2．结构

可以看到如图 1-1 所示的文本信息本身已经完整，但是混乱一团，难以阅读和理解，必须将其格式化。把其分成标题、作者、段落和列表等，如图 1-2 所示。

登鹳雀楼
作者：王之涣
• 白日依山尽，
• 黄河入海流。
• 欲穷千里目，
• 更上一层楼。

图 1-2　诗歌的结构

3．表现

虽然定义了结构，但内容还是原来的样式没有改变，如标题字体没有变大、正文的颜色也没有变化、没有背景、没有修饰等。所有这些用来改变内容外观的东西称为"表现"。下面是对上面文本用表现处理过后的效果，如图 1-3 所示。

图 1-3　诗歌的表现

4．行为

行为是对内容的交互及操作效果。例如，使用 JavaScript 可以使内容动起来，可以判断一些表单提交，进行一些相应的操作。

所有 HTML 页面都由结构、表现和行为 3 个方面的内容组成。内容是基础层，然后是附加的结构层和表现层，最后再对这 3 个层做些"行为"。

1.3　HTML5 概述

HTML 是 HyperText Markup Language（超文本标记语言）的缩写，是构成 Web 页面（page）、表示 Web 页面的符号标签语言。通过 HTML，将所需表达的信息按某种规则写成 HTML 文件，再通过专用的浏览器来识别，并将这些 HTML 文件翻译成可以识别的信息，就是所见到的网页。

1.3.1　Web 技术发展历程

HTML 最早源于标准通用化标记语言（Standard General Markup Language，SGML），它由 Web 的发明者 Tim Berners-Lee 和其同事 Daniel W.Connolly 于 1990 年创立。在互联网发展的初期，互联网由于没有一种呈现网页技术的标准，所以多家软件公司就合力打造了 HTML 标准，其中最著名的就是 HTML 4.0，这是一个具有跨时代意义的标准。HTML 4.0 依然有缺陷和不足，人们仍在不断地改进它，使它更加具有可控制性和弹性，以适应网络上的应用需求。2000 年，W3C 组织公布发行了 XHTML 1.0 版本。

XHTML 1.0 是一种在 HTML 4.0 基础上优化和改进的新语言，目的是基于 XML 应用，它的可扩展性和灵活性将适应未来网络应用更多的需求。不过，XHTML 并没有成功，大多数的浏览器厂商认为 XHTML 作为一个过渡的标准并没有太大必要，所以 XHTML 并没有成为主流，而 HTML5 便因此孕育而生。

HTML5 的前身名为 Web Applications 1.0，由 WHATWG 在 2004 年提出，于 2007 年被 W3C 接纳。W3C 随即成立了新的 HTML 工作团队，团队包括 AOL 公司、Apple 公司、Google 公司、IBM 公司、Microsoft 公司、Mozilla 公司、Nokia 公司、Opera 公司及数百个其他的开发商。这个团队于 2009 年公布了第一份 HTML5 正式草案，HTML5 将成为 HTML 和 HTMLDOM 的新标准。2012 年 12 月 17 日，W3C 宣布凝结了大量网络工作者心血的 HTML5 规范正式定稿，确定了 HTML5 在 Web 网络平台奠基石的地位。

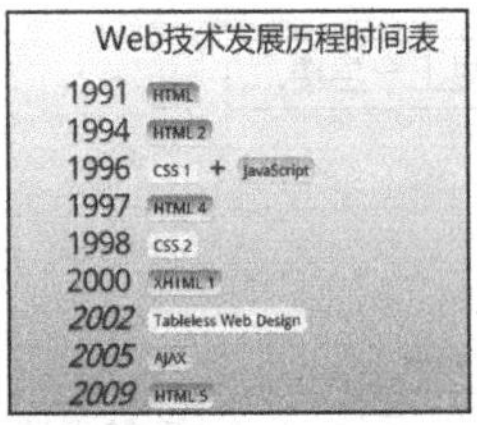

图 1-4　Web 技术发展历程时间表

Web 技术发展历程时间表，如图 1-4 所示。

1.3.2　HTML5 的特性

HTML 4.0 主要用于在浏览器中呈现富文本内容和实现超链接，HTML5 继承了这些特点，但更侧重于在浏览器中实现 Web 应用程序。对于网页的制作，HTML5 主要有两个方面的改动，即实现 Web 应用程序和用于更好地呈现内容。

1．实现 Web 应用程序

HTML5 引入新的功能，以帮助 Web 应用程序的创建者更好地在浏览器中创建富媒体应用程序，这是当前 Web 应用的热点。多媒体应用程序目前主要由 Ajax 和 Flash 来实现，HTML5 的出现增强了这种应用。HTML5 用于实现 Web 应用程序的功能如下。

（1）绘画的 Canvas 元素，该元素就像在浏览器中嵌入一块画布，程序可以在画布上绘画。

（2）更好的用户交互操作，包括拖放、内容可编辑等。

（3）扩展的 HTMLDOM API（Application Programming Interface，应用程序编程接口）。

（4）本地离线存储。

（5）Web SQL 数据库。

（6）离线网络应用程序。

（7）跨文档消息。

（8）Web Workers 优化 JavaScript 执行。

2．更好地呈现内容

基于 Web 表现的需要，HTML5 引入了更好呈现内容的元素，主要有以下几项。

（1）用于视频、音频播放的 video 元素和 audio 元素。

（2）用于文档结构的 article、footer、header、nav、section 等元素。

（3）功能强大的表单控件。

1.3.3　HTML5 元素

根据内容类型的不同，可以将 HTML5 的标签元素分为 7 类，见表 1-1。

其中的一些元素如 canvas、audio 和 video，在使用时往往需要其他 API 来配合，以实现细粒度控制，但它们同样可以直接使用。

表 1-1　HTML5 的内容类型

内 容 类 型	描　　述
内嵌	向文档中添加其他类型的内容，如 audio、video、canvas 和 iframe 等
流	在文档和应用的 body 中使用的元素，如 form、h1 和 small 等
标题	段落标题，如 h1、h2 和 hgroup 等
交互	与用户交互的内容，如音频和视频的控件、button 和 textarea 等
元数据	通常出现在页面的 head 中，设置页面其他部分的表现和行为，如 script、style 和 title 等
短语	文本和文本标签元素，如 mark、kbd、sub 和 sup 等
片段	用于定义页面片段的元素，如 article、aside 和 title 等

1.4　HTML5 的基本结构

每个网页都有其基本的结构，包括 HTML 的语法结构、文档结构、标签的格式及代码的编写规范等。

1.4.1　HTML5 语法结构

1. 标签

HTML 文档由标签和被标签的内容组成。标签能产生所需要的各种效果，其功能类似一个排版软件，将网页的内容排成理想的效果。标签（tag）是用一对尖括号（"<" 和 ">"）括起来的单词或单词缩写，各种标签的效果差别很大，但总的表示形式却大同小异，大多数都成对出现。在 HTML 中，通常标签都是由开始标签和结束标签组成的，开始标签用 "<标签>"表示，结束标签用 "</标签>"表示。其格式为：

> <标签> 受标签影响的内容 </标签>

例如，一级标题标签<h1>表示为：

> <h1>学习网页制作</h1>

需要注意以下两点。

（1）每个标签都要用 "<"（小于号）和 ">"（大于号）括起来，如<p>、<table>，以表示这是 HTML 代码而非普通文本。注意，"<"、">" 与标签名之间不能留有空格或其他字符。

（2）在标签名前加上符号 "/" 便是其结束标签，表示该标签内容的结束，如</h1>。标签也有不用</标签>结尾的，称为单标签。例如，换行标签
。

2. 属性

标签仅规定这是什么信息，但要想显示或控制这些信息，就需要在标签后面加上相关的属性。标签通过属性来制作出各种效果，通常都是以 "属性名="值""的形式来表示的，用空格隔开后，还可以指定多个属性，并且在指定多个属性时不用区分顺序。其格式为：

> <标签　属性 1="属性值 1"　属性 2="属性值 2"　...> 受标签影响的内容 </标签>

例如，一级标题标签<h1>有属性 align，align 表示文字的对齐方式，表示为：

```
<h1 align="left">学习网页制作</h1>
```

3．元素

元素指的是包含标签在内的整体，元素的内容是开始标签与结束标签之间的内容。没有内容的 HTML 元素称为空元素，空元素在开始标签中关闭。

例如，以下代码片段所示：

```
<h1>学习网页制作</h1>          <!--该 h1 元素为有内容的元素-->
<br/>                        <!--该 br 元素为空元素，在开始标签中关闭-->
```

1.4.2 HTML5 编写规范

页面的 HTML 代码书写必须符合 HTML 规范，这是用户编写拥有良好结构文档的基础，这些文档可以很好地工作于所有的浏览器，并且可以向后兼容。

1．标签的规范

（1）标签分为单标签和双标签，双标签往往成对出现，所有标签（包括空标签）都必须关闭，如
、<img/>、<p>…</p>等。

（2）标签名和属性建议都用小写字母。

（3）多数 HTML 标签可以嵌套，但不允许交叉。

（4）HTML 文件一行可以写多个标签，但标签中的一个单词不能分两行写。

2．属性的规范

（1）根据需要可以使用该标签的所有属性，也可以只用其中的几个属性。在使用时，属性之间没有顺序。

（2）属性值都要用双引号括起来。

（3）并不是所有的标签都有属性，如换行标签就没有。

3．元素的嵌套

（1）块级元素可以包含行级元素或其他块级元素，但行级元素却不能包含块级元素，它只能包含其他的行级元素。

（2）有几个特殊的块级元素只能包含行级元素，不能再包含块级元素，这几个特殊的标签是<h1>、<h2>、<h3>、<h4>、<h5>、<h6>、<p>、<dt>。

4．代码的缩进

HTML 代码并不要求在书写时缩进，但为了文档的结构性和层次性，建议初学者使用标记时首尾对齐，内部的内容向右缩进几格。

1.4.3 HTML5 文档结构

HTML5 文档是一种纯文本格式的文件，文档的基本结构为：

```
<!doctype html>
<html>
  <head>
    <meta charset="gb2312">
    <title>文档标题</title>
```

```
    </head>
    <body>
      网页内容
    </body>
  </html>
```

1．文档类型

在编写 HTML5 文档时，要求指定文档类型，用于向浏览器说明当前文档使用的是哪种 HTML 标准。文档类型声明的格式为：

```
<!doctype html>
```

这行代码称为 doctype 声明，doctype 是 document type（文档类型）的简写。要建立符合标准的网页，doctype 声明是必不可少的关键组成部分。doctype 声明必须放在每个 HTML 文档的最顶部，即在所有代码和标签之前。

2．HTML 文档标签<html>…</html>

HTML 文档标签的格式为：

```
<html> HTML 文档的内容 </html>
```

<html>处于文档的最前面，表示 HTML 文档的开始，即浏览器从<html>开始解释，直到遇到</html>为止。每个 HTML 文档均以<html>开始，以</html>结束。

3．HTML 文档头标签<head>…</head>

HTML 文档包括头部（head）和主体（body）。HTML 文档头标签的格式为：

```
<head> 头部的内容 </head>
```

文档头部内容在开始标签<html>和结束标签</html>之间定义，其内容可以是标题名或文本文件地址、创作信息等网页信息说明。

4．HTML 文档编码

HTML5 文档直接使用 meta 元素的 charset 属性指定文档编码，格式如下：

```
<meta charset="gb2312">
```

为了被浏览器正确解释和通过 W3C 代码校验，所有的 HTML 文档都必须声明它们所使用的编码语言。文档声明的编码应该与实际的编码一致，否则就会呈现为乱码。对于中文网页的设计者来说，用户一般使用 gb2312（简体中文）。

5．HTML 文档主体标签<body>…</body>

HTML 文档主体标签的格式为：

```
<body>
  网页的内容
</body>
```

主体位于头部之后，以<body>为开始标签，</body>为结束标签。它定义网页上显示的主要内容与显示格式，是整个网页的核心，网页中要真正显示的内容都包含在主体中。

1.5　创建 HTML 文件

任意文本编辑器都可以用于编写网页源代码，最常见的文本编辑器就是 Windows 自带的记事本。本书中所有的网页源代码均采用在记事本中手工输入，有助于设计人员对网页结构和样式有更深入的了解。

一个网页可以简单的只有几个文字，也可以复杂的像一张或几张海报。下面创建一个只有文本组成的简单页面，通过它来学习网页的编辑、保存过程。下面用最简单的"记事本"来编辑网页文件。

（1）打开记事本。单击 Windows 的"开始"按钮，在"程序"菜单的"附件"子菜单中单击"记事本"命令。

（2）创建新文件，并按 HTML 语言规则编辑。在"记事本"窗口中输入 HTML 代码，具体的内容如图 1-5 所示。

（3）保存网页。打开"记事本"的"文件"菜单，选择"保存"命令。此时将出现"另存为"对话框，在"保存在"下拉列表框中选择文件要存放的路径，在"文件名"文本框输入以.html 为后缀的文件名，如 first.html，在"保存类型"下拉列表框中选择"文本文档（*.txt）"项，如图 1-6 所示。单击"保存"按钮，将记事本中的内容保存在磁盘中。

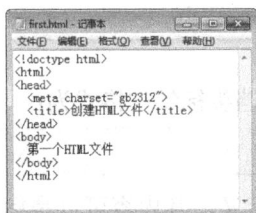

图 1-5　输入 HTML 代码　　　　　　图 1-6　"记事本"的"另存为"对话框

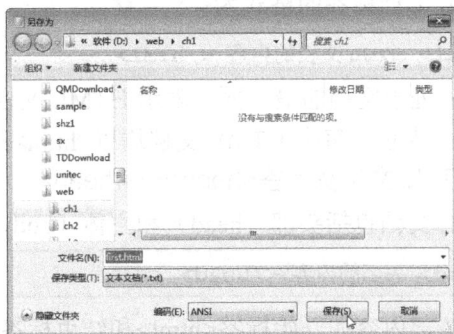

（4）在"我的电脑"相应的存盘文件夹中双击 first.html 文件启动浏览器，即可看到网页的显示结果。

如果希望将该网页作为网站的首页（主页），当浏览者输入网址后，就显示该网页的内容，可以把这个文件设为默认文档，文件名为 index.html 或 index.htm。

1.6　搭建支持 HTML5 的浏览器环境

尽管各主流厂商的最新版浏览器都对 HTML5 提供了很好的支持，但 HTML5 毕竟是一种全新的 HTML 标签语言，许多功能必须在搭建好相应的浏览环境后才可以正常浏览。因此，在正式执行一个 HTML5 页面之前，必须先搭建支持 HTML5 的浏览器环境，并检查浏览器是否支持 HTML5 标签。

图 1-7　页面显示效果

Google 公司开发的 Chrome 浏览器在稳定性和兼容性方面都比较出色，本书所有的应用实例均是在 Windows 7 操作系统下的 Chrome 浏览器中运行的。

【例 1-1】制作简单的 HTML5 文档检测浏览器是否支持 HTML5，本例文件 1-1.html 在 Chrome 浏览器中的显示效果如图 1-7 所示。

代码如下：

```
<!doctype html>
<html>
  <head>
   <meta charset="gb2312">
   <title>检查浏览器是否支持 HTML5</title>
  </head>
  <body>
   <canvas id="my" width="200" height="100" style="border:3px solid #f00;
   background-color:#00f">              <!--HTML5 的 canvas 画布标签-->
   该浏览器不支持 HTML5
   </canvas>
  </body>
</html>
```

【说明】在 HTML 页面中插入一段 HTML5 的 canvas 画布标签，当浏览器支持该标签时，将显示一个矩形；反之，则在页面中显示"该浏览器不支持 HTML5"的提示。

1.7　网页头部标签

在网页的头部中，通常存放一些介绍页面内容的信息，如页面标题、描述、关键词、链接的 CSS 样式文件和客户端的 JavaScript 脚本文件等。

其中，页面标题及页面描述称为页面的摘要信息。在不同的搜索引擎中生成的摘要信息会存在比较大的差别，即使是同一个搜索引擎也会由于页面的实际情况而有所不同。一般情况下，搜索引擎会提取页面标题标签中的内容作为摘要信息的标题，而描述则常来自页面描述标签的内容或直接从页面正文中截取。如果希望自己发布的网页能被百度、谷歌等搜索引擎搜索，那么在制作网页时就需要注意编写网页的摘要信息。

1．<title>标签

<title>标签是页面标题标签，它将 HTML 文件的标题显示在浏览器的标题栏中，用以说明文件的用途，这个标签只能应用于<head>与</head>之间。<title>标签是对文件内容的概括，一个好的标题能使读者从中判断出该文件的大概内容。

网页的标题不会显示在文本窗口中，而以窗口的名称显示出来，每个文档只允许有一个标题。网页的标题能给浏览者带来方便，如果浏览者喜欢该网页，可以将它加入书签中或保存到磁盘上，标题就作为该页面的标志或文件名。另外，使用搜索引擎时显示的结果也是页面的标题。

<title>标签位于<head>与</head>中，用于标示文档标题。格式如下：

<title> 标题名 </title>

例如，新浪网站的主页，对应的网页标题为：

<title>新浪首页</title>

打开网页后，将在浏览器窗口的标题栏显示"新浪首页"网页标题。在网页文档头部定义的标题内容不在浏览器窗口中显示，而是在浏览器的标题栏中显示。尽管文档头部定义的信息很多，但能在浏览器标题栏中显示的信息只有标题内容。

2．<meta>标签

<meta>标签是元信息标签，在 HTML 中是一个单标签。该标签可重复出现在头部标签中，

用来指明本页的作者、制作工具、所包含的关键字，以及其他一些描述网页的信息。

<meta>标签分为两大属性：HTTP 标题属性（http-equiv）和页面描述属性（name）。不同的属性又有不同的参数值，这些不同的参数值实现不同的网页功能。本节主要讲解 name 属性，用于设置搜索关键字和描述。<meta>标签的 name 属性的语法格式为：

```
<meta name="参数" content="参数值">。
```

name 属性主要用于描述网页摘要信息，与之对应的属性值为 content，content 中的内容主要用于搜索引擎查找信息和分类信息。

name 属性主要有以下两个参数：keywords 和 description。

（1）keywords（关键字）。keywords 用来告诉搜索引擎网页使用的关键字。例如，国内著名的新浪网，其主页的关键字设置如下：

```
<meta name="keywords" content="新浪,新浪网,SINA,sina,sina.com.cn,新浪首页,门户,资讯"/>
```

（2）description（网站内容描述）。description 用来告诉搜索引擎网站主要的内容。例如，新浪网站主页的内容描述设置如下：

```
<meta name="description" content="新浪网为全球用户 24 小时提供全面及时的中文资讯,
内容覆盖国内外突发新闻事件、体坛赛事、娱乐时尚、产业资讯、实用信息等，设有新闻、体育、娱乐、
财经、科技、房产、汽车等 30 多个内容频道,同时开设博客、视频、论坛等自由互动交流空间。" />
```

当浏览者通过百度搜索引擎搜索“新浪”时，就可以看到搜索结果中显示出网站主页的标题、关键字和内容描述，如图 1-8 所示。

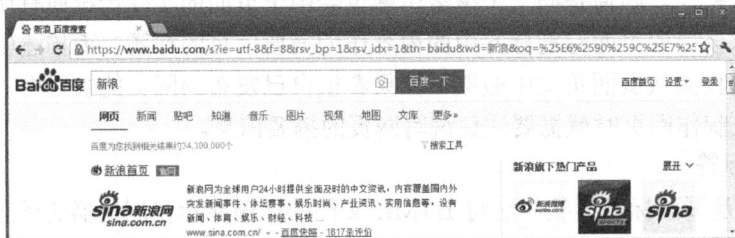

图 1-8　页面摘要信息

3．<link>标签

<link>标签是关联标签，用于定义当前文档与 Web 集合中其他文档的关系，建立一个树状链接组织。<link>标签并不将其他文档实际链接到当前文档中，只是提供链接该文档的一个路径。<link>标签通常用于链接 CSS 样式文件，格式如下：

```
<link rel="stylesheet" href="外部样式表文件名.css" type="text/css">
```

4．<script>标签

<script>标签是脚本标签，用于为 HTML 文档定义客户端脚本信息。此标签可在文档中包含一段客户端脚本程序。此标签可位于文档中的任何位置，但常位于<head>标签内，以便于维护，格式如下：

```
<script type="text/javascript" src="脚本文件名.js"></script>
```

【例 1-2】制作天地环保公司网站（以下简称“天地环保”）页面摘要信息，由于摘要信息不能显示在浏览器窗口中，因此这里只给出本例文件 1-2.html 的代码。代码如下：

```
<!doctype html>
<html>
<head>
  <meta charset="gb2312">
  <title>天地环保</title>
  <meta name= "keywords" content= "天地环保,环境保护,环境检测,环境治理" />
  <meta name= "description" content= "天地环保设备公司是一家专业从事环境污染治理
和生态环境修复,集技术开发、技术服务、环保设备制造、工程总承包、资源综合利用的环保公司"/>
</head>
<body>
</body>
</html>
```

【说明】位于头部的摘要信息不会在网页上直接显示,而是通过浏览器内部方式起作用。

1.8　注释

注释的作用是方便阅读和调试代码,便于以后维护和修改。当浏览器遇到注释时会自动忽略注释内容,访问者在浏览器中是看不见这些注释的,只有在用文本编辑器打开文档源代码时才可见。

注释标签的格式为:

```
<!-- 注释内容 -->
```

图 1-9　页面显示效果

注释并不局限于一行,长度不受限制。结束标签与开始标签可以不在一行上。例如,以下代码将在页面中显示段落的信息,而加入的注释不会显示在浏览器中,如图 1-9 所示。

```
<!--这是一段注释。注释不会在浏览器中显示。-->
<p>HTML5+CSS3+JavaScript+jQuery 是目前流行的网页制作技术组合</p>
```

1.9　特殊符号

由于大于号 ">" 和小于号 "<" 等已作为 HTML 的语法符号,因此,如果要在页面中显示这些特殊符号,就必须使用相应的 HTML 代码来表示,这些特殊符号对应的 HTML 代码称为字符实体。常用的特殊符号及对应的字符实体见表 1-2。这些字符实体都以 "&" 开头,以 ";" 结束。

表 1-2　常用的特殊符号及对应的字符实体

特 殊 符 号	字 符 实 体	示　　例
空格		天地环保 咨询热线:400-810-6666
大于 (>)	&gt;	3>2
小于 (<)	&lt;	2<3
引号 (")	&quot;	HTML 属性值必须使用成对的"括起来
版权号 (©)	&copy;	Copyright © 天地环保

【例 1-3】制作天地环保页面的版权信息，页面中包括版权符号、空格，本例文件 1-3.html 在浏览器中显示的效果如图 1-10 所示。

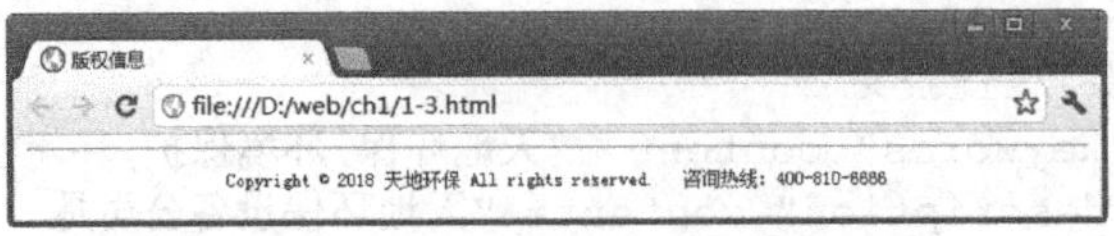

图 1-10　天地环保页面的版权信息

代码如下：

```
<html>
<head>
<title>版权信息</title>
</head>
<body>
  <hr>        <!--水平分隔线-->
  <p style="font-size:12px;text-align:center">Copyright &copy; 2018 天地环
保 All rights reserved.   咨询热线: 400-810-6666 </p>
</body>
</html>
```

【说明】HTML 语言忽略多余的空格，最多只空一个空格。在需要空格的位置，既可以用 " " 插入一个空格，也可以输入全角中文空格。另外，这里对段落使用了行内 CSS 样式 style="font-size:12px;text-align:center" 来控制段落文字的大小及对齐方式，关于 CSS 样式的应用将在后面的章节中详细讲解。

习题 1

1. 简答 WWW 浏览常用的浏览器。
2. 什么是 Web 标准？举例说明网页的表现和结构相分离的含义。
3. 简述 HTML 文档的基本结构及语法规范。
4. 制作购物商城的版权信息，效果如图 1-11 所示。

图 1-11　题 4 图

第 2 章

编辑网页元素

随着网络技术的发展，网页内容的表现形式更加多种多样，包括文本、超链接、图像、列表等，本章将重点介绍如何在页面中添加与编辑这些网页元素。

2.1 文本元素

在网页制作过程中，通过文本与段落的基本排版即可制作出简单的网页。以下讲解常用的文本与段落排版所使用的标签。

1. 标题文字标签

在页面中，标题是一段文字内容的核心，所以总是用加强的效果来表示。网页中的信息可以分为主要点、次要点，可以通过设置不同大小的标题，增加文章的条理性。标题文字标签的格式为：

```
<h# align="left|center|right"> 标题文字 </h#>
```

"#"用来指定标题文字的大小，#取范围为 1～6 的整数值，取值为 1 时文字最大，取值为 6 时文字最小。

属性 align 用来设置标题在页面中的对齐方式，包括 left（左对齐）、center（居中）和 right（右对齐），默认为 left。

<h#>…</h#>标签默认显示宋体，在一个标题行中无法使用不同大小的字体。

【例 2-1】列出 HTML 中的各级标题，本例文件 2-1.html 在浏览器中显示的效果如图 2-1 所示。代码如下：

```
<html>
<head>
<title>标题示例</title>
</head>
<body>
  <h1>一级标题</h1>
  <h2>二级标题</h2>
  <h3>三级标题</h3>
  <h4>四级标题</h4>
  <h5>五级标题</h5>
  <h6>六级标题</h6>
</body>
</html>
```

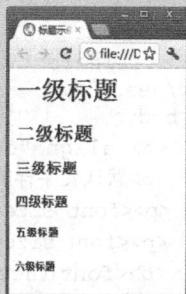

图 2-1 各级标题

2. 字体标签

在网页中为了增强页面的层次，其中的文字可以用不同的大小、字体、字型、颜色，可用<font>标签设置。设置文字的格式为：

> **`<font size="数字" face="字体名" color="颜色"> 被设置的文字 </font>`**

<font>标签可设定文字的字体、字号和颜色。其中：

size 用来设置文字的大小。数字的取值范围为 1～7，size 取值为 1 时最小，取值为 7 时最大。

face 用来设置字体。如黑体、宋体、楷体_GB2312、隶书、Times New Roman 等。

color 用来设置文字颜色，默认为黑色。

文字颜色可以用相应的英文名称或以"#"引导的一个十六进制代码来表示，见表 2-1。

表 2-1　色彩代码表

色　　彩	色彩英文名称	十六进制代码
黑色	black	#000000
蓝色	blue	#0000ff
棕色	brown	#a52a2a
青色	cyan	#00ffff
灰色	gray	#808080
绿色	green	#008000
乳白色	ivory	#fffff0
橘黄色	orange	#ffa500
粉红色	pink	#ffc0cb
红色	red	#ff0000
白色	white	#ffffff
黄色	yellow	#ffff00
深红色	crimson	#cd061f
黄绿色	greenyellow	#0b6eff
水蓝色	dodgerblue	#0b6eff
淡紫色	lavender	#dbdbf8

【例 2-2】使用<font>标签设置文字样式，本例文件 2-2.html 在浏览器中的显示效果如图 2-2 所示。代码如下：

```html
<html>
<head>
  <title>font标签</title>
</head>
<body>
  <h2 align="center">设置文字样式</h2>
  <p>默认文字样式</p>
  <p><font size="4" color="blue">4 号蓝色文字</font></p>
  <p><font size="5"color="green">5 号绿色文字</font></p>
  <p><font face="微软雅黑" size="6" color="red">6 号红色微软雅黑文字</font></p>
</body>
</html>
```

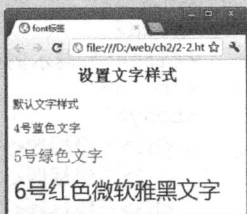

图 2-2　<font>标签示例

3. 文本格式化标签

在网页中，有时需要为文字设置粗体、斜体或下画线效果，这时就需要用到 HTML 中的文本格式化标记，使文字以特殊的方式显示，常用的文本格式化标签见表 2-2。

<div align="center">表 2-2　常用的文本格式化标签</div>

标　　签	显　示　效　果
\<b>\</b>和\<strong>\</strong>	文字以粗体方式显示（b 定义文本粗体，strong 定义强调文本）
\<i>\</i>和\<em>\</em>	文字以斜体方式显示（i 定义斜体字，em 定义强调文本）
\<s>\</s>和\<del>\</del>	文字以加删除线方式显示（HTML5 不赞成使用 s）
\<u>\</u>和\<ins>\</ins>	文字以加下画线方式显示（HTML5 不赞成使用 u）

【例 2-3】使用文本格式化标签设置文字样式，本例文件 2-3.html 在浏览器中的显示效果如图 2-3 所示。代码如下：

```html
<html>
<head>
<title>使用文本格式化标签设置文字样式</title>
</head>
<body>
<p>正常显示的文本</p>
<p><b>使用 b 标签定义的加粗文本</b></p>
<p><strong>使用 strong 标签定义的强调文本</strong></p>
<p><i>使用 i 标签定义的倾斜文本</i></p>
<p><em>使用 em 标签定义的强调文本</em></p>
<p><del>使用 del 标签定义的删除线文本</del></p>
<p><ins>使用 del 标签定义的下画线文本</ins></p>
</body>
</html>
```

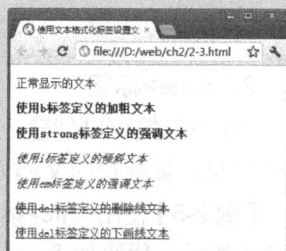

<div align="right">图 2-3　页面显示效果</div>

【说明】以上文本格式化标签均可使用\<span>标签配合 CSS 样式替代。

2.2　文本层次语义元素

为了使 HTML 页面中的文本内容更加形象生动，需要使用一些特殊的元素来突出文本之间的层次关系，这样的元素称为层次语义元素。文本层次语义元素通常用于描述特殊的内容片段，可使用这些语义元素标注出重要信息，如名称、评价、注意事项、日期等。

1. \<time>标签

\<time>标签用于定义公历的时间（24 小时制）或日期，时间和时区偏移是可选的。\<time>标签不会在浏览器中呈现任何特殊效果，但是能以机器可读的方式对日期和时间进行编码，例如，用户能够将生日提醒或排定的事件添加到用户日程表中，搜索引擎也能够生成更智能的搜索结果。\<time>标签的属性见表 2-3。

<div align="center">表 2-3　\<time>标签的属性</div>

属　　性	描　　述
datetime	规定日期/时间，否则由元素的内容给定日期/时间
pubdate	指示\<time>标签中的日期/时间是文档（或\<article>标签）的发布日期

【例2-4】使用<time>标签设置日期和时间，本例文件 2-4.html 在浏览器中的显示效果如图 2-4 所示。代码如下：

```
<!doctype html>
<html>
<head>
<meta charset="gb2312">
<title>time 标签的使用</title>
</head>
<body>
  <p>我每天早上<time>8:00</time>上班</p>
  <p>产品发布会将于<time datetime="2018-01-10">1 月 10
日</time>召开</p>
  <time datetime="2018-01-03" pubdate="pubdate">
    本消息发布于 2018 年 1 月 3 日
  </time>
</body>
</html>
```

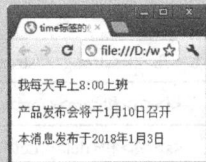

图 2-4　<time>标签示例

2．<cite>标签

<cite>标签可以创建一个引用标记，用于对文档参考文献的引用说明，一旦在文档中使用了该标记，被标记的文档内容将以斜体的样式展示在页面中，以区别于段落中的其他字符。

【例2-5】使用<cite>标签设置文档引用说明，本例文件 2-5.html 在浏览器中的显示效果如图 2-5 所示。代码如下：

```
<!doctype html>
<html>
<head>
<meta charset="gb2312">
<title>cite 标签示例</title>
</head>
<body>
  <p>这是最好的时代 也是最坏的时代。</p>
  <cite>——狄更斯《双城记》</cite>
</body>
</html>
```

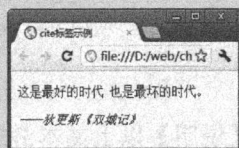

图 2-5　<cite>标签示例

3．<mark>标签

<mark>标签用来定义带有记号的文本，其主要功能是在文本中高亮显示某个或某几个字符，旨在引起用户的特别注意。

【例2-6】使用<mark>标签设置文本高亮显示，本例文件 2-6.html 在浏览器中的显示效果如图 2-6 所示。代码如下：

```
<html>
<head>
<meta charset="gb2312">
<title>mark 标签示例</title>
</head>
<body>
  <h3>天地环保<mark>新闻</mark>发布</h3>
  <p>天地环保社区上线<mark>启动仪式</mark>今日隆
重举行，社区是大家交流<mark>环保知识</mark>和发起环保活动的场所。</p>
</body>
</html>
```

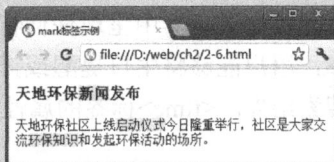

图 2-6　<mark>标签示例

2.3　基本排版元素

段落和水平线属于最基本的排版元素。在网页制作过程中，通过段落的排版即可制作出简单的网页。以下讲解基本的排版元素。

1. 段落标签

在网页中要把文字有条理地显示出来，离不开段落标记，就如同用户平常写文章一样，整个网页也可以分为若干个段落，而段落的标签就是<p>。段落标签<p>是 HTML 格式中特有的段落元素，在 HTML 格式里不需要在意文章每行的宽度，不必担心文字太长了而被截掉，它会根据窗口的宽度自动转折到下一行。段落标签的格式为：

```
<p align="left|center|right"> 文字 </p>
```

其中，属性 align 用来设置段落文字在网页上的对齐方式：left（左对齐）、center（居中）和 right（右对齐），默认为 left。格式中的"|"表示"或者"，即多项选其一。

【例 2-7】列出包含<p>标签的多种属性，本例文件 2-7.html 在浏览器中的显示效果如图 2-7 所示。代码如下：

```
<html>
<head>
  <title>段落 p 标签示例</title>
</head>
<body>
  <p align="center">天地环保最新消息</p>
  <p align="right">作者：天使</p>
  <p align="left">天地环保社区上线，……（此处省略文字）
</p>
  <p align="center">Copyright &copy; 2018 天地环保</p>
</body>
</html>
```

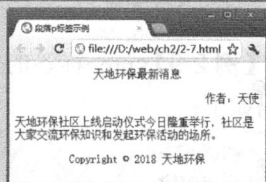

图 2-7　<p>标签示例

【说明】段落标签会在段落前后加上额外的空行，不同段落间的间距等于连续加了两个换行标签
，用以区别文字的不同段落。

2. 换行标签

在 HTML 中，一个段落中的文字会从左到右依次排列，直到浏览器窗口的右端，然后自动换行。如果希望某段文本强制换行显示，就需要使用换行标签
。

标签将打断 HTML 文档中正常段落的行间距和换行。
放在任意一行中都会使该行换行，如果
放在一行的末尾，则可以使后面的文字、图像、表格等显示于下一行，而又不会在行与行之间留下空行，即强制文本换行。换行标签的格式为：

```
文字 <br />
```

浏览器解释时从该处换行。若单独使用换行标签，则可使页面清晰、整齐。

【例 2-8】制作天地环保"联系方式"页面。本例文件 2-8.html 的显示效果如图 2-8 所示。代码如下：

图 2-8　
标签示例

```
<html>
<head>
<title>br 标签示例</title>
</head>
<body>
  <h2>联系方式</h2>
  QQ：34352682<br />
  微信号：angel521<br />
  邮箱：angel@163.com<br /><br />    <!--两个<br />标签相当于一个段落标签-->
  电话：400-810-6666<br />
  联系人：天使<br />
</body>
</html>
```

【说明】用户既可以使用段落标签<p>制作页面中"邮箱"和"电话"之间较大的空隙，也可以使用两个
标签实现这一效果。

3．预格式化标签<pre>…</pre>

<pre>标签可定义预格式化的文本。被包围在<pre>标签中的文本通常会保留空格和换行符，而文本也会呈现为等宽字体。<pre>标签的一个常见应用就是用来表示计算机的源代码。预格式化标签的格式为：

<pre>文本块</pre>

【例2-9】<pre>标签的基本用法，本例文件2-9.html在浏览器中显示的效果如图2-9所示。代码如下：

```
<html>
<head>
<title>pre 标签示例</title>
</head>
<body>
<pre>
  这是
  预格式文本。
  它保留了        空格
  和换行。
</pre>
<p>pre 标签很适合显示计算机代码：</p>
<pre>
  for i = 1 to 10
     print i
  next i
</pre>
</body>
<html>
```

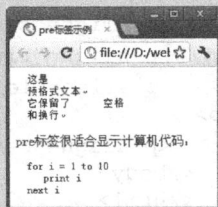

图 2-9　<pre>标签示例

【说明】<pre>所定义的块里不允许包含可以导致段落断开的标签（如<h#>、<p>标签）。

4．缩排标签

<blockquote>标签可定义一个块引用。<blockquote>与</blockquote>之间的所有文本都会从常规文本中分离出来，经常会在左、右两边进行缩进，而且有时会使用斜体。也就是说，块引用拥有它们自己的空间。缩排标签的格式为：

<blockquote>文本</blockquote>

【例 2-10】<blockquote>标签的基本用法，本例文件 2-10.html 在浏览器中的显示效果如图 2-10 所示。代码如下：

```html
<html>
<head>
  <title>blockquote 标签示例</title>
</head>
<body>
<p align="center">天地环保最新消息</p>
<blockquote>
天地环保社区上线启动仪式今日隆重举行，社区是大家交流环保知识和发起环保活动的场所。政府环保组织在解决我国在发展中产生的环境问题，构建和谐社会的过程中发挥着重要作用。
</blockquote>
请注意，浏览器在 blockquote 标签前后添加了换行，并增加了外边距。
</body>
<html>
```

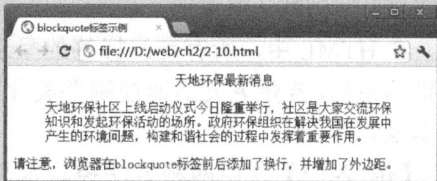

图 2-10 <blockquote>标签示例

【说明】浏览器会自动在 blockquote 标签前后添加换行，并增加外边距。

5．水平线标签

在网页中常常看到一些水平线将段落与段落隔开，使得文档结构清晰、层次分明。这些水平线既可以通过插入图像实现，也可以简单地通过标签来完成，<hr/>就是创建横跨网页水平线的标签。水平线标签的格式为：

```html
<hr align="left|center|right" size="横线粗细" width="横线长度" color="横线色彩" noshade= "noshade" />
```

<hr/>是单标签，在网页中输入一个<hr/>就添加了一条默认样式的水平线。<hr/>标签的常用属性见表 2-4。

表 2-4 <hr/>标签的常用属性

属　　性	描　　述
align	设置水平线的对齐方式，可选择 left、right、center 三种值，默认为 center（居中对齐）
size	设置水平线的粗细，以像素为单位，默认为 2 像素
color	设置水平线的颜色，可用颜色名称、十六进制#RGB、rgb(r,g,b)
width	设置水平线的宽度，既可以是确定的像素值，也可以是浏览器窗口的百分比，默认为 100%

【例 2-11】<hr/>标签的基本用法，本例文件 2-11.html 在浏览器中的显示效果如图 2-11 所示。代码如下：

```html
<html>
<head>
  <title><hr/>标签的基本用法</title>
</head>
<body>
  <p>天地环保业务简介</p>
  <hr />
  <p align="left">环境监测</p>
  <hr color="red" align="left" size="4" width="200"/>
  <p align="center">环境治理</p>
  <hr  color="#0000ff"  align="right"  size="1"
width="50%"/>
```

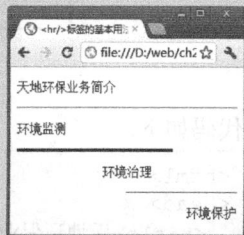

图 2-11 <hr/>标签示例

```
    <p align="right">环境保护</p>
  </body>
  </html>
```

【说明】<hr/>标签强制执行一个换行，将导致段落的对齐
方式重新回到默认值设置。

在 HTML 中，所有<hr>标签的呈现属性都可以使用，但
不推荐使用，若要更灵活地控制并美化外观，则需要通过 CSS
去实现。

【例 2-12】使用两种方法控制水平线的外观，本例文件
2-12.html 在浏览器中显示的效果如图 2-12 所示。代码如下：

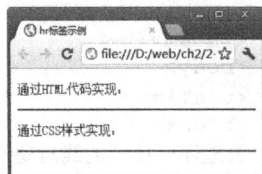

图 2-12　对比效果

```
  <html>
  <head>
    <title>hr 标签示例</title>
  </head>
  <body>
    <p>通过 HTML 代码实现：</p>
    <hr noshade="noshade" color="blue"/>
    <p>通过 CSS 样式实现：</p>
    <hr style="height:2px;border-width:0;background-color:blue" />
  </body>
  <html>
```

【说明】代码中的 style="height:2px;border-width:0;background-color:blue"表示水平线为高
度 2px 无边框无阴影的蓝色实线，恰好与<hr/>标签设置的显示效果一致。

6．案例——制作"天地环保业务简介"页面

经过前面排版元素的学习，接下来使用基本的段落排版制作"天地环保业务简介"页面。

【例 2-13】制作"天地环保业务简介"页面，本例文件 2-13.html 的显示效果如图 2-13 所示。

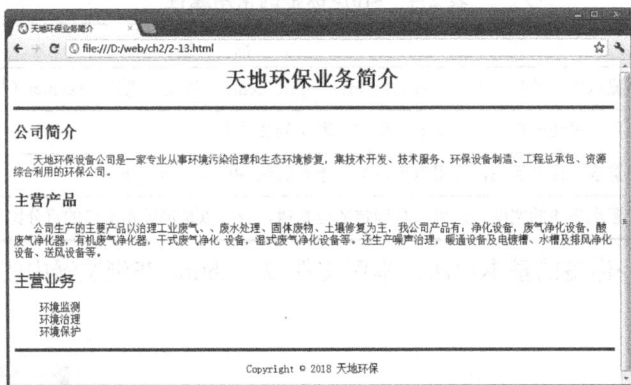

图 2-13　页面显示效果

代码如下：

```
  <html>
  <head>
    <title>天地环保业务简介</title>
  </head>
  <body>
    <h1 align="center">天地环保业务简介</h1>      <!--一级标题-->
```

```
<hr size="5" color="green"/>                <!--水平分隔线-->
<h2>公司简介</h2>
<p>    天地环保设备公司是一家专业……（此处省略文字）</p>
<h2>主营产品</h2>                            <!--二级标题-->
<p align="left">                            <!--段落左对齐-->
    公司生产的主要产品以……（此处省略文字）
</p>
<font face="微软雅黑" size="5" color="red">主营业务</font><br/>
<blockquote>
   环境监测<br/>
   环境治理<br/>
   环境保护
</blockquote>
<hr size="5" color="green"/>               <!--水平分隔线-->
<p align="center">Copyright &copy; 2018 天地环保</p>
</body>
</html>
```

【说明】HTML 不建议使用<hr/>标签的 align 对齐属性，可以使用 CSS 设置标题的样式。

2.4　图像

图像是美化网页最常用的元素之一。HTML 的一个重要特性就是可以在文本中加入图像，图像既可以作为文档的内在对象加入，也可以通过超链接的方式加入，同时还可以将图像作为背景加入到文档中。

2.4.1　网页图像的格式及使用要点

1. 常用的网页图像格式

虽然有很多种计算机图像格式，但由于受网络带宽和浏览器的限制，在网页上常用的图像格式有 GIF、PNG 和 JPG 3 种。

（1）GIF。GIF 最突出的地方就是它支持动画，同时 GIF 也是一种无损的图像格式，也就是说，修改图像之后，图像质量几乎没有损失。再加上 GIF 支持透明（全透明或全不透明），因此很适合在互联网上使用。但 GIF 只能处理 256 种颜色。在网页制作中，GIF 格式常常用于 Logo、小图标及其他色彩相对单一的图像。

（2）PNG。PNG 包括 PNG-8 和真色彩 PNG（PNG-24 和 PNG-32）。相对于 GIF，PNG 最大的优势是体积更小，支持 alpha 透明（全透明、半透明、全不透明），并且颜色过渡更平滑，但 PNG 不支持动画。同时需要注意的是，IE6 是可以支持 PNG-8 的，但在处理 PNG-24 的透明时会显示为灰色。通常，图像保存为 PNG-8 会在同等质量下获得比 GIF 更小的体积，而半透明的图像只能使用 PNG-24。

（3）JPG。JPG 所能显示的颜色比 GIF 和 PNG 要多很多，可以用来保存超过 256 种颜色的图像，但 JPG 是一种有损压缩的图像格式，这就意味着每修改一次图像都会造成一些图像数据的丢失。JPG 是特别为照片图像设计的文件格式。在网页制作过程中，类似照片的图像如横幅广告（banner）、商品图像、较大的插图等都可以保存为 JPG 格式。

2. 使用网页图像的要点

（1）高质量的图像因其图像体积过大，不太适合网络传输。一般在网页设计中选择的图像不要超过 8KB，如必须选用较大图像时，可首先将其分成若干小图像，显示时再通过表格将这些小图像拼合起来。

（2）如果在同一文件中多次使用相同的图像时，最好使用相对路径查找该图像。相对路径是相对于文件而言的，从相对文件所在目录依次往下直到文件所在的位置。例如，文件 X.Y 与 A 文件夹在同一目录下，文件 B.A 在目录 A 下的 B 文件夹中，那么它对于文件 X.Y 的相对路径则为 A/B/B.A，如图 2-14 所示。

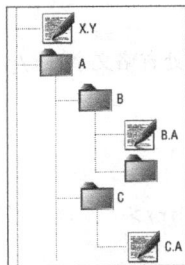

图 2-14　相对路径

2.4.2　图像标签

在 HTML 中，用<img>标签在网页中添加图像，图像是以嵌入的方式添加到网页中的。图像标签的格式为：

```
<img src="图像文件名" alt="替代文字" title="鼠标指针悬停提示文字" width="图像宽度"
    height="图像高度" border="边框宽度" hspace="水平空白" vspace="垂直空白"
    align="环绕方式|对齐方式" />
```

标签中的属性说明见表 2-5，其中 src 是必需的属性。

表 2-5　图像标签的常用属性

属　　性	说　　明
src	指定图像源，即图像的 URL 路径
alt	如果图像无法显示，则代替图像的说明文字
title	为浏览者提供额外的提示或帮助信息，方便用户使用
width	指定图像的显示宽度（像素数或百分数），通常只设为图像的真实大小以免失真。若需要改变图像大小，则最好事先使用图像编辑工具进行修改。百分数是指相对于当前浏览器窗口的百分比
height	指定图像的显示高度（像素数或百分数）
border	指定图像的边框大小，用数字表示，默认单位为像素，默认情况下图像没有边框，即 border=0
hspace	设定图像左侧和右侧的空白像素数（水平边距）
vspace	设定图像顶部和底部的空白像素数（垂直边距）
align	指定图像的对齐方式，设定图像在水平（环绕方式）或垂直方向（对齐方式）上的位置，包括 left（图像居左，文本在图像的右边）、right（图像居右，文本在图像的左边），top（文本与图像在顶部对齐）、middle（文本与图像在中央对齐）或 bottom（文本与图像在底部对齐）

需要注意的是，在 width 和 height 属性中，如果只设置了其中的一个属性，则另一个属性会根据已设置的属性按原图等比例显示。如果对两个属性都进行了设置，且其比例和原图大小的比例不一致的话，那么显示的图像会相对于原图变形或失真。

1. 图像的替换文本说明

有时，由于网络过忙或用户在图像还没有完全下载就单击了浏览器的停止键，因此用户不能在浏览器中看到图像，这时替换文本说明就十分有必要了。替换文本说明应简洁而清晰，能为用户提供足够的图像说明信息，使用户在无法看到图像的情况下也可以了解图像的内容信息。

在使用<img>标签时，最好同时使用 alt 属性和 title 属性，避免因图像路径错误带来错误的信息；同时，增加鼠标提示信息也可方便浏览者的使用。

2．调整图像大小

在 HTML 中，通过<img>标签的属性 width 和 height 来调整图像大小，其目的是通过指定图像的高度和宽度加快图像的下载速度。在默认情况下，页面中显示的是图像的原始大小。如果不设置 width 和 height 属性，浏览器就要等到图像下载完毕才显示网页，因此延缓了其他页面元素的显示。

width 和 height 的单位可以是像素，也可以是百分比。百分比表示显示图像大小为浏览器窗口大小的百分比。

例如，设置产品图像的宽度和高度，代码如下：

```
<img src="images/prod.jpg" width="200" height="150">
```

3．图像的边框

在网页中显示的图像如果没有边框，会显得有些单调，可以通过<img>标签的 border 属性为图像添加边框，添加边框后的图像显得更醒目、更美观。

border 属性的值用数字表示，单位为像素；默认情况下图像没有边框，即 border=0；图像边框的颜色不可调整，默认为黑色；当图像作为超链接使用时，图像边框的颜色和文字超链接的颜色一致，默认为深蓝色。

【例 2-14】图像的基本用法，本例文件 2-14.html 在浏览器中正常显示的效果如图 2-15 所示；当显示的图像路径错误时，效果如图 2-16 所示。

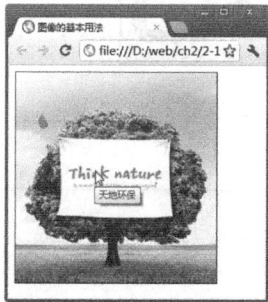

图 2-15　正常显示的图像效果　　　　图 2-16　图像路径错误时的显示效果

代码如下：

```
<html>
<head>
  <title>图像的基本用法</title>
</head>
<body>
  <img src="images/ep.jpg" width="260" height="264" border="1" alt="环保宣
传" title="天地环保"/>
</body>
</html>
```

【说明】当显示的图像不存在时，页面中图像的位置将显示出网页图像丢失的信息，但由于设置了 alt 属性，因此在图像占位符的左上角显示出替代文字"环保宣传"；同时，由于设置了 title 属性，因此在替代文字附近还显示出提示信息"天地环保"。

2.4.3　设置网页背景图像

在网页中可以利用图像作为背景，就像在照相时经常要取一些背景一样。但要注意不要让背景图像影响网页内容的显示，因为背景图像只是起到渲染网页的作用。此外，背景图像最好不要设置边框，这样有利于生成无缝背景。

背景属性将背景设置为图像。属性值为图像的 URL。如果图像尺寸小于浏览器窗口，那么图像将在整个浏览器窗口进行复制。格式为：

```
<body background="背景图像路径">
```

设置网页背景图像应注意以下几点。

● 背景图像是否增加了页面的加载时间，背景图像文件大小不应超过 10KB。

● 背景图像是否与页面中的其他图像搭配良好。

● 背景图像是否与页面中的文字颜色搭配良好。

【例 2-15】设置网页背景图像，本例文件 2-15.html 在浏览器中的显示效果如图 2-17 所示。

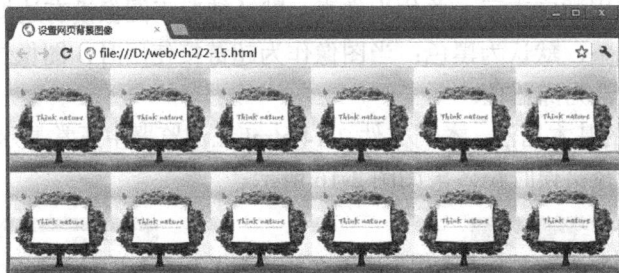

图 2-17　设置网页背景图像

代码如下：

```
<!doctype html>
<html>
<head>
  <meta charset="gb2312">
  <title>设置网页背景图像</title>
</head>
<body background="images/ep.jpg">
</body>
</html>
```

2.4.4　图文混排

图文混排技术是指设置图像与同一行中的文本、图像、插件或其他元素的对齐方式。在制作网页时往往要在网页中的某个位置插入一个图像，使文本环绕在图像的周围。

<img>标签的 align 属性用来指定图像与周围元素的对齐方式，实现图文混排效果，其取值见表 2-6。

与其他元素不同的是，图像的 align 属性既包括水平对齐方式，也包括垂直对齐方式。align属性的默认值为 bottom。

表2-6 图像与周围元素的对齐方式

align 的取值	说 明
left	在水平方向上向上左对齐
center	在水平方向上向上居中对齐
right	在水平方向上向上右对齐
top	图像顶部与同行其他元素顶部对齐
middle	图像中部与同行其他元素中部对齐
bottom	图像底部与同行其他元素底部对齐

2.4.5 案例——制作天地环保"关于我们"图文混排页面

【例2-16】制作天地环保"关于我们"图文混排页面，本例文件2-16.html在浏览器中的显示效果如图2-18所示。

图2-18 页面显示效果

代码如下：

```
<!doctype html>
<html>
<head>
  <meta charset="gb2312">
  <title>天地环保关于我们图文混排</title>
</head>
<body>
  <h1 align="center">关于我们</h1>
  <hr/>
  <img  src="images/about.jpg"  width="400"  height="255"  align="left"
hspace="20" vspace="10"alt="关于我们"/>
        天地环保设备公司是一家专业……(此处省略文字)<br/><br/>
        主要产品以治理工业废气、废水处理……（此处省略文字)
<br/><br/>
</body>
</html>
```

【说明】

（1）本例中图像设置了 align="left"，实现了图像居左、文字居右的图文混排效果；同时图像还设置了 hspace="20"和 vspace="10"，定义了图像和文字之间的水平间距和垂直间距。

（2）如果不设置文本对图像的环绕，图像在页面中将占用一整片空白区域。

2.5 超链接

HTML 的核心就是能够轻而易举地实现互联网上的信息访问、资源共享。HTML 可以连接到其他的网页、图像、多媒体、电子邮件地址、可下载的文件等。

2.5.1 超链接概述

1. 超链接的定义

超链接（hyperlink）是指从一个网页指向一个目标的连接关系，这个目标既可以是另一个网页，也可以是相同网页上的不同位置，还可以是一个图像，一个电子邮件地址，一个文件，甚至是一个应用程序。

超链接是一个网站的精髓，超链接在本质上属于网页的一部分，通过超链接将各个网页链接在一起后，才能真正构成一个网站。

超链接除了可链接文本外，也可链接各种媒体，如声音、图像和动画等，通过它们可以将网站建设成一个丰富多彩的多媒体世界。当网页中包含超链接时，其外观形式为彩色（一般为蓝色）且带下画线的文字或图像。单击这些文本或图像，可跳转到相应位置。鼠标指针指向超链接时，将变成手形。

2. 超链接的分类

根据超链接目标文件的不同，超链接可分为页面超链接、锚点超链接、电子邮件超接链等；根据超链接单击对象的不同，超链接可分为文字超链接、图像超链接、图像映射等。

3. 路径

创建超链接时必须了解链接与被链接文本的路径。在一个网站中，路径通常有 3 种表示方式：绝对路径、根目录相对路径和文档目录相对路径。

（1）绝对路径。绝对路径是指包括通信协议名、服务器名、路径及文件名的完全路径。如链接清华大学信息科学技术学院首页，绝对路径是："http://www.sist.tsinghua.edu.cn/docinfo/index.jsp"。如果站点之外的文档在本地计算机上，如链接 D 盘 book 目录下 default.html 文件，那么它的路径就是："file:///D:/book/default.html"，这种完整地描述文件位置的路径就是绝对路径。

（2）根目录相对路径。根目录相对路径的根是指本地站点文件夹（根目录），以"/"开头，路径从当前站点的根目录开始计算。例如，一个网页链接或引用站点根目录下 images 目录中的一个图像文件 a.gif，用根相对路径表示就是"/images/a.gif"。

（3）文档目录相对路径。文档目录相对路径是指包含当前文档所在的文件夹，也就是以当前文档所在的文件夹为基础开始计算路径。文档目录相对路径适合于创建网站内部链接。它以当前文件所在的路径为起点，进行相对文件的查找。

2.5.2 超链接的应用

1. 创建锚点

锚点与链接的文字既可以在同一个页面，也可以在不同的页面。在实现锚点链接之前，需要首先创建锚点，通过创建的锚点才能对页面的内容进行引导与跳转。

创建锚点的语法格式如下：

```
<a href="url" title="指向链接显示的文字" target="窗口名称"> 热点文本 </a>
```

其中，锚点的名称可以是数字或英文字母，或者两者混合。在同一页面中可以有多个锚点，但名称不能相同。

建立链接时，href 属性定义了这个链接所指的目标地址，也就是路径。如果要创建一个不链接到其他位置的空超链接，可用"#"代替 URL。

target 属性设定链接被单击后所要开始窗口的方式，有以下 4 种方式。

_blank：在新窗口中打开被链接文档。

_self：默认，在相同的框架中打开被链接文档。

_parent：在父框架集中打开被链接文档。

_top：在整个窗口中打开被链接文档。

2．在不同页面中使用锚点

在不同页面中使用锚点，就是在当前页面与其他相关页面之间建立超链接。根据目标文件与当前文件的目录关系，有 4 种写法。注意，应尽量采用相对路径。

（1）链接到同一目录内的网页文件。格式为：

```
<a href="目标文件名.html"> 热点文本 </a>
```

其中，"目标文件名"是链接所指向的文件。

（2）链接到下一级目录中的网页文件。格式为：

```
<a href="子目录名/目标文件名.html"> 热点文本 </a>
```

（3）链接到上一级目录中的网页文件。格式为：

```
<a href="../目标文件名.html"> 热点文本 </a>
```

其中，"../"表示退到上一级目录中。

（4）链接到同级目录中的网页文件。格式为：

```
<a href="../子目录名/目标文件名.html"> 热点文本 </a>
```

表示首先退到上一级目录中，然后再进入目标文件所在的目录。

【例 2-17】制作网站页面之间的链接，链接分别指向注册页和登录页，本例文件 2-17.html 在浏览器中的显示效果如图 2-19 所示。

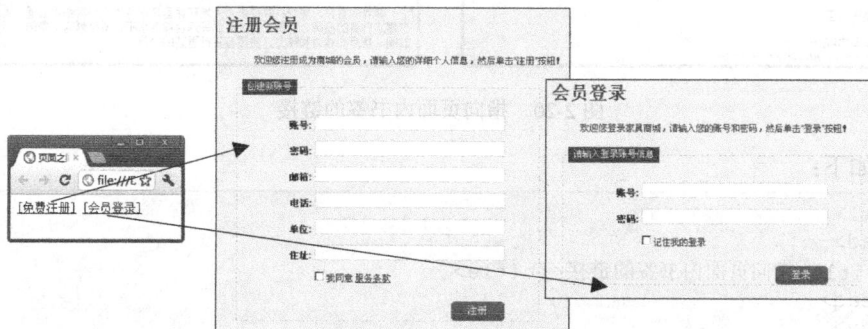

图 2-19　页面之间的链接

代码如下：

```
<!doctype html>
<html>
<head>
  <meta charset="gb2312">
  <title>页面之间的链接</title>
</head>
<body>
  <a href="register.html">[免费注册]</a>     <!--链接到同一目录内的网页文件-->
  <a href="login.html">[会员登录]</a>        <!--链接到同一目录内的网页文件-->
</body>
</html>
```

3. 书签链接

在浏览页面时，如果页面篇幅很长，则要不断地拖动滚动条，给浏览带来不便。若要浏览者既可从头到尾阅读，又可很快寻找到自己感兴趣的特定内容进行部分阅读，则可以通过书签链接来实现。当浏览者单击页面上的某一"标签"时，就能自动跳到网页相应的位置进行阅读，给浏览者带来方便。

书签就是用<a>标签对网页元素做一个记号，其功能类似用于固定船的锚，所以书签也称锚记或锚点。如果页面中有多个书签链接，则对不同目标元素要设置不同的书签名。书签名在<a>标签的 name 属性中定义，格式为：

<a name="记号名"> 目标文本附近的内容 </a>

（1）页面内书签的链接。若要在当前页面内实现书签链接，则需要定义两个标签：一个为超链接标签，另一个为书签标签。超链接标签的格式为：

<a href="#记号名"> 热点文本 </a>

即单击"热点文本"，将跳转到"记号名"开始的网页元素。

【例 2-18】制作指向页面内书签的链接，在页面下方的"客服中心"文本前定义一个书签"custom"，当单击页面顶部的"客服中心"链接时，将跳转到页面下方客服中心简介的位置，本例文件 2-18.html 在浏览器中的显示效果如图 2-20 所示。

图 2-20　指向页面内书签的链接

代码如下：

```
<html>
<head>
  <title>指向页面内书签的链接</title>
</head>
<body>
  <img src="images/logo.png">            <!--网站 logo 图片-->
  <a href="register.html">[免费注册]</a>     <!--链接到同一目录内的网页文件-->
```

```
    <a href="login.html">[会员登录]</a>          <!--链接到同一目录内的网页文件-->
    <a href="#custom">[客服中心]</a>             <!--链接到页面内的书签 custom-->
    <p>页面内容……</p>
    <p>页面内容……</p>
    <p>页面内容……</p>
    <p>页面内容……</p>
    <p>页面内容……</p>
    <a name="custom"></a><p>    尊贵的客户，……（此处省略文
字）</p>
    </body>
    </html>
```

（2）其他页面书签的链接。书签链接还可以在不同页面间进行链接。当单击书签链接标题时，页面会根据链接中的 href 属性所定的地址，将网页跳转到目标地址中书签名称所表示的内容。若要在其他页面内实现书签链接，则需要定义两个标签：一个为当前页面的超链接标签；另一个为跳转页面的书签标签。当前页面的超链接标签的格式为：

```
<a href="目标文件名.html #记号名"> 热点文本 </a>
```

即单击"热点文本"，将跳转到目标页面"记号名"开始的网页元素。

【例 2-19】制作指向其他页面书签的链接，在页面 info.html 的"客服中心"文本前定义一个书签"custom"，当单击当前页面 2-19.html 中的"客服中心"链接时，将跳转到页面 info.html 中客服中心位置处，如图 2-21 所示。

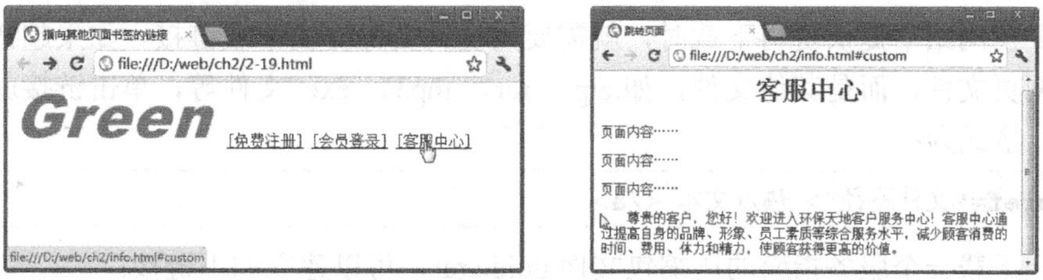

图 2-21　指向其他页面书签的链接

当前页面 2-19.html 的代码如下：

```
<html>
<head>
  <title>指向其他页面书签的链接</title>
</head>
<body>
    <img src="images/logo.png">                <!--网站 logo 图片-->
    <a href="register.html">[免费注册]</a>      <!--链接到同一目录内的网页文件-->
    <a href="login.html">[会员登录]</a>          <!--链接到同一目录内的网页文件-->
    <a href="info.html#custom">[客服中心]</a><!--链接到页面 info.html 内的书签
custom-->
    </body>
    </html>
```

跳转页面 info.html 的代码如下：

```
<html>
<head>
  <title>跳转页面</title>
</head>
```

```
  <body>
    <h1 align="center">客服中心</h1>
    <p>页面内容……</p>
    <p>页面内容……</p>
    <p>页面内容……</p>
    <p>页面内容……</p>
    <p>页面内容……</p>
    <a name="custom"></a><p>    尊贵的客户，……（此处省略文
字）</p>
  </body>
  </html>
```

4．图像超链接

图像也可作为超链接热点，单击图像则跳转到被链接的文本或其他文件，格式为：

```
<a href="URL"> <img src="图像文件名" /> </a>
```

例如，制作网站首页图像的超链接，如图 2-22 所示。代码如下：

```
<a href="index.html">    <!-- 单击图像则打开 index.
html -->
    <img src="images/logo.png" alt="网站首页" title="
天地环保" />
</a>
```

图 2-22　图像超链接

5．下载文件链接

当需要在网站中提供资料下载时，就需要为资料文件提供下载链接。如果超链接指向的不是一个网页文件，而是其他文件，如.zip、.rar、.mp3、.exe 文件等，单击链接就会下载相应的文件。格式为：

```
<a href="文件路径"> 热点文本 </a>
```

例如，下载一个服务指南的压缩包文件 guide.rar，可以建立如下链接：

```
服务指南:<a href="guide.rar">下载</a>
```

6．电子邮件链接

网页中电子邮件地址的链接，可以使网页浏览者将有关信息以电子邮件的形式发送给电子邮件的接收者。通常情况下，接收者的电子邮件地址位于网页页面的底部。当用户单击电子邮件链接时，系统会自动启动默认的电子邮件软件，打开一个邮件窗口。格式为：

```
<a href="mailto:E-mail 地址"> 热点文本 </a>
```

例如，E-mail 地址是 angel@163.com，可以建立如下链接：

```
电子邮件:<a href="mailto:angel@163.com">联系我们</a>
```

2.5.3　案例——制作天地环保"下载专区"页面

【例 2-20】制作天地环保"下载专区"页面，本例文件 2-20.html 和 2-20-doc.html 在浏览器中的显示效果如图 2-23 和图 2-24 所示。

图 2-23 页面之间的链接

图 2-24 下载文件链接

页面 2-20.html 的代码如下：

```html
<html>
  <head>
  <title>天地环保下载专区</title>
  </head>
  <body>
    <img src="images/title.jpg" align="left" hspace="5"/><h2><a name="top">下载专区</a></h2>
    <font size="4" color="gray">分类/标题</font><br/>
    <hr size="1" color="gray">        <!--水平分隔线-->
    <a href="2-20-doc.html" target="_blank">环境保护文档</a><br/>
    <a href="#" target="_blank">环境监测文档</a><br/>
    <a href="#" target="_blank">技术手册文档</a><br/>
    <a href="#" target="_blank">环境维护文档</a><br/>
    <a href="#" target="_blank">工程合同文档</a><br/>
  </body>
</html>
```

页面 2-20-doc.html 的代码如下：

```html
<html>
  <head>
  <title>下载文档详细页面</title>
  </head>
  <body>
```

```
    <img src="images/title.jpg" align="left" hspace="5"/><h2><a name="top">
文档明细</a></h2>
    <hr size="1" color="gray">     <!--水平分隔线-->
    <img src="images/doc.png" align="left" hspace="20"/>
    <font size="5" color="red">环境保护文档</font><br/><br/>
    下载次数：    <font size="3" color="gray">20
</font><br/><br/>
    文件大小：    <font size="3" color="gray">19.33
k</font><br/><br/>
    添加时间：    
    <font size="3" color="gray">2018-01-10</font><br/><br/><br/><br/>
<br/><br/><br/>
    <hr size="1" color="gray">     <!--水平分隔线-->
    <font size="3" color="gray">文件名称:环境保护文档  文件大小:19.33
KB</font>    <a href="guide.rar">下载</a> <br/><br/>
    和我联系:<a href="mailto:angel@163.com">天地环保下载专区</a> 
 <a href="#top">返回页顶</a>
    </body>
  </html>
```

【说明】

（1）在"下载专区"页面中，将鼠标指针移动到下载文档的超链接时，鼠标指针变为手形，单击文档标题链接则打开指定的网页 2-20-doc.html。如果在<a>标签中省略属性 target，则在当前窗口中显示；当 target="_blank"时，将在新的浏览器窗口中显示。

（2）在文档详细页面中单击下载热点"下载"链接，文件将保存到指定位置，如图 2-24 所示。

2.6 列表

列表是以结构化、易读性的方式提供信息的方法，不仅使用户可以方便地找到重要的信息，而且使文档结构更加清晰明确。在制作网页时，列表经常用于写提纲和品种说明书。通过使用列表标签能使这些内容在网页中条理清晰、层次分明、格式美观地表现出来。本节将重点介绍列表标签的使用。

列表的存在形式主要分为无序列表、有序列表、定义列表和嵌套列表等。

2.6.1 无序列表

无序列表就是列表中列表项的前导符号没有一定的次序，而是用黑点、圆圈、方框等一些特殊符号标识。无序列表并不是使列表项杂乱无章，而是使列表项的结构更清晰、更合理。

当创建一个无序列表时，主要使用 HTML 的<ul>标签和<li>标签来标记。其中，<ul>标签标识一个无序列表的开始；<li>标签标识一个无序列表项。格式为：

```
<ul type="符号类型">
  <li type="符号类型1"> 第一个列表项
  <li type="符号类型2"> 第二个列表项
  …
</ul>
```

从浏览器上看，无序列表的特点是列表项目作为一个整体，与上下段文本间各有一行空白；表项向右缩进并左对齐，每行前面有项目符号。

<ul>标签的 type 属性用来定义一个无序列表的前导字符，如果省略了 type 属性，浏览器会默认显示为"disc"前导字符。type 取值可以为 disc（实心圆）、circle（空心圆）、square（方框）。设置 type 属性的方法有以下两种。

1. 在<ul>后指定符号的样式

在<ul>后指定符号的样式，可设定直到</ul>结束的加重符号。例如：

```
<ul type="disc">                 符号为实心圆点●
<ul type="circle">               符号为空心圆点○
<ul type="square">               符号为方块■
<ul img src="mygraph.gif">       符号为指定的图片文件
```

2. 在<li>后指定符号的样式

在<li>后指定符号的样式，可以设置从该<li>起直到</ul>结束的项目符号。格式就是将前面的 ul 换为 li。

【例 2-21】使用无序列表显示文章分类，本例文件 2-21.html 的浏览效果如图 2-25 所示。代码如下：

```
<h2>文章分类</h2>
<ul type="circle">        <!--列表样式为空心圆点-->
  <li>环保资讯
  <li>环保社区
  <li>环保科技
  <li>环保学堂
</ul>
```

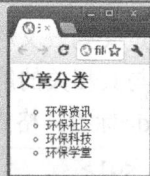

图 2-25　无序列表

【说明】在上面的示例中，由于在<ul>后指定符号的样式为 type="circle"，因此每个列表项显示为空心圆点。

2.6.2　有序列表

有序列表是一个有特定顺序的列表项的集合。在有序列表中，各个列表项有先后顺序之分，它们之间以编号来标记。使用<ol>标签可以建立有序列表，表项的标签仍为<li>。格式为：

```
<ol type="符号类型">
  <li type="符号类型1"> 表项1
  <li type="符号类型2"> 表项2
    …
</ol>
```

在浏览器中显示时，有序列表整个表项与上下段文本之间各有一行空白；列表项目向右缩进并左对齐；各表项前带顺序号。

有序列表的符号标识包括阿拉伯数字、小写英文字母、大写英文字母、小写罗马数字、大写罗马数字。<ol>标签的 type 属性用来定义一个有序列表的符号样式，在<ol>后指定符号的样式，可设定直到</ol>的表项加重记号。格式为：

```
<ol type="1">            序号为数字
<ol type="A">            序号为大写英文字母
<ol type="a">            序号为小写英文字母
```

```
<ol type="I">                序号为大写罗马字母
<ol type="i">                序号为小写罗马字母
```

在<li>后指定符号的样式，可设定该表项前的加重记号。格式只需把上面的 ol 改为 li。

【例 2-22】使用有序列表显示环保学堂注册步骤，本例文件 2-22.html 的浏览效果如图 2-26 所示。代码如下：

```
<h2>环保学堂注册步骤</h2>
<ol type="I">            <!--列表样式为大写罗马字母-->
  <li>填写会员信息；
  <li>接收电子邮件；
  <li>激活会员账号；
  <li>注册成功。
</ol>
```

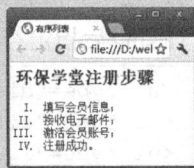

图 2-26　有序列表

【说明】在上面的示例中，由于在<ol>后指定列表样式为大写罗马字母，因此每个列表项显示为大写罗马字母。

2.6.3　定义列表

定义列表又称释义列表或字典列表，定义列表不是带有前导字符的列项目，而是一列实物及与其相关的解释。当创建一个定义列表时，主要用到 3 个 HTML 标签，<dl>标签、<dt>标签和<dd>标签。格式为：

```
<dl>
  <dt>…第一个标题项…</dt>
  <dd>…对第一个标题项的解释文字…</dd>
  <dt>…第二个标题项…</dt>
    …
  <dd>…对第二个标题项的解释文字…</dd>
</dl>
```

在<dl>、<dt>和<dd>3 个标签组合中，<dt>是标题，<dd>是内容，<dl>可以看成承载它们的容器。当出现多组这样的标签组合时，应尽量使用一个<dt>标签配合一个<dd>标签的方法。如果<dd>标签中的内容较多，可以嵌套<p>标签使用。

【例 2-23】使用定义列表显示环保学堂联系方式，本例文件 2-23.html 的浏览效果如图 2-27 所示。代码如下：

```
<h2>环保学堂联系方式</h2>
<dl>
  <dt>电话：</dt>
  <dd>400-810-6666</dd>
  <dt>地址：</dt>
  <dd>开封市西区第一大街 16 号</dd>
</dl>
```

图 2-27　定义列表

【说明】在上面的示例中，<dl>列表中每一项的名称不再是<li>标签，而是用<dt>标签进行标记，后面跟着由<dd>标签标记的条目定义或解释。在默认情况下，浏览器一般会在左边界显示条目的名称，并在下一行缩进显示其定义或解释。

2.6.4　嵌套列表

所谓嵌套列表就是无序列表与有序列表嵌套混合使用。嵌套列表可以把页面分为多个层次，给人以很强的层次感。有序列表和无序列表不仅可以自身嵌套，而且可以彼此互相嵌套。嵌套方式分别为无序列表中嵌套无序列表、有序列表中嵌套有序列表、无序列表中嵌套有序列表、有序列表中嵌套无序列表等方式，读者需要灵活掌握。

【例 2-24】制作"环保空间"页面，本例文件 2-24.html 在浏览器中的显示效果如图 2-28 所示。代码如下：

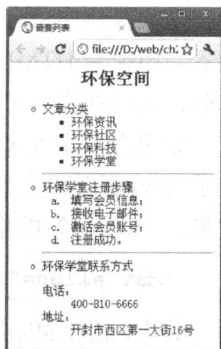

图 2-28　页面显示效果

```html
<html>
  <head>
  <meta charset="gb2312">
  <title>嵌套列表</title>
  </head>
  <body>
    <h2 align="center">环保空间</h2>
    <ul type="circle">      <!--无序列表空心圆点-->
      <li>文章分类
      <ul type="square"><!--嵌套无序列表，列表项样式为方块-->
        <li>环保资讯
        <li>环保社区
        <li>环保科技
        <li>环保学堂
      </ul>
      <hr />                      <!--水平分隔线-->
      <li>环保学堂注册步骤
        <ol type="a">             <!-- 嵌套有序列表，列表项序号为小写英文字母-->
          <li>填写会员信息；
          <li>接收电子邮件；
          <li>激活会员账号；
          <li>注册成功。
        </ol>
      <hr />                      <!--水平分隔线-->
      <li>环保学堂联系方式
        <dl>                      <!--嵌套定义列表-->
        <dt>电话：</dt>
          <dd>400-810-6666</dd>
        <dt>地址：</dt>
          <dd>开封市西区第一大街 16 号</dd>
        </dl>
    </ul>
  </body>
</html>
```

2.7　<div>标签

前面讲解的几类标签一般用于组织小区块的内容，为了方便管理，许多小区块还需要放到一个大区块中进行布局。div 的英文全称为 division，意为"区分"。<div>标签是一个块级元素，用来为 HTML 文档中大块内容提供结构和背景，它可以把文档分割为独立的、不同的部分，其中的内容可以是任何 HTML 元素。

如果有多个<div>标签把文档分成多个部分，则可以使用 id 或 class 属性区分不同的<div>。由于<div>标签没有明显的外观效果，所以需要为其添加 CSS 样式属性，才能看到区块的外观效果。<div>标签的格式为：

```
<div align="left|center|right"> HTML 元素 </div>
```

其中，属性 align 用来设置文本块、文字段或标题在网页上的对齐方式，取值为 left、center 和 right，默认为 left。

2.8 <span>标签

<div>标签主要用来定义网页上的区域，通常用于较大范围的设置，而<span>标签用来组合文档中的行级元素。

1. 基本语法

<span>标签用来定义文档中一行的一部分，是行级元素。行级元素没有固定的宽度，需根据<span>元素的内容决定。<span>元素的内容主要是文本，其语法格式为：

```
<span>内容</span>
```

例如，新闻的发布区域特意将新闻标题行的文字设置为草绿色显示，以吸引浏览者的注意，如图 2-29 所示。

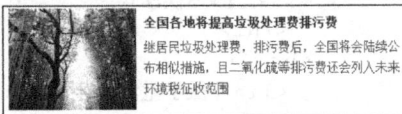

图 2-29　范围标签<span>

代码如下：

```
<span style="color: #28905a;"> 全国各地将提高垃圾处理费排污费</span>
```

其中，<span>…</span>标签限定页面中某个范围的局部信息，style="color:#28905a;"用于为范围添加突出显示的样式（草绿色）。

2. <span>标签与<div>标签的区别

<span>标签与<div>标签都可以用来在网页上产生区域范围，以定义不同的文字段落，且区域间彼此是独立的。不过，两者在使用上还是有一些差异的。

（1）区域内是否换行。<div>标签区域内的对象与区域外的上下文会自动换行，而 span 标签区域内的对象与区域外的对象不会自动换行。

（2）标签相互包含。<div>标签与<span>标签区域可以同时在网页上使用，一般在使用上建议用<div>标签包含<span>标签；但<span>标签最好不要包含<div>标签，否则会造成<span>标签的区域不完整，形成断行现象。

3. 使用<div>标签和<span>标签布局网页内容

下面通过一个综合的案例讲解如何使用<div>标签和<span>标签布局网页内容，包括文本、水平线、列表、图像和链接等常见的网页元素。

【例 2-25】使用<div>标签和<span>标签布局网页内容，通过为<div>标签添加"style"样式设置分区的宽度、高度及背景色区块的外观效果。本例文件 2-25.html 在浏览器中显示的效果如图 2-30 所示。

图 2-30　使用<div>标签和<span>标签布局网页内容

代码如下：

```
<!doctype html>
<html>
  <head>
  <meta charset="gb2312">
  <title>使用<div>标签和<span>标签布局网页内容</title>
  </head>
  <body>
    <div style="width:720px; height:170px; background:#ddd">
    <h2 align="center">会员注册步骤</h2>
    <hr/>
    <ol type="1">              <!--列表样式为数字-->
      <li>填写会员信息（请填写您的个人信息）
      <li>接收电子邮件（网站将向您发送电子邮件）
      <li>激活会员账号（请您打开邮件，激活会员账号）
      <li>注册成功（会员注册成功，欢迎您成为我们的一员）
    </ol>
    </div>
    <div align="center" style="width:718px;height:57px;border:1px solid #f96">
      <span><img  src="images/logo.png"  align="middle"/>   版 权
&copy; 2018 天地环保</span>
      </div>
    </body>
  </html>
```

【说明】

（1）本例中设置了两个<div>分区：内容分区和版权分区。

（2）内容分区<div>标签的样式为 style="width:720px; height:170px; background:#ddd"，表示分区的宽度为 720px，高度为 170px，背景色为浅灰色。

（3）版权分区<div>标签的样式为 style="width:718px;height:57px;border:1px solid #f96"，表示分区的宽度为 718px，高度为 57px，边框为 1px 橘红色实线。

（4）版权分区中的<span>标签中组织的内容包括图像、文本两种行级元素。

2.9　综合案例——制作天地环保"公司名片"页面

本节将综合前面讲解的各种网页元素，制作天地环保"公司名片"页面。

【例 2-26】使用网页文档的基本排版知识，制作天地环保"公司名片"页面。本例文件 2-26.html 在浏览器中显示的效果如图 2-31 所示。

代码如下：

```html
<html>
<head>
  <meta charset="gb2312" />
  <title>天地环保公司名片</title>
</head>
<body>
<h3>公司名片</h3>
<hr color="red"/>
<dl>
  <dt><img src="images/images_1.jpg" width=
"254" height="80" /></dt>
  <dd>
      <p>天地环保网是国内顶尖的招商加盟门户网站,寻
找商机……（此处省略文字）</p>
  </dd>
  <dt><img src="images/images_2.jpg" width=
"254" height="80" /></dt>
  <dd>
      <p>天地环保网为个人提供最全最新最准确的企业职位……（此处省略文字）</p>
  </dd>
</dl>
<h3>环保平台</h3>
<hr color="red"/>
<p>技术支持</p>
<ol>
  <li>天地环保服务部已经成为公司业务不可分割的一部分，……（此处省略文字）</li>
  <li>天地环保提供的技术支持不仅仅解决客户的技术问题，……（此处省略文字）</li>
  <li>天地环保的形象，随着品牌的不断深入人心和口碑相传，……（此处省略文字）</li>
</ol>
<p>服务宗旨</p>
<ol type="A">
  <li>质量第一</li>
  <li>诚信为本</li>
  <li>开拓进取</li>
  <li>客户至上</li>
</ol>
</body>
</html>
```

图 2-31　天地环保"公司名片"页面

【说明】当出现多组这样的标签组合时，应尽量使用一个<dt>标签配合一个<dd>标签的方法。如果<dd>标签中内容很多，可以嵌套<p>标签使用。

习题 2

1. 使用段落与文字的基本排版技术制作如图 2-32 所示的页面。
2. 使用嵌套列表制作如图 2-33 所示的商城支付向导页面。
3. 使用锚点链接和电子邮件链接制作如图 2-34 所示的网页。

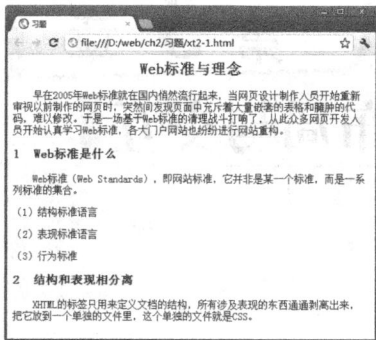
图 2-32 题 1 图

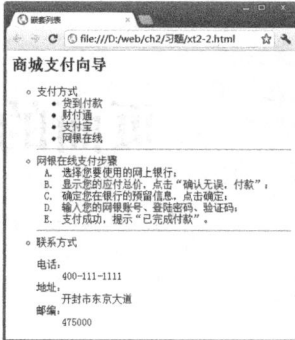
图 2-33 题 2 图

图 2-34 题 3 图

4．使用图文混排技术制作如图 2-35 所示的商城简介页面。

5．使用<div>标签组织段落、列表等网页内容，制作项目简介页面，如图 2-36 所示。

图 2-35 题 4 图

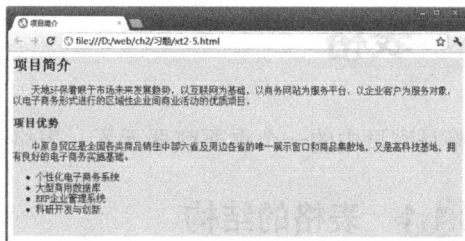
图 2-36 题 5 图

第 **3** 章

页面的布局与交互

前面讲解了网页的基本排版方法，读者可以在此基础上制作出一些简单页面，但这些页面并未涉及元素的布局与页面交互。只有具有良好布局与交互的网页，才能美化页面的显示效果，并实现浏览者与网站管理者之间的信息交流。本章将重点讲解使用 HTML 标签布局页面及实现页面交互的方法。

▌3.1 表格

表格是网页中的一个重要容器元素，表格除用来显示数据外，还用于搭建网页的结构。

3.1.1 表格的结构

表格是由行和列组成的二维表，而每行由一个或多个单元格组成，用于放置数据或其他内容。表格中的单元格是行与列的交叉部分，它是组成表格的最基本单元。单元格的内容是数据，也称数据单元格，数据单元格可以包含文本、图片、列表、段落、表单、水平线或表格等元素。表格中的内容按照相应的行或列进行分类和显示，如图 3-1 所示。

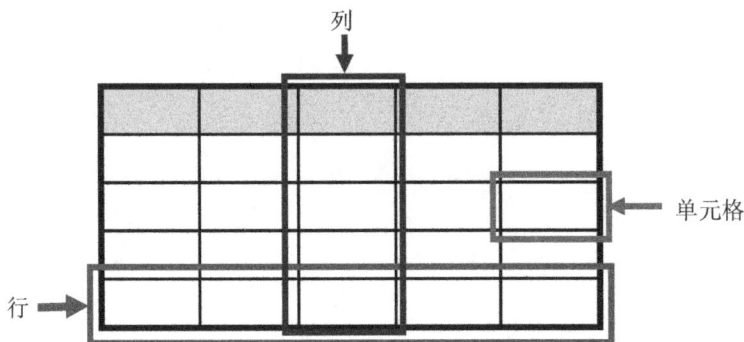

图 3-1　表格的基本结构

3.1.2 表格的基本语法

在 HTML 语法中，表格主要通过<table>、<tr>和<td>3 个标签构成。表格的标签为<table>，行的标签为<tr>，表项的标签为<td>。表格的语法格式为：

```
<table border="n" width="x|x%" height="y|y%" cellspacing="i" cellpadding="j">
  <caption align="left|right|top|bottom valign=top|bottom>标题</caption>
  <tr> <th>表头 1</th> <th>表头 2</th> <th>...</th> <th>表头 n</th></tr>
  <tr> <td>表项 1</td> <td>表项 2</td> <td>...</td> <td>表项 n</td></tr>
  ...
  <tr> <td>表项 1</td> <td>表项 2</td> <td>...</td> <td>表项 n</td></tr>
</table>
```

在上面的语法中，使用<caption>标签可为每个表格指定唯一的标题。一般情况下，标题会出现在表格的上方，<caption>标签的 align 属性可以用来定义表格标题的对齐方式。在 HTML 标准中规定，<caption>标签要放在打开的<table>标签之后，且网页中的表格标题不能多于一个。

表格是按行建立的，在每一行中填入该行每一列的表项数据。表格的第一行为表头，文字样式为居中、加粗显示，通过<th>标签实现。

在浏览器中显示时，<th>标签的文字按粗体显示，<td>标签的文字按正常字体显示。

表格的整体外观由<table>标签的属性决定，下面将详细讲解如何设置表格的属性。

3.1.3　表格的属性

表格是网页布局中的重要元素，它有丰富的属性，可以对其设置进而美化表格。表格的常用属性有对齐方式、背景颜色、边框、高度、宽度等，见表 3-1。

表 3-1　表格的常用属性

属　性	取　值	描　述
border	像素	设置表格边框的宽度
width	像素或百分比	设置表格的宽度
height	像素或百分比	设置表格的高度
cellpadding	像素或百分比	设置单元格与其内容之间的距离
cellspacing	像素或百分比	设置单元格之间的距离
bgcolor	rgb(x,x,x)、#xxxxxx、colorName	设置表格的背景颜色
align	left、center、right	设置表格相对周围元素的对齐方式
rules	none、groups、rows、cols、all	设置表格中的表格线显示方式，默认是 all
frame	void、above、below、hsides、vsides、lhs、rhs、box、border	设置表格的外部边框的显示方式

1.　设置表格的边框

可以使用<table>标签的 border 属性为表格添加边框并设置边框宽度及颜色。表格的边框按照数据单元将表格分割成单元格，边框的宽度以像素为单位，默认情况下表格边框为 0。

2.　设置表格大小

如果需要表格在网页中占用适当的空间，可以通过 width 和 height 属性指定像素值来设置表格的宽度和高度，也可以通过表格宽度占浏览器窗口的百分比来设置表格的大小。

width 属性和 height 属性不仅可以设置表格的大小，还可以设置表格单元格的大小，为表格单元设置 width 属性或 height 属性，将影响整行或整列单元的大小。

3.　设置表格背景颜色

表格背景默认为白色，根据网页设计要求，通过设置 bgcolor 属性可以设定表格背景颜色，以增加视觉效果。

4. 设置表格背景图像

表格背景图像可以是 GIF、JPEG 或 PNG 3 种图像格式。通过设置 background 属性可以设定表格背景图像。

同样，可以使用 bgcolor 属性和 background 属性为表格中的单元格添加背景颜色或背景图像。需要注意的是，为表格添加背景颜色或背景图像时，必须使表格中的文本数据颜色与表格的背景颜色或背景图像形成足够的反差。否则，将不容易分辨表格中的文本数据。

5. 设置表格单元格填充与单元格间距

（1）单元格填充。单元格填充是指单元格中的内容与单元格边框的距离，使用 cellpadding 属性可以调整单元格中的内容与单元格边框的距离。

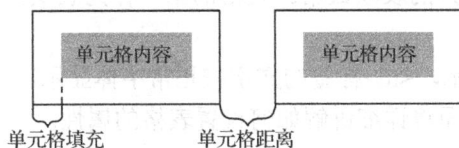

（2）单元格间距。使用 cellspacing 属性可以调整表格的单元格和单元格的间距，使得表格布局不会显得过于紧凑，如图 3-2 所示。

图 3-2 单元格填充与间距

6. 设置表格在网页中的对齐方式

表格在网页中的位置有居左、居中和居右 3 种。使用 align 属性设置表格在网页中的对齐方式，在默认的情况下表格的对齐方式为左对齐。格式为：

```
<table align="left|center|right">
```

当表格位于页面的左侧或右侧时，文本填充在另一侧；当表格居中时，表格两边没有文本；当 align 属性省略时，文本在表格的下面。

7. 表格数据的对齐方式

（1）行数据水平对齐。使用 align 属性可以设置表格中数据的水平对齐方式，如果在\<tr\>标签中使用 align 属性，将影响整行数据单元的水平对齐方式。align 属性的值可以是 left、center、right，默认值为 left。

（2）单元格数据水平对齐。如果在某个单元格的\<td\>标签中使用 align 属性，那么 align 属性将影响该单元格数据水平对齐方式。

（3）行数据垂直对齐。如果在\<tr\>标签中使用 valign 属性，那么 valign 属性将影响整行数据单元的垂直对齐方式，这里的 valign 值可以是 top、middle、bottom、baseline，默认值是 middle。

【例 3-1】制作天地环保工程案例统计表，本例文件 3-1.html 在浏览器中显示的效果如图 3-3 所示。代码如下：

图 3-3 天地环保工程案例统计表

```
<html>
  <head>
  <title>天地环保工程案例统计表</title>
  </head>
  <body>
    <h1 align="center">天地环保工程案例统计表</h1>
    <table  width="720"  height="200"  border="3"  bordercolor="#cccccc"
align="center" bgcolor="#dddddd " cellspacing="5" cellpadding="3">
      <tr bgcolor="#eeeeee">            <!--设置表格第 1 行-->
```

```
          <th>分类</th>                    <!--设置表格的表头-->
          <th>一季度</th>                   <!--设置表格的表头-->
          <th>二季度</th>                   <!--设置表格的表头-->
          <th>三季度</th>                   <!--设置表格的表头-->
          <th>四季度</th>                   <!--设置表格的表头-->
        </tr>
        <tr>                               <!--设置表格第 2 行-->
          <td align="center">废气净化处理项目</td><!--单元格内容居中对齐-->
          <td align="center">3</td>
          <td align="center">4</td>
          <td align="center">5</td>
          <td align="center">4</td>
        </tr>
        <tr>                               <!--设置表格第 3 行-->
          <td align="center">固体废弃物处理项目</td><!--单元格内容居中对齐-->
          <td align="center">4</td>
          <td align="center">3</td>
          <td align="center">5</td>
          <td align="center">5</td>
        </tr>
        <tr>                               <!--设置表格第 4 行-->
          <td align="center">污染土壤修复工程</td><!--单元格内容居中对齐-->
          <td align="center">5</td>
          <td align="center">4</td>
          <td align="center">3</td>
          <td align="center">3</td>
        </tr>
      </table>
  </body>
  </html>
```

【说明】

（1）<th>标签用于定义表格的表头，一般是表格的第 1 行数据，以粗体、居中的方式显示。

（2）在 IE 浏览器中，表格和单元格的背景色必须使用颜色的英文单词或十六进制代码，不能使用颜色的十六进制缩写形式。例如，上面代码中的 bordercolor="#cccccc"不能缩写为 bordercolor="#ccc"。否则，边框颜色将显示为黑色。

3.1.4　不规范表格

colspan 和 rowspan 属性用于建立不规范表格，所谓不规范表格是单元格的个数不等于行乘以列的数值。表格在实际应用中经常使用不规范表格，需要把多个单元格合并为一个单元格，也就是要用到表格的跨行、跨列功能。

1. 跨行

跨行是指单元格在垂直方向上合并，语法如下：

```
<table>
  <tr>
    <td rowspan="所跨的行数">单元格内容</td>
  </tr>
</table>
```

其中，rowspan 是指明该单元格应有多少行的跨度，在<th>和<td>标签中使用。

2. 跨列

跨列是指单元格在水平方向上合并，语法如下：

```
<table>
  <tr>
    <td colspan="所跨的行数">单元格内容</td>
  </tr>
</table>
```

其中，colspan 是指明该单元格应有多少列的跨度，在<th>和<td>标签中使用。

3. 跨行、跨列

【例 3-2】制作一个跨行、跨列展示的产品销量表格，本例文件 3-2.html 在浏览器中显示的效果如图 3-4 所示。代码如下：

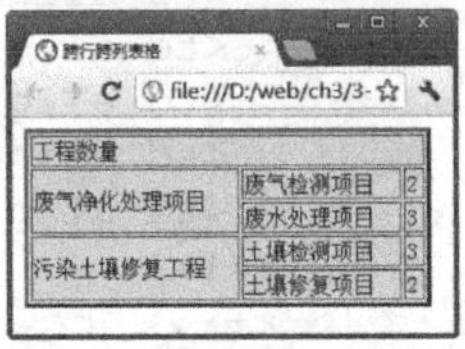

图 3-4　跨行、跨列的效果

```
<html>
<head>
<title>跨行跨列表格</title>
</head>
<body>
<table width="300" border="3" bgcolor="#dddddd">
  <tr>
    <td colspan="3">工程数量</td>                 <!--设置单元格水平跨 3 列-->
  </tr>
  <tr>
    <td rowspan="2">废气净化处理项目</td>          <!--设置单元格垂直跨 2 行-->
    <td>废气检测项目</td>
    <td>2</td>
  </tr>
  <tr>
    <td>废水处理项目</td>
    <td>3</td>
  </tr>
  <tr>
    <td rowspan="2">污染土壤修复工程</td>          <!--设置单元格垂直跨 2 行-->
    <td>土壤检测项目</td>
    <td>3</td>
  </tr>
  <tr>
    <td>土壤修复项目</td>
    <td>2</td>
  </tr>
</table>
</body>
</html>
```

【说明】表格跨行、跨列以后，并不改变表格的特点。表格中同行的内容总高度一致，同列的内容总宽度一致，各单元格的宽度或高度互相影响，结构相对稳定，不足之处是不能灵活地进行布局控制。

3.1.5　表格数据的分组

表格数据的分组标签包括<thead>、<tbody>和<tfoo>，主要用于对报表数据进行逻辑分组。其中，<thead>标签定义表格的头部；<tbody>标签定义表格主体，即报表详细的数据描述；

<tfoot>标签定义表格的脚部，即对各分组数据进行汇总的部分。

如果使用<thead>、<tbody>和<tfoot>标签，就必须全部使用。它们出现的次序是：<thead>、<tbody>、<tfoot>，必须在<table>内部使用这些标签，<thead>内部必须拥有<tr>标签。 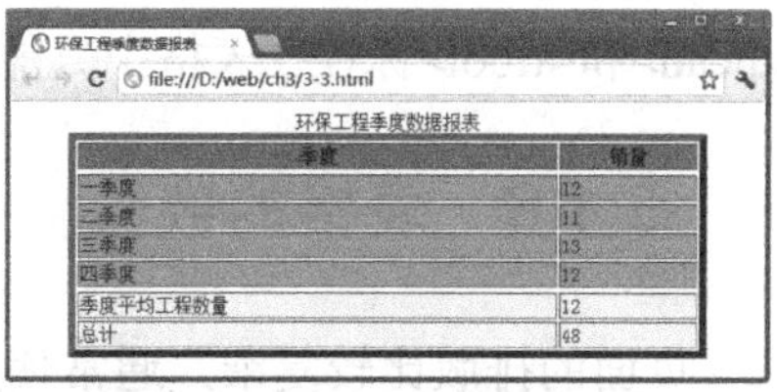

图 3-5　环保工程季度数据报表

【例 3-3】制作环保工程季度数据报表，本例文件 3-3.html 的浏览效果如图 3-5 所示。代码如下：

```
<html>
<head>
<title>环保工程季度数据报表</title>
</head>
<body>
<table width="550" border="6" align="center"> <!--设置表格宽度为 550px，边框
为 6px-->
    <caption>环保工程季度数据报表</caption> <!--设置表格的标题-->
    <thead style="background: #0af">            <!--设置报表的页眉-->
      <tr>
        <th>季度</th>
        <th>销量</th>
      </tr>
    </thead>                                    <!--页眉结束-->
    <tbody style="background: #6cc">            <!--设置报表的数据主体-->
      <tr>
        <td>一季度</td>
        <td>12</td>
      </tr>
      <tr>
        <td>二季度</td>
        <td>11</td>
      </tr>
      <tr>
        <td>三季度</td>
        <td>13</td>
      </tr>
      <tr>
        <td>四季度</td>
        <td>12</td>
      </tr>
    </tbody>                                    <!--数据主体结束-->
    <tfoot style="background: #ff6">           <!--设置报表的数据页脚-->
      <tr>
        <td>季度平均工程数量</td>
        <td>12</td>
      </tr>
      <tr>
        <td>总计</td>
        <td>48</td>
      </tr>
    </tfoot>                                    <!--页脚结束-->
</table>
</body>
</html>
```

【说明】表格可以包含多个\<tbody\>标签，用于对表格主体部分的数据进行横向分组；而\<thead\>和\<tfoot\>标签在表格中只能出现一次。

3.1.6 表格的嵌套

页面的排版比较复杂，通常使用一个表格从整体上控制布局，但其内部细节也利用该表格进行布局时容易引起行高、列宽的冲突，同时也增加了页面布局的难度。

使用表格嵌套布局时，页面排版更加灵活，可以轻松设计出更加复杂而精美的效果，如下面的示例代码。

```
<table width="100" border="1">
  <tr>
    <td> </td>
    <td>
        <table width="100" border="1">
          <tr>
              <td> </td>
          </tr>
        </table>
    </td>
    <td> </td>
    ......
  </tr>
</table>
```

【说明】

（1）在嵌套表格时，内部表格\<table\>应位于外层表格的\<td\>、\</td\>标签之间。表格虽然允许多重嵌套，但在页面设计时，若嵌套层次太多则不利于搜索引擎对页面内容的检索。因此，表格嵌套的层次不能过深，一般不要超过3～4层。

（2）大部分浏览器都会忽略空白单元格（\<td\>、\</td\>标签之间没有内容）。当表格中存在空白单元格式时，需要在单元格标签内加入一个空白实体引用" "，以确保浏览器能正确显示该单元格。

3.1.7 案例——使用表格布局天地环保"工程展示"页面

在讲解以上表格基本语法的基础上，下面介绍表格在页面局部布局中的应用。在设计页面时，常需要利用表格来定位页面元素。使用表格可以导入表格化数据、设计页面分栏、定位页面上的文本和图像等。使用表格还可以实现页面局部布局，如产品展示、新闻列表这样的效果可以采用表格来实现。 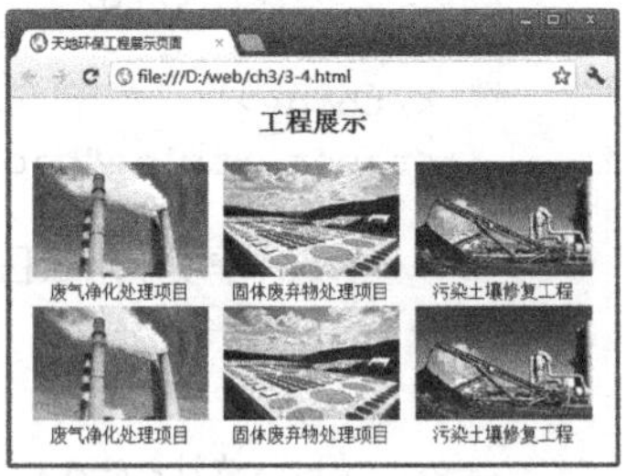

【例3-4】使用表格布局天地环保"工程展示"页面，本例文件 3-4.html 在浏览器中显示的效果如图 3-6 所示。代码如下：

图 3-6 "工程展示"页面

```
<!doctype html>
<html>
<head>
<title>天地环保工程展示页面</title>
```

```
    </head>
    <body>
      <h2 align="center">工程展示</h2>
      <table width="528" border="0" align="center">
        <tr>
          <td height="100" align="center"><img src="images/01.jpg"/></td>
          <td align="center"><img src="images/02. jpg"/></td>
          <td align="center"><img src="images/03. jpg"/></td>
        </tr>
        <tr>
          <td width="170" height="20" align="center">废气净化处理项目</td>
          <td align="center">固体废弃物处理项目</td>
          <td align="center">污染土壤修复工程</td>
        </tr>
        <tr>
          <td height="100" align="center"><img src="images/01.jpg"/></td>
          <td align="center"><img src="images/02.jpg"/></td>
          <td align="center"><img src="images/03.jpg"/></td>
        </tr>
        <tr>
          <td width="170" height="20" align="center">废气净化处理项目</td>
          <td align="center">固体废弃物处理项目</td>
          <td align="center">污染土壤修复工程</td>
        </tr>
      </table>
    </body>
    </html>
```

3.2 使用结构元素构建网页布局

HTML5 可以使用结构元素构建网页布局，使 Web 设计和开发变得容易起来。HTML5 提供了各种切割和划分页面的手段，允许用户创建的切割组件不仅能用来逻辑地组织站点，而且能够赋予网站聚合的能力。HTML5 可谓是"信息到网站设计的映射方法"，因为它体现了信息映射的本质，划分信息，并给信息加上标签，使其变得容易使用和理解。

在 HTML5 中，为了使文档的结构更加清晰明确，可以使用文档结构元素构建网页布局。使用结构元素构建网页布局的典型布局如图 3-7 所示。

HTML5 中的主要文档结构元素见表 3-2。

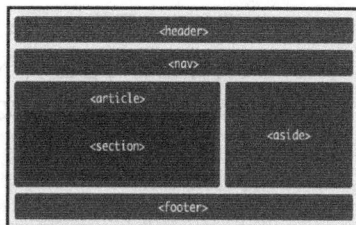

图 3-7 使用结构元素构建网页布局

表 3-2 HTML5 中的主要文档结构元素

元 素	描 述
header	用于设置页面的页眉
nav	用于构建导航
article	表示文档、页面、应用程序或网站中一体化的内容
aside	表示与页面内容相关、有别于主要内容的部分
section	用于对网站或应用程序中页面上的内容进行分块
footer	用于设置页面的页脚

1．header 元素

HTML5 中的 header 元素是一种具有引导和导航作用的结构元素，该元素可以包含所有通常放在页面头部的内容。其基本语法格式如下：

```
<header>
  <h1>网页主题</h1>
  ...
</header>
```

例如，下面的代码定义了文档的欢迎信息。

```
<header>
  <h1>欢迎光临我的主页</h1>
  <p>我的名字是天使</p>
</header>
```

2．nav 元素

nav 元素用于定义导航链接，是 HTML5 新增的元素，该元素可以将具有导航性质的链接归纳在一个区域中，使页面元素的语义更加明确。例如，下面的代码定义了导航条中常见的首页、上一页和下一页链接。

```
<nav>
  <a href="index.html">首页</a>
  <a href="prev.html">上一页</a>
  <a href="next.html">下一页</a>
</nav>
```

3．section 元素

section 元素用于对网站或应用程序中页面上的内容进行分块，一个 section 元素通常由内容和标题组成。在使用 section 元素时，需要注意以下 3 点。

（1）不要将 section 元素用作设置样式的页面容器，那是 div 的特性。section 元素并非一个普通的容器元素，当一个容器需要被直接定义样式或通过脚本定义行为时，推荐使用 div。

（2）如果 article 元素、aside 元素或 nav 元素更符合使用条件，那么不要使用 section 元素。

（3）没有标题的内容区块不要使用 section 元素定义。

例如，下面的代码定义了文档中的区段，解释 PRC 的含义。

```
<section>
  <h1>PRC</h1>
  <p>中华人民共和国成立于 1949 年</p>
</section>
```

4．footer 元素

footer 元素用来定义 section 或 document 的页脚，通常该标签包含网站的版权、创作者的姓名、文档的创作日期及联系信息。例如，下面的代码定义了网站的版权信息。

```
<footer>
<p>Copyright &copy; 2018 天地环保 版权所有</p>
</footer>
```

5．article 元素

article 元素用来定义独立的内容，该元素定义的内容可独立于页面中的其他内容使用。article 元素经常应用于论坛帖子、新闻文章、博客条目和用户评论等应用中。

　　section 元素可以包含 article 元素，article 元素也可以包含 section 元素。section 元素用来分组相类似的信息，而 article 元素则用来放置如一篇文章或博客之类的信息，这些内容可在不影响内容含义的情况下被删除或被放置到新的上下文中。article 元素，正如它的名称所暗示的那样，提供了一个完整的信息包。相比之下，section 元素包含的是有关联的信息，但这些信息自身不能被放置到不同的上下文中，否则其代表的含义就会丢失。

　　除内容部分外，一个 article 元素通常有它自己的标题（一般放在<header>标签里面），有时还有自己的脚注。

　　【例 3-5】使用 article 元素定义新闻内容，本例文件 3-5.html 在浏览器中的显示效果如图 3-8 所示。代码如下：

```
<html>
<head>
<meta charset="gb2312">
<title> article 元素示例</title>
</head>
<body>
<article>
    <header>
        <h1>天地环保工程发布</h1>
        <p>发布日期:2018/01/10</p>
    </header>
    <p><b>新的一年已经到来</b>，天地环保将发布第一季度...（文章正文）</p>
    <footer>
        <p>Copyright &copy; 2018 天地环保 版权所有</p>
    </footer>
</article>
</body>
</html>
```

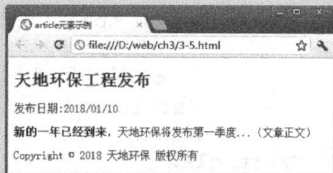

图 3-8　页面显示效果

　　【说明】这个示例讲述的是使用 article 元素定义新闻的方法。在 header 元素中嵌入了新闻的标题部分，标题"天地环保工程发布"被嵌入到<h1>标签中，新闻的发布日期被嵌入到<p>标签中；在标题部分下面的<p>标签中，嵌入了新闻的正文；在结尾处的 footer 元素中嵌入了新闻的版权作为脚注。整个示例的内容相对比较独立、完整，因此，对这部分内容使用了 article 元素。

　　article 元素是可以嵌套使用的，内层的内容在原则上需要与外层的内容相关联。例如，针对该新闻的评论就可以使用嵌套 article 元素的方法实现；用来呈现评论的 article 元素被包含在表示整体内容的 article 元素里面。

　　【例 3-6】使用嵌套的 article 元素定义新闻内容及评论，本例文件 3-6.html 在浏览器中的显示效果如图 3-9 所示。代码如下：

```
<html>
<head>
<meta charset="gb2312">
<title>嵌套定义 article 元素示例</title>
</head>
<body>
<article>
    <header>
        <h1>天地环保工程发布</h1>
        <p>发布日期:2018/01/10</p>
    </header>
```

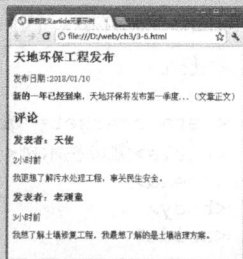

图 3-9　页面显示效果

```
        <p><b>新的一年已经到来</b>，天地环保将发布第一季度...（文章正文）</p>
    <section>
        <h2>评论</h2>
        <article>
            <header>
                <h3>发表者：天使</h3>
                <p>2 小时前</p>
            </header>
            <p>我更想了解污水处理工程，事关民生安全。</p>
        </article>
        <article>
            <header>
                <h3>发表者：老顽童</h3>
                <p>3 小时前</p>
            </header>
            <p>我想了解土壤修复工程，我最想了解的是土壤治理方案。</p>
        </article>
    </section>
    </article>
    </body>
    </html>
```

【说明】

（1）这个示例比例 3-5 的内容更加完整了，添加了新闻的评论内容，示例的整体内容还是比较独立、完整的，因此使用了 article 元素。其中，示例的内容又分为几部分，新闻的标题放在了 header 元素中，新闻正文放在了 header 元素后面的<p>标签中，然后 section 元素把正文与评论部分进行了区分，在 section 元素中嵌入了评论的内容，在评论中的 article 元素中又可以分为标题与评论内容部分，分别放在 header 元素和<p>标签中。

（2）在 HTML5 中，article 元素可以看作一种特殊的 section 元素，它比 section 元素更强调独立性，即 section 元素强调分段或分块，而 article 元素强调独立性。具体来说，如果一块内容相对来说比较独立、完整时，应使用 article 元素；但如果用户需要将一块内容分成几段时，应使用 section 元素。另外，用户不要为没有标题的内容区块使用 section 元素。

6．aside 元素

aside 元素用来表示当前页面或新闻的附属信息部分，它可以包含与当前页面或主要内容相关的引用、侧边栏、广告、导航条，以及其他类似的有别于主要内容的部分。

aside 元素的用法主要分为两种。

（1）被包含在 article 元素内作为主要内容的附属信息。

（2）在 article 元素之外使用，作为页面或站点全局的附属信息部分。

【例 3-7】使用 aside 元素定义了网页的侧边栏信息，本例文件 3-7.html 在浏览器中的显示效果如图 3-10 所示。代码如下：

```
<html>
<head>
<meta charset="gb2312">
<title>侧边栏示例</title>
</head>
<body>
<aside>
    <nav>
        <h2>评论</h2>
```

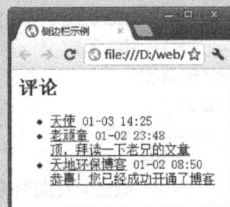

图 3-10　页面显示效果

```
        <ul>
            <li><a href="#">天使</a> 01-03 14:25</li>
            <li><a href="#">老顽童</a> 01-02 23:48<br/>
                <a href="#">顶，拜读一下老兄的文章</a>
            </li>
            <li>
                <a href="#">天地环保博客</a> 01-02 08:50<br/>
                <a href="#">恭喜！您已经成功开通了博客</a>
            </li>
        </ul>
    </nav>
</aside>
</body>
</html>
```

【说明】本例为一个典型的博客网站中的侧边栏部分，因此放在了 aside 元素中；该侧边栏又包含导航作用的链接，因此放在 nav 元素中；侧边栏的标题是"评论"，放在了<h2>标签中；在标题之后使用了一个无序列表<ul>标签，用来存放具体的导航链接。

7. 分组元素

分组元素用于对页面中的内容进行分组。HTML5 中包含 3 个分组元素，分别是 figure 元素、figcaption 元素和 hgroup 元素。

（1）figure 元素和 figcaption 元素。

figure 元素用于定义独立的流内容（图像、图表、照片、代码等），通常是指一个单独的单元。figure 元素的内容应与主内容相关，但如果被删除，也不会对文档流产生影响。figcaption 元素用于为 figure 元素组添加标题，一个 figure 元素内最多允许使用一个 figcaption 元素，该元素应放在 figure 元素的第一个或最后一个子元素的位置。

【例 3-8】使用 figure 元素和 figcaption 元素分组页面内容，本例文件 3-8.html 在浏览器中的显示效果如图 3-11 所示。代码如下：

```
<!doctype html>
<html>
<head>
<meta charset="gb2312">
<title>figure 和 figcaption 元素示例</title>
</head>
<body>
<p>天地环保设备公司是一家……（此处省略文字）</p>
<figure>
    <figcaption>天地环保公司总部</figcaption>
    <p>作者：天使 时间：2018 年 1 月</p>
    <img src="images/ep.jpg">
</figure>
</body>
</html>
```

图 3-11　页面显示效果

【说明】figcaption 元素用于定义文章的标题。

（2）hgroup 元素。

hgroup 元素用于将多个标题(主标题和副标题或子标题)组成一个标题组，通常它与h1~h6元素组合使用。通常将 hgroup 元素放在 header 元素中。

在使用 hgroup 元素时要注意以下几点。

（1）如果只有一个标题元素时不建议使用 hgroup 元素。

（2）当出现一个或一个以上的标题与元素时，推荐使用 hgroup 元素作为标题元素。

（3）当一个标题包含副标题、section 或 article 元素时，建议将 hgroup 元素和标题相关元素存放到 header 元素容器中。

【例 3-9】使用 hgroup 元素分组页面内容，本例文件 3-9.html 在浏览器中的显示效果如图 3-12 所示。代码如下：

```html
<html>
<head>
<meta charset="gb2312">
<title>hgroup 元素示例</title>
</head>
<body>
<header>
    <hgroup>
        <h1>天地环保网站</h1>
        <h2>天地环保新闻中心</h2>
    </hgroup>
    <p>天地环保工程发布</p>
</header>
</body>
</html>
```

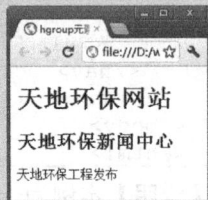

图 3-12　页面显示效果

8. 案例——制作"天地环保工程发布"页面

【例 3-10】使用结构元素构建网页布局，制作"天地环保工程发布"页面，本例文件 3-10.html 在浏览器中的显示效果如图 3-13 所示。代码如下：

```html
<html>
    <head>
        <meta charset="gb2312">
        <title>使用结构元素构建网页布局</title>
    </head>
    <body>
        <article id="main">
            <header>
                <p align="center"><img src="images/logo.png"/></p>
            </header>
            <aside>
                <h3>工程系列</h3>
                <section>
                    <table>
                        <tr><td>废气净化处理项目</td></tr>
                        <tr><td>固体废弃物处理项目</td></tr>
                        <tr><td>污染土壤修复工程</td></tr>
                    </table>
                </section>
            </aside>
            <section>
            <header>
                <hgroup>
                    <h1>工程发布</h1>
                    <h3>2018 年 1 月 10 日，废气净化处理项目启动方案规划</h3>
                </hgroup>
            </header>
```

图 3-13　页面显示效果

```
            <section>
             <img src="images/case.jpg" />
            </section>
            <article>
                <span>基本信息</span>
                <hr/>
                <p>废气净化处理项目的范围包括……（此处省略文字）</p>
            </article>
            <article>
                <span>质量保证措施</span>
                <hr/>
                <p>我公司是以水处理环保产品、设计……（此处省略文字）</p>
            </article>
        </section>
        <footer>
          <p align="center">Copyright &copy; 2018 天地环保 版权所有</p>
        </footer>
    </article>
  </body>
</html>
```

3.3 页面交互元素

对于网站应用来说，表现最为突出的就是客户端与服务器端的交互。HTML5 增加了交互体验元素，本节将详细讲解这些元素。

3.3.1 details 元素和 summary 元素

details 元素用于描述文档或文档某个部分的细节。summary 元素经常与 details 元素配合使用，作为 details 元素的第一个子元素，用于为 details 定义标题。标题是可见的，当用户点击标题时，会显示或隐藏 details 中的其他内容。

【例 3-11】使用 details 元素和 summary 元素描述文档，标题的折叠效果如图 3-14 所示，单击标题的展开效果，如图 3-15 所示。

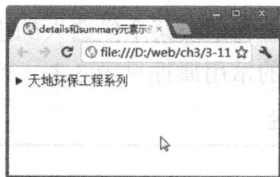

图 3-14 标题的折叠效果

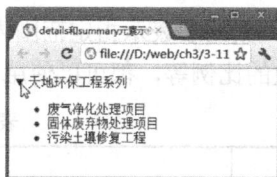

图 3-15 标题的展开效果

代码如下：

```
<html>
<head>
<meta charset="gb2312">
<title>details 和 summary 元素示例</title>
</head>
<body>
  <details>
```

```
        <summary>天地环保工程系列</summary>
        <ul>
            <li>废气净化处理项目</li>
            <li>固体废弃物处理项目</li>
            <li>污染土壤修复工程</li>
        </ul>
    </details>
</body>
</html>
```

3.3.2 progress 元素

progress 元素用于表示一个任务的完成进度。这个进度可以是不确定的，只是表示进度正在进行，但不清楚还有多少工作量没有完成。

progress 元素的常用属性值有两个，具体如下。

（1）value：已经完成的工作量。

（2）max：总共有多少工作量。

其中，value 和 max 属性的值必须大于 0，且 value 的值要小于或等于 max 属性的值。

【例 3-12】使用 progress 元素显示工程项目开发进度，本例文件 3-12.html 在浏览器中的显示效果如图 3-16 所示。代码如下：

```
<html>
<head>
<meta charset="gb2312">
<title>progress 元素示例</title>
</head>
<body>
    <h1>工程项目开发进度</h1>
    <p><progress  min="0"  max="100"  value="80">
</progress></p>
</body>
</html>
```

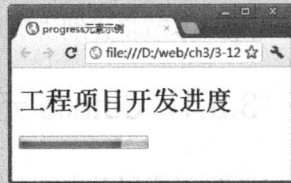

图 3-16　页面显示效果

3.3.3 meter 元素

meter 元素用于表示指定范围内的数值。例如，显示硬盘容量或某个候选人的投票人数占投票总人数的比例等，都可以使用 meter 元素。meter 元素的常用属性见表 3-3。

表 3-3　meter 元素的常用属性

属　　性	描　　述
high	定义度量的值位于哪个点被界定为高的值
low	定义度量的值位于哪个点被界定为低的值
max	定义最大值，默认值是 1
min	定义最小值，默认值是 0
optimum	定义什么样的度量值是最佳的值。如果该值高于 high 属性的值，则意味值越高越好。如果该值低于 low 属性的值，则意味值越低越好
value	定义度量的值

【例 3-13】使用 meter 元素显示工程项目进度列表，本例文件 3-13.html 在浏览器中的显

示效果如图 3-17 所示。代码如下：

```
<html>
<head>
<title>meter 元素示例</title>
</head>
<body>
    <h1>工程项目进度列表</h1>
    <p>
    废气净化处理项目：<meter value="50" min="0" max="100"
low="60" high="80" title="50%" optimum="100"> 50</meter>
<br/>
    固体废弃处理项目：<meter value="80" min="0" max="100" low="60" high="80"
title="80%" optimum="100">80</meter><br/>
    污染土壤修复工程：<meter value="65" min="0" max="100" low="60" high="80"
title="65%" optimum="100">65</meter><br/>
    </p>
</body>
</html>
```

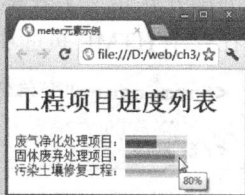

图 3-17　页面显示效果

3.4　表单

表单是网页中最常用的元素，是网站服务器端与客户端之间沟通的桥梁。表单在网上随处可见，用于在登录页面输入账号、客户留言、搜索产品等，如图 3-18 所示的留言板表单。

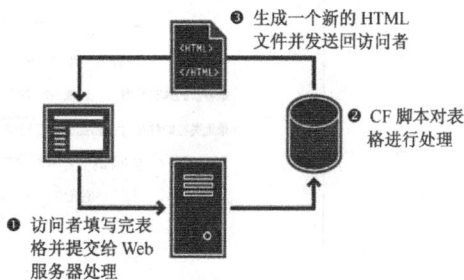

3.4.1　表单的基本概念

表单被广泛用于各种信息的搜集与反馈。一个完整的交互表单由两部分组成：一部分是客户端包含的表单页面，用于填写浏览者进行交互的信息；另一部分是服务端的应用程序，用于处理浏览者提交的信息。当访问者在 Web 浏览器中显示的表单中输入信息后，单击"提交"按钮，这些信息将被发送给服务器，服务器端脚本或应用程序将对这些信息进行处理，并将结果发送回访问者。表单的工作原理如图 3-19 所示。

图 3-18　留言板表单

图 3-19　表单的工作原理

3.4.2　表单标签

网页上具有可输入表项及项目选择等控制所组成的栏目称为表单。<form>标签用于创建供用户输入的 HTML 表单，<form>标签是成对出现的，在开始标签<form>和结束标签</form>之间的部分就是一个表单。

在一个 HTML 页面中允许有多个表单，表单的基本语法及格式为：

```
<form name="表单名" action="URL" method="get|post">
    ...
</form>
```

<form>标签主要处理表单结果的处理和传送，常用属性的含义如下。

name 属性：表单的名字，在一个网页中用于唯一识别一个表单。

action 属性：表单处理的方式，往往是 E-mail 地址或网址。

method 属性：表单数据的传送方向，是获得（GET）表单还是送出（POST）表单。

3.4.3 表单元素

表单是一个容器，可以存放各种表单元素，如按钮、文本域等。表单中通常包含一个或多个表单元素，常见的表单元素见表 3-4。

表 3-4 常见的表单元素

表 单 元 素	功　　能
input	该标签规定用户可输入数据的输入字段
keygen	该标签规定用于表单的密钥对生成器字段
object	该标签用来定义一个嵌入的对象
output	该标签用来定义不同类型的输出，比如脚本的输出
select	该标签用来定义下拉列表/菜单
textarea	该标签用来定义一个多行的文本输入区域

例如，常见的网上问卷调查表单，其中包含的表单元素如图 3-20 所示。

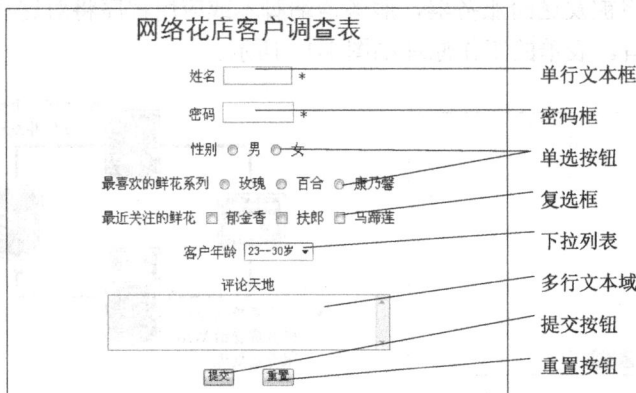

图 3-20　常见的表单元素

1．<input>元素

<input>元素用来定义用户输入数据的输入字段，根据不同的 type 属性，输入字段可以是文本字段、密码字段、复选框、单选按钮、按钮、隐藏域、电子邮件、日期时间、数值、范

围、图像、文件等。<input>元素的基本语法及格式为：

```
<input type="表项类型" name="表项名" value="默认值" size="x" maxlength="y" />
```

<input>元素常用属性的含义如下。

type 属性：指定要加入表单项目的类型（text，password，checkbox，radio，button，hidden，email，date pickers，number，range，image，file，submit 或 reset 等）。

name 属性：该表项的控制名，主要在处理表单时起作用。

size 属性：输入字段中的可见字符数。

maxlength 属性：允许输入的最大字符数目。

checked 属性：当页面加载时是否预先选择该 input 元素（适用于 type="checkbox"或 type="radio"）。

step 属性：输入字段的的合法数字间隔。

max 属性：输入字段的最大值。

min 属性：输入字段的最小值。

required 属性：设置必须输入字段的值。

pattern 属性：输入字段的值的模式或格式。

readonly 属性：设置字段的值无法修改。

placeholder 属性：设置用户填写输入字段的提示。

autofocus 属性：设置输入字段在页面加载时是否获得焦点（不适用于 type="hidden"）。

disabled 属性：当页面加载时是否禁用该 input 元素（不适用于 type="hidden"）。

（1）文字和密码的输入。使用<input>元素的 type 属性，可以在表单中加入表项，并控制表项的风格。如果 type 属性值为 text，则输入的文本以标准的字符显示；如果 type 属性值为 password，则输入的文本显示为"*"。在表项前应加入表项的名称，如"您的姓名"等，以告诉浏览者在随后的表项中应输入的内容。文本框和密码框的格式为：

```
<input type="text" name="文本框名">
<input type="password" name="密码框名">
```

（2）重置和提交。表单按钮用于控制网页中的表单。表单按钮有 4 种类型，即提交按钮、重置按钮、普通按钮和图片按钮。使用提交按钮（submit）可以将填写在文本域中的内容发送到服务器；使用重置按钮（reset）可以将表单输入框的内容返回初始值；使用普通按钮（button）可以制作一个用于触发事件的按钮；使用图片按钮（image）可以制作一个美观的按钮。

4 种按钮的格式为：

```
<input type="reset" value="按钮名">
<input type="submit" value="按钮名">
<input type="button" value="按钮名">
<input type="image" src="图片来源">
```

（3）复选框和单选钮。在页面中有些地方需要列出几个项目，让浏览者通过选择钮来选择项目。选择钮可以是复选框（checkbox）或单选钮（radio）。用<input>元素的 type 属性可设置选择钮的类型；value 属性可设置该选择钮的控制初值，用以告诉表单制作者选择结果；用 checked 属性表示是否为默认选中项；name 属性是控制名，同一组的选择钮的控制名是一样的。复选框和单选钮的格式为：

```
<input type="radio" name="单选钮名" value="提交值" checked="checked">
<input type="checkbox" name="复选框名" value="提交值" checked="checked">
```

（4）电子邮件输入框。当用户需要通过表单提交电子邮件信息时，可以将<input>元素的 type 属性设置为 email 类型，即可设计用于包含 email 地址的输入框。当用户提交表单时，会自动验证输入 email 值的合法性。格式为：

```
<input type="email" name="电子邮件输入框名">
```

（5）日期时间选择器。HTML5 提供了日期时间选择器 date pickers，拥有多个可供选取日期和时间的新型输入文本框，类型如下。

date：选取日、月、年。

month：选取月、年。

week：选取周和年。

time：选取时间（小时和分钟）。

datetime：选取时间日、月、年（UTC 世界标准时间）。

datetime-local：选取时间日、月、年（本地时间）。

日期时间选择器的语法格式为：

```
<input type="选择器类型" name="选择器名">
```

（6）URL 输入框。当用户需要通过表单提交网站的 URL 地址时，可以将<input>元素的 type 属性设置为 url 类型，即可设计用于包含 url 地址的输入框。当用户提交表单时，会自动验证输入 url 值的合法性。格式为：

```
<input type="url" name="url 输入框名">
```

（7）数值输入框。当用户需要通过表单提交数值型数据时，可以将<input>元素的 type 属性设置为 number 类型，即可设计用于包含数值型数据的输入框。当用户提交表单时，会自动验证输入数值型数据值的合法性。格式为：

```
<input type="number" name="数值输入框名">
```

（8）范围滑动条。当用户需要通过表单提交一定范围内的数值型数据时，可以将<input>元素的 type 属性设置为 range 类型，即可设计用于设置输入数值范围的滑动条。当用户提交表单时，会自动验证输入数值范围的合法性。格式为：

```
<input type="range" name="范围滑动条名">
```

另外，用户在使用数值输入框和范围滑动条时可以配合使用 max（最大值）、min（最小值）、step（数字间隔）和 value（默认值）属性来规定对数值的限定。

2．选择栏<select>

当浏览者选择的项目较多时，如果用选择钮来选择，占页面的空间就会较大，这时可以用<select>标签和<option>标签来设置选择栏。选择栏可分为两种：弹出式和字段式。

（1）<select>标签。格式为：

```
<select size="x" name="控制操作名" multiple>
  <option …> … </option>
  <option …> … </option>
```

```
    ...
  </select>
```

<select>标签各个属性的含义如下。

size：可选项，用于改变下拉框的大小。size 属性的值是数字，表示显示在列表中选项的数目，当 size 属性的值小于列表框中的列表项数目时，浏览器会为该下拉框添加滚动条，用户可以使用滚动条来查看所有的选项，size 默认值为 1。

name：选择栏的名称。

multiple：如果加上该属性，表示允许用户从列表中选择多项。

（2）<option>标签。格式为：

```
<option value="可选择的内容" selected ="selected"> … </option>
```

<option>标签各个属性的含义如下。

selected：用来指定选项的初始状态，表示该选项在初始时被选中。

value：用于设置当该选项被选中并提交后，浏览器传送给服务器的数据。

选择栏有两种形式：弹出式选择栏和字段式选择栏。字段式选择栏与弹出式选择栏的主要区别在于，前者在<select>中的 size 属性值取大于 1 的值，此值表示在选择栏中不拖动滚动条可以显示的选项的数目。

例如，制作"客户年龄"问卷调查的下拉菜单，页面加载时菜单显示的默认选项为"23--30 岁"，用户可以单击菜单下拉箭头选择其余的选项，浏览效果如图 3-21 所示。代码片段如下：

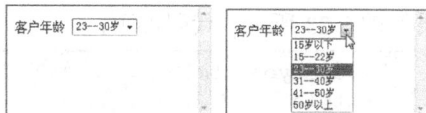

图 3-21　页面浏览效果

```
<form>
  客户年龄
  <select name="age">  <!--没有设置 size 值，一次可显示的列表项数默认值为1。-->
    <option value="15 岁以下">15 岁以下</option>
    <option value="15--22 岁">15--22 岁</option>
    <option value="23--30 岁"selected="selected">23--30 岁</option>
<!--默认选中该项-->
    <option value="31--40 岁">31--40 岁</option>
    <option value="41--50 岁">41--50 岁</option>
    <option value="50 岁以上">50 岁以上</option>
  </select>
</form>
```

在上面的示例代码中，菜单中的选项"23--30 岁"设置了 selected="selected"属性值，因此，页面加载时显示的默认选项为"23--30 岁"。

3．多行文本域<textarea>…</textarea>

在意见反馈栏中往往需要浏览者发表意见和建议，且提供的输入区域一般较大，可以输入较多的文字。使用<textarea>标签可以定义高度超过一行的文本输入框，<textarea>标签是成对标签，开始标签<textarea>和结束标签</textarea>之间的内容就是显示在文本输入框中的初始信息。格式为：

```
<textarea name="文本域名" rows="行数" cols="列数">
    初始文本内容
</textarea>
```

其中的行数和列数是指不拖动滚动条就可看到的部分。

例如，以下为输入"评论天地"多行文本域内容的代码。

```
<form>
  <p>评论天地</p>
  <textarea name="about" cols="40" rows="10">
    请您发表评论……
  </textarea>
</form>
```

其中，cols="40"表示多行文本域的列数为 40 列，rows="10"表示多行
文本域的行数为 10 行，效果如图 3-22 所示。

图 3-22　多行文本域

3.4.4　案例——制作天地环保"会员注册"表单

前面讲解了表单元素的基本用法，其中，文本字段比较简单，也
是最常用的表单标签。选择栏在具体的应用过程中有一定的难度，读者需要结合实践、反复
练习才能够掌握。下面通过一个综合的案例将这些表单元素集成在一起，制作天地环保"会
员注册"表单。

【例 3-14】制作天地环保"会员注册"表单，本例文件 3-14.html 在浏览器中显示的效
果如图 3-23 所示。代码如下：

```
<!doctype html>
<html>
<head>
<meta charset="gb2312">
<title>会员注册表</title>
</head>
<body>
  <h2>会员注册</h2>
  <form>
    <p>
    账号：<input type="text" required name="username">
    </p>
    <p>
    密码：<input type="password" required name="pass">
    </p>
    <p>
    性别：<input type="radio" name="sex" value="男" checked>男
          <input type="radio" name="sex" value="女">女
    </p>
    <p>
    爱好：<input type="checkbox" name="like" value="音乐">音乐
          <input type="checkbox" name="like" value="上网" checked>上网
          <input type="checkbox" name="like" value="足球">足球
          <input type="checkbox" name="like" value="下棋">下棋
    </p>
    <p>
    职业：<select size="3" name="work">
            <option value="政府职员">政府职员</option>
            <option value="工程师" selected>工程师</option>
            <option value="工人">工人</option>
            <option value="教师" selected>教师</option>
```

图 3-23　"会员注册"表单

```
                   <option value="医生">医生</option>
                   <option value="学生">学生</option>
            </select>
      </p>
      <p>
      收入: <select name="salary">
                <option value="1000元以下">1000元以下</option>
                <option value="1000-2000元">1000-2000元</option>
                <option value="2000-3000元">2000-3000元</option>
                <option value="3000-4000元" selected>3000-4000元</option>
                <option value="4000元以上">4000元以上</option>
            </select>
      </p>
      <p>
      电子邮箱: <input type="email" required name="email" id="email" placeholder="
您的电子邮箱">
      </p>
      <p>
      生日:<input type="date" min="1960-01-01" max="2017-3-16" name="birthday"
id="birthday" value="1990-11-11">
      </p>
      <p>
      博客地址: <input type="url" name="blog" placeholder="您的博客地址" id="blog">
      </p>
      <p>
      年龄: <input type="number" name="age" id="age" value="25" autocomplete=
"off" placeholder="您的年龄">
      </p>
      <p>
      工作年限: <input type="range" min="1" step="1" max="20" name="slider"
name="workingyear" id="workingyear" placeholder="您的工作年限" value="3">
      </p>
      <p>
      个人简介: <textarea name="think" cols="40" rows="4"></textarea>
      </p>
      <p>
          <input type="submit" name="submit" value="提交
"/>  
                           <input type="reset" name="reset" value="重写" />
      </p>
   </form>
  </body>
</html>
```

【说明】"职业"选择栏使用的是弹出式选择栏;"收入"选择栏使用的是字段式选择栏,其<select>标签中的 size 属性值设置为 3。

3.4.5　表单分组

大型表单容易在视觉上产生混淆,通过对表单分组可以将表单上的元素在形式上进行组合,达到一目了然的效果。常见的分组标签有<fieldset>和<legend>标签。格式为:

```
<form>
  <fieldset>
    <legend>分组标题</legend>
```

```
    表单元素…
    </fieldset>
    ...
</form>
```

其中，<fieldset>标签可以看作表单的一个子容器，将所包含的内容以边框环绕方式显示；<legend>标签则是为<fieldset>边框添加相关的标题。

【例3-15】表单分组示例，本例文件3-15.html在浏览器中显示的效果如图3-24所示。代码如下：

```
<html>
<head>
<meta charset="gb2312">
<title>表单分组</title>
</head>
<body>
  <form>
    <fieldset>
      <legend>请选择个人爱好</legend>
        <input type="checkbox" name="like" value="音乐">音乐
        <input type="checkbox" name="like" value="上网" checked>上网
        <input type="checkbox" name="like" value="足球">足球
        <input type="checkbox" name="like" value="下棋">下棋
    </fieldset>
     <br/>
    <fieldset>
      <legend>请选择个人选修课程</legend>
        <input type="checkbox" name="choice" value="computer" />计算机 <br/>
        <input type="checkbox" name="choice" value="math" />数学 <br/>
        <input type="checkbox" name="choice" value="english" />英语 <br/>
    </fieldset>
  </form>
</body>
</html>
```

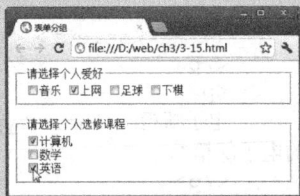

图3-24　表单分组

3.4.6　使用表格布局表单

从上面的天地环保"会员注册"表单案例中可以看出，由于表单没有经过布局，页面整体看起来不太美观。在实际应用中，可以采用以下两种方法布局表单：一种是使用表格布局表单，另一种是使用CSS样式布局表单。本节主要讲解使用表格布局表单。

【例3-16】使用表格布局制作天地环保"联系我们"表单，表格布局示意图如图3-25所示，最外围的虚线表示表单，表单内部包含一个6行、3列的表格。其中，第一行和最后一行使用了跨2列的设置。本例文件3-16.html在浏览器中显示的效果如图3-26所示。

图3-25　表格布局示意图

图3-26　页面显示效果

代码如下：

```
<html>
  <head>
    <title>天地环保联系我们表单</title>
  </head>
  <body>
  <h2>联系我们</h2>
  <p>    天地环保客户支持中心服务于……（此处省略文字）</p>
  <form>
    <table>
        <tr>
          <td><h3>发送邮件</h3></td>
          <td colspan="2"> </td>        <!--内容跨 2 列并且用"空格"填充-->
        </tr>
        <tr>
          <td> </td>                    <!--内容用"空格"填充以实现布局效果-->
          <td>姓名:</td>
          <td> <input type="text" name="username" size="30"></td>
        </tr>
        <tr>
          <td> </td>                    <!--内容用"空格"填充以实现布局效果-->
          <td>邮箱:</td>
          <td> <input type="text" name="email" size="30"></td>
        </tr>
        <tr>
          <td> </td>                    <!--内容用"空格"填充以实现布局效果-->
          <td>网址:</td>
          <td> <input type="text" name="url" size="30" value="http://"></td>
        </tr>
        <tr>
          <td> </td>                    <!--内容用"空格"填充以实现布局效果-->
          <td>咨询内容:</td>
          <td> <textarea name="intro" cols="40" rows="4">请输入您咨询的问
题...</textarea></td>
        </tr>
        <tr>
          <td> </td>                            <!--内容用"空格"填充以实现布局效果-->
          <!--下面的发送图片按钮跨 2 列-->
          <td colspan="2"> <input type="image" src="images/submit.gif" /></td>
        </tr>
    </table>
  </form>
  </body>
</html>
```

3.4.7　表单的高级用法

在某些情况下，用户需要对表单元素进行限制，设置表单元素为只读或禁用，常应用于以下场景。

只读场景：网站服务器不希望用户修改的数据，这些数据在表单元素中显示。例如，注册或交易协议、商品价格等。

禁用场景：只有满足某个条件后，才能选用某项功能。例如，只有用户同意注册协议后，才允许单击"注册"按钮。

只读和禁用效果分别通过设置 readonly 和 disabled 属性来实现。

【例 3-17】制作天地环保服务协议页面，页面浏览后，服务协议只能阅读而不能修改，并且只有用户同意注册协议后，才允许单击"注册"按钮，本例文件 3-17.html 在浏览器中显示的效果如图 3-27 所示。代码如下：

```html
<!doctype html>
<html>
  <head>
    <title>天地环保服务协议</title>
  </head>
  <body>
<h2>阅读天地环保服务协议</h2>
<form>
  <textarea name="content" cols="50" rows="5" readonly="readonly">
    欢迎阅读服务条款协议，天地环保的权利和义务……
  </textarea><br /><br />
  同意以上协议<input name="agree" type="checkbox" />    <!--复选框-->
  <input name="register" type="submit" value="注册" disabled="disabled" />
<!--提交按钮禁用-->
  </form>
  </body>
  </html>
```

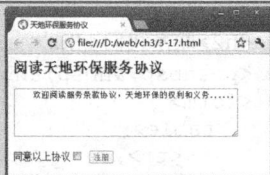

图 3-27　页面显示效果

【说明】用户勾选"同意以上协议"复选框并不能真正实现使"注册"按钮有效，还要为复选框添加 JavaScript 脚本才能实现这一功能，这里只是讲解如何使表单元素只读和禁用。

习题 3

1．使用跨行、跨列的表格制作公告栏分类信息，如图 3-28 所示。
2．使用表格布局"商城支付选择"页面，如图 3-29 所示。
3．使用表格布局技术制作"用户注册"表单，如图 3-30 所示。

图 3-28　题 1 图

图 3-29　题 2 图

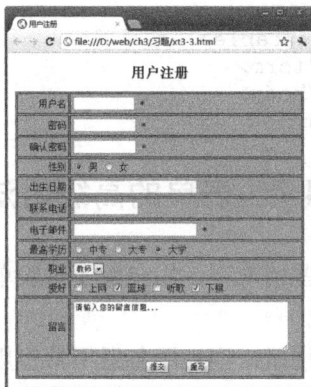

图 3-30　题 3 图

4．制作如图 3-31 所示的调查问卷表单。

5．使用结构元素构建网页布局，制作如图 3-32 所示的页面。

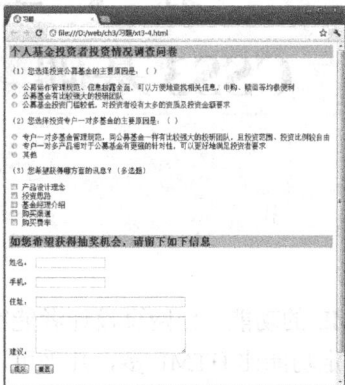
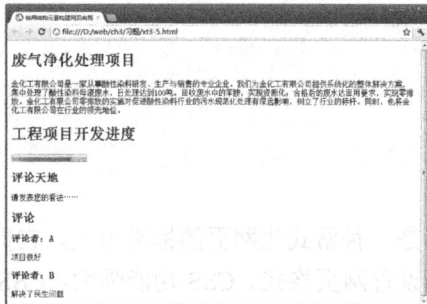

图 3-31　题 4 图　　　　　　　　　　　　　　图 3-32　题 5 图

CSS 是一种格式化网页的标准方式，它扩展了 HTML 的功能，使网页设计者能够以更有效的方式设置网页格式。CSS 功能强大，CSS 的样式设定功能比 HTML 多，几乎可以定义所有的网页元素。本章将详细讲解 CSS 的基本语法和使用方法。

4.1 CSS 概述

CSS 功能强大，CSS 的样式设定功能比 HTML 多，几乎可以定义所有的网页元素。CSS 的表现与 HTML 的结构相分离，CSS 通过对页面结构的风格进行控制，进而控制整个页面的风格。也就是说，页面中显示的内容放在结构里，而修饰、美化放在表现里，做到结构（内容）与表现分开，这样，当页面使用不同的表现时，呈现的样式是不一样的，就像人穿了不同的衣服，表现就是结构的外衣，W3C 推荐使用 CSS 来完成表现。

1. 什么是 CSS

CSS（Cascading Style Sheets，层叠样式表单）简称样式表，是用于（增强）控制网页样式并允许将样式信息与网页内容分离的一种标记性语言。样式就是格式，在网页中，像文字的大小、颜色及图片位置等，都是设置显示内容的样式。层叠是指当在 HTML 文档中引用多个定义样式的样式文件（CSS 文件）时，若多个样式文件间所定义的样式发生冲突，将依据层次顺序处理。如果不考虑样式的优先级，一般会遵循"最近优选原则"。

众所周之，用 HTML 编写网页并不难，但对于一个有几百个网页组成的网站来说，统一采用相同的格式就困难了。CSS 能将样式的定义与 HTML 文件内容分离，只要建立定义样式的 CSS 文件，并让所有的 HTML 文件都调用这个 CSS 文件所定义的样式即可。如果要改变 HTML 文件中任意部分的显示风格，只要把 CSS 文件打开，更改样式就可以了。

CSS 的编辑方法同 HTML 一样，可以用任何文本编辑器或网页编辑软件，还可用专门的 CSS 编辑软件。

2. CSS 的发展历史

伴随着 HTML 的飞速发展，CSS 也以各种形式应运而生。1996 年 12 月，W3C 推出了 CSS 规范的第一个版本 CSS1.0。这一规范立即引起了各方的积极响应，随即 Microsoft 公司和 Netscape 公司纷纷表示自己的浏览器能够支持 CSS1.0，从此 CSS 技术的发展几乎一马平川。1998 年，W3C 发布了 CSS2.0/2.1 版本，这也是至今流行最广并且主流浏览器都采用的标准。随着计算机软件、硬件及互联网日新月异地发展，浏览者对网页的视觉和用户体验提出了更高的要求，开发人员对如何快速提供高性能、高用户体验的 Web 应用也提出更高的要求。

　　早在 2001 年 5 月，W3C 就着手开发 CSS 第 3 版规范——CSS3 规范，它被分为若干个相互独立的模块。CSS3 的产生大大简化了编程模型，它不是仅对已有功能的扩展和延伸，而更多的是对 Web UI 设计理念的和方法的革新。CSS3 配合 HTML5 标准，将引起一场 Web 应用的变革，甚至是整个 Internet 产业的变革。

3．CSS3 的特点

　　Web 开发者可以借助 CSS3 设计圆角、多背景、用户自定义字体、3D 动画、渐变、盒阴影、文字阴影、透明度等来提高 Web 设计的质量，开发者将不必再依赖图片或 Javascript 去完成这些任务，极大地提高了网页的开发效率。

　　（1）CSS3 在选择符上面的支持。利用属性选择符用户可以根据属性值的开头或结尾很容易选择某个元素，利用兄弟选择符可以选择同级兄弟节点或紧邻下一个节点的元素，利用伪类选择符可以选择某一类元素，CSS3 在选择符上的丰富支持让用户可以灵活地控制样式。

　　（2）CSS3 在样式上的支持。CSS3 在样式上的新增的功能如下。

　　● 开发者最期待 CSS3 的特性是"圆角"，这个功能可以给网页设计工程师省去很多时间和精力去切图拼凑一个圆角。

　　● CSS3 可以轻松地实现阴影、盒阴影、文本阴影、渐变等特效。

　　● CSS3 对于连续文本换行提供了一个属性 word-wrap，用户可以设置其为 normal（不换行）或 break-word（换行），解决了连续英文字符出现页面错位的问题。

　　● 使用 CSS3 还可以给边框添加背景。

　　（3）CSS3 对于动画的支持。CSS3 支持的动画类型有：transform 变换动画、transition 过渡动画和 animation 动画。

4．CSS 的开发环境

　　CSS 的开发环境需要浏览器的支持，否则即使编写再漂亮的样式代码，如果浏览器不支持 CSS，那么它也只是一段字符串而已。

　　（1）CSS 的显示环境。浏览器是 CSS 的显示环境。目前，浏览器的种类多种多样，虽然 IE、Opera、Chrome、Firefox 等主流浏览器都支持 CSS，但它们之间仍存在着符合标准的差异。也就是说，相同的 CSS 样式代码在不同的浏览器中可能显示的效果有所不同。在这种情况下，设计人员只有不断地测试，了解各主流浏览器的特性才能让页面在各种浏览器中正确显示。

　　（2）CSS 的编辑环境。能够编辑 CSS 的软件很多，如 Dreamweaver、Edit Plus、EmEditor 和 topStyle 等，这些软件有些还具有"可视化"功能，但本书不建议读者太依赖"可视化"。本书中所有的 CSS 样式均采用手工输入的方法，不仅能够使设计人员对 CSS 代码有更深入的了解，还可以节省很多不必要的属性声明，效率反而比"可视化"软件还要快。

5．CSS 编写规则

　　利用 CSS 样式设计虽然很强大，但如果设计人员管理不当将导致样式混乱、维护困难。本节学习 CSS 编写中的一些技巧和规则，使读者在今后设计页面时胸有成竹，代码可读性高，结构良好。

　　（1）目录结构命名规则。存放 CSS 样式文件的目录一般命名为 style 或 css。

　　（2）样式文件的命名规则。在项目初期，会把不同的类别的样式放于不同的 CSS 文件，是为了 CSS 编写和调试的方便；在项目后期，为了网站性能上的考虑会整合不同的 CSS 文件到一个 CSS 文件，这个文件一般命名为 style.css 或 css.css。

　　（3）选择符的命名规则。所有选择符必须由小写英文字母或"_"下画线组成，必须以字母开头，不能为纯数字。设计者要用有意义的单词或缩写组合来命名选择符，做到"见其名知其意"，这样就节省了查找样式的时间。样式名必须能够表示样式的大概含义（禁止出现如Div1、Div2、Style1 等命名），读者可以参考表 4-1 中的样式命名。

表 4-1　样式命名参考

页面功能	命名参考	页面功能	命名参考	页面功能	命名参考
容器	wrap/container/box	头部	header	加入	joinus
导航	nav	底部	footer	注册	regsiter
滚动	scroll	页面主体	main	新闻	news
主导航	mainnav	内容	content	按钮	button
顶导航	topnav	标签页	tab	服务	service
子导航	subnav	版权	copyright	注释	note
菜单	menu	登录	login	提示信息	msg
子菜单	submenu	列表	list	标题	title
子菜单内容	subMenuContent	侧边栏	sidebar	指南	guide
标志	logo	搜索	search	下载	download
广告	banner	图标	icon	状态	status
页面中部	mainbody	表格	table	投票	vote
小技巧	tips	列定义	column_1of3	友情链接	friendlink

当定义的样式名比较复杂时用下画线把层次分开，如以下定义导航标志的选择符的 CSS 代码：

```
#nav_logo{…}
#nav_logo_ico{…}
```

（4）CSS 代码注释。为代码添加注释是一种良好的编程习惯。注释可以增强 CSS 文件的可读性，后期维护也将更加便利。

在 CSS 中添加注释非常简单，它以"/*"开始，以"*/"结尾。注释可以是单行，也可以是多行，并且可以出现在 CSS 代码的任何地方。

① 结构性注释。结构性注释仅仅是用风格统一的大注释块从视觉上区分被分隔的部分，如以下代码。

```
/* header（定义网页头部区域）-----------------------------------------------*/
```

② 提示性注释。在编写 CSS 文档时，可能需要某种技巧解决某个问题。在这种情况下，最好将这个解决方案简要的注释在代码后面，如以下代码。

```
.news_list li span {
    float:left;        /* 设置新闻发布时间向左浮动，与新闻标题并列显示 */
    width:80px;
    color:#999;        /* 定义新闻发布时间为灰色，弱化发布的时间在视觉上的感觉 */
}
```

▌4.2　CSS 的优势与局限性

HTML 是网页的主体，由多个元素组成，但这些元素保留的只是基本默认的属性，而 CSS

就是网页的样式，CSS 定义了元素的属性。它们的关系通俗地讲就是 HTML 是人体，CSS 则是人的衣服。

1. 传统 HTML 的缺点

在 CSS 还没有被引入页面设计之前，传统的 HTML 语言要实现页面美工设计是十分麻烦的。例如，页面中有一个 `<h2>` 标签定义的标题，如果要把它设置为红色，并对字体进行相应的设置，则需要引入 `<font>` 标签，代码如下：

```
<h2><font color="red" face="黑体">CSS 美化网页</font></h2>
```

看上去这样的修改并不是很麻烦，但当页面的内容不仅只有一段，而是整个页面甚至整个站点时，情况就变得复杂了。

以下是传统 HTML 修饰页面的示例，页面的浏览效果如图 4-1 所示。

代码如下：

```
<html>
<head>
<title>传统 HTML 的缺点</title>
</head>
<body>
<h2><font color="red" face=" 黑体 "> CSS 美化网页
</font></h2>
    <p>CSS 是目前最好的网页表现语言</p>
<h2><font color="red" face=" 黑体 "> CSS 美化网页
</font></h2>
    <p>CSS 是目前最好的网页表现语言</p>
<h2><font color="red" face="黑体"> CSS 美化网页</font></h2>
    <p>CSS 是目前最好的网页表现语言</p>
</body>
</html>
```

图 4-1　页面显示效果

从页面的浏览效果可以看出，页面中 3 个标题都是红色黑体字。如果要将这 3 个标题改成蓝色，在传统的 HTML 语言中就需要对每个标题的 `<font>` 标签进行修改。如果是一个规模很大的网站，而且需要对整个网站进行修改，那么工作量就会很大，甚至无法实现。

其实，传统 HTML 的缺陷远不止上例中所反映的这一个方面，相比 CSS 为基础的页面设计方法，其所体现的不足主要有以下几点。

● 维护困难。为了修改某个标签的格式，需要花费大量的时间，尤其对于整个网站而言，后期修改和维护的成本很高。

● 网页过"胖"。由于没有统一对页面各种风格样式进行控制，HTML 页面往往体积过大，占用很多宝贵的带宽。

● 定位困难。在整体布局页面时，HTML 对于各个模块的位置调整显得捉襟见肘，过多的其他标签同样也导致页面的复杂和后期维护的困难。

2. CSS 的优势

CSS 文档是一种文本文件，可以使用任何一种文本编辑器对其进行编辑，通过将其与 HTML 文档的结合，真正做到将网页的表现与内容分离。即便是一个普通的 HTML 文档，通过对其添加不同的 CSS 规则，也可以得到风格迥异的页面。使用 CSS 美化页面具有如下优势：

● 表现（样式）和内容（结构）分离。

● 易于维护和改版。

- 缩减页面代码，提高页面浏览速度。
- 结构清晰，容易被搜索引擎搜索到。
- 更好地控制页面布局。
- 提高易用性，使用 CSS 可以结构化 HTML。

3．CSS 的局限性

CSS 的功能虽然很强大，但也有某些局限性。由于 CSS 样式表比 HTML 出现得要晚，这就意味着一些较老的浏览器不能识别使用 CSS 编写的样式，并且 CSS 在简单文本浏览器中的用途也很有限，例如，为手机或移动设备编写的简单浏览器等。另外，浏览器支持的不一致性也导致不同的浏览器显示出不同的 CSS 版面编排。

4.3　CSS 语法基础

前面介绍了 CSS 如何在网页中定义和引用，接下来要讲解 CSS 是如何定义网页外观的。其定义的网页外观由一系列规则组成，包括样式规则、选择符和继承。

4.3.1　CSS 样式规则

CSS 为样式化网页内容提供了一条捷径，即样式规则，每一条规则都是单独的语句。

1．样式规则

样式表的每个规则都有两个主要部分：选择符（selector）和声明（declaration）。选择符决定哪些因素要受到影响，声明由一个或多个属性值对组成。其语法为：

```
selector{属性:属性值[[;属性:属性值]…]}
```

语法说明：

selector 表示希望进行格式化的元素；声明部分包括在选择器后的大括号中；用"属性:属性值"描述要应用的格式化操作。

例如，分析一条如图 4-2 所示的 CSS 规则。

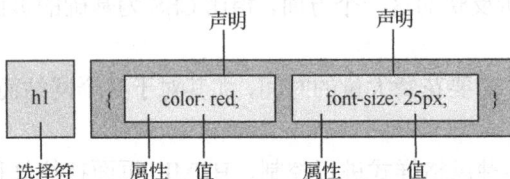

图 4-2　CSS 规则

选择符：h1 代表 CSS 样式的名字。

声明：声明包含在一对花括号"{}"内，用于告诉浏览器如何渲染页面中与选择符相匹配的对象。声明内部由属性及其属性值组成，并用冒号隔开，以分号结束，声明的形式可以是一个或多个属性的组合。

属性（property）：定义的具体样式（如颜色、字体等）。

属性值（value）：属性值放置在属性名和冒号后面，具体内容跟随属性的类别而呈现不同的形式，一般包括数值、单位及关键字。

例如，将 HTML 中<body>和</body>标签内的所有文字设置为"华文中宋"、文字大小为12px、黑色文字、白色背景显示，则只要在样式中做如下定义：

```
body
{
  font-family:"华文中宋";        /*设置字体*/
  font-size:12px;              /*设置文字大小为 12px*/
  color:#000;                  /*设置文字颜色为黑色*/
  background-color:#fff;       /*设置背景颜色为白色*/
}
```

从上述代码片段中可以看出，这样的结构对于阅读 CSS 代码十分清晰，为方便以后编辑，还可以在每行后面添加注释说明。但是，这种写法虽然使得阅读 CSS 变得方便，却无形中增加了很多字节，有一定基础的 Web 设计人员可以将上述代码改写为如下格式：

```
body{font-family:"华文中宋";font-size:12px;color:#000;background-color:#fff;}
/*定义 body 的样式为 12px 大小的黑色华文中宋字体，且背景颜色为白色*/
```

2. 选择符的类型

选择符决定了格式化将应用于哪些元素。CSS 选择符包括基本选择符、复合选择符、通配符选择符和特殊选择符。最简单的选择符可以对给定类型的所有元素进行格式化，复杂的选择符可以根据元素的 class 或 id、上下文、状态等来应用格式化规则。下面讲解基本选择符。

4.3.2　基本选择符

基本选择符包括标签选择符、class 类选择符和 id 选择符。

1. 标签选择符

标签选择符是指以文档对象模型（DOM）作为选择符，即选择某个 HTML 标签为对象，设置其样式规则。一个 HTML 页面由许多不同的标签组成，而标签选择符就是声明哪些标签采用哪种 CSS 样式，因此，每一种 HTML 标签的名称都可以作为相应的标签选择符的名称。标签选择符就是网页元素本身，定义时直接使用元素名称。其格式为：

```
E
{
  /*CSS 代码*/
}
```

其中，E 表示网页元素（Element）。例如，以下代码表示的标签选择符：

```
body{                          /*body 标签选择符*/
  font-size:13pt;              /*定义 body 文字大小*/
}
div{                           /*div 标签选择符*/
  border:3px double #f00;      /*边框为 3px 红色双线*/
  width: 300px ;               /*把所有的 div 元素定义为宽度为 300 像素*/
}
应用上述样式的代码如下：
<body>
<div>第一个 div 元素显示宽度为 300 像素</div><br/>
<div>第二个 div 元素显示宽度也为 300 像素</div>
</body>
```

第一个div元素显示宽度为300像素

第二个div元素显示宽度也为300像素

图 4-3　标签选择符显示效果

浏览器中的显示效果如图 4-3 所示。

2. class 类选择符

class 类选择符用来定义 HTML 页面中需要特殊表现的样式，也称自定义选择符，使用元素的 class 属性值为一组元素指定样式，类选择符必须在元素的 class 属性值前加 "."。class 类选择符的名称可以由用户自定义，属性和值与 HTML 标签选择符一样，必须符合 CSS 规范。其格式为：

```
<style type="text/css">
<!--
   .类名称 1{属性:属性值；属性:属性值 …}
   .类名称 2{属性:属性值；属性:属性值 …}
     …
   .类名称 n{属性:属性值；属性:属性值 …}
-->
</style>
```

使用 class 类选择符时，需要使用英文 .（点）进行标识，如以下示例代码：

```
.blue{
  color:#00f;                /*class 类 blue 定义为蓝色文字*/
}
p{                           /*p 标签选择符*/
  border:2px dashed #f00;    /*边框为 2px 红色虚线*/
  width:280px ;              /*所有 p 元素定义为宽度为 280 像素*/
}
```

应用 class 类选择符的代码如下：

```
<h3 class="blue">标题可以应用该样式，文字为蓝色</h3>
<p class="blue">段落也可以应用该样式，文字为蓝色</p>
```

浏览器中的显示效果如图 4-4 所示。

3. id 选择符

id 选择符用来对某个单一元素定义单独的样式。id 选择符只能在 HTML 页面中使用一次，针对性更强。定义 id 选择符时要在 id 名称前加上一个 "#" 号。其格式为：

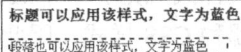

标题可以应用该样式，文字为蓝色

段落也可以应用该样式，文字为蓝色

图 4-4　class 类选择符显示效果

```
<style type="text/css">
<!--
   #id 名 1{属性:属性值；属性:属性值 …}
   #id 名 2{属性:属性值；属性:属性值 …}
     …
   #id 名 n{属性:属性值；属性:属性值 …}
-->
</style>
```

其中，"#id 名" 是定义的 id 选择符名称。该选择符名称在一个文档中是唯一的，只对页面中的唯一元素进行样式定义。这个样式定义在页面中只能出现一次，其适用范围为整个 HTML 文档中所有由 id 选择符所引用的设置。

如以下示例代码：

```
#top {
   line-height:20px;              /*定义行高*/
   margin:15px 0px 0px 0px;       /*定义外补丁*/
```

```
    font-size:24px;                    /*定义字号大小*/
    color:#f00;                        /*定义字体颜色*/
}
```

应用 id 选择符的代码如下：

```
<div>id 选择符以&ldquo;#&rdquo;开头（此 div 不带 id）</div>
<div id="top">id 选择符以&ldquo;#&rdquo;开头(此 div 带 id)</div>
```

浏览器中的显示效果如图 4-5 所示。

> id选择符以"#"开头（此div不带id）
> id选择符以"#"开头(此div带id)

图 4-5　id 选择符显示效果

4.3.3　复合选择符

复合选择符包括"交集"选择符、"并集"选择符和"后代"选择符。

1."交集"选择符

"交集"选择符由两个选择符直接连接构成，其结果是选中两者各自元素范围的交集。其中，第 1 个选择符必须是标签选择符，第 2 个选择符必须是 class 类选择符或 id 选择符。这两个选择符之间不能有空格，必须连续书写。

例如，如图 4-6 所示的"交集"选择符。第 1 个选择符是段落标签选择符，第 2 个选择符是 class 类选择符。

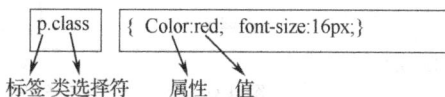

> p.class　{ Color:red;　font-size:16px;}
> 标签 类选择符　属性　值

图 4-6　"交集"选择符

【例 4-1】"交集"选择符示例，文件 4-1.html 在浏览器中的显示效果如图 4-7 所示。代码如下：

```
<html>
<head>
<title>"交集"选择符示例</title>
<style type="text/css">
p {
    font-size:14px;                    /*定义文字大小*/
    color:#00F;                        /*定义文字颜色为蓝色*/
    text-decoration:underline;         /*让文字带有下画线*/
}
.myContent {
    font-size:20px;                    /*定义文字大小为18px*/
    text-decoration:none;              /*让文字不再带有下画线*/
    border:1px solid #C00;             /*设置文字带边框效果*/
}
</style>
</head>
<body>
<p>1."交集"选择符示例</p>
<p class="myContent">2."交集"选择符示例</p>
<p>3."交集"选择符示例</p>
</body>
</html>
```

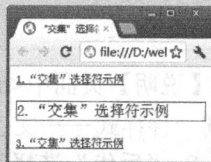

图 4-7　"交集"选择符

【说明】页面中只有第 2 个段落使用了"交集"选择符，可以看到两个选择符样式交集的结果：字体大小为 20px、红色边框且无下画线。

2.“并集”选择符

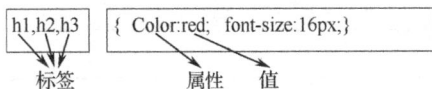

图 4-8　“并集”选择符

与“交集”选择符相对应的还有一种“并集”选择符，或者称为“集体声明”。它的结果是同时选中各个基本选择符所选择的范围。任何形式的基本选择符都可以作为“并集”选择符的一部分。

例如，如图 4-8 所示的“并集”选择符。集合中分别是<h1>、<h2>和<h3>标签选择符，“集体声明”将为多个标签设置同一种样式。

【例 4-2】“并集”选择符示例，文件 4-2.html 在浏览器中的显示效果如图 4-9 所示。

代码如下：

```html
<html>
<head>
<title>“并集”选择符示例</title>
<style type="text/css">
h1,h2,h3{
    color: purple;              /*定义文字颜色为紫色*/
}
h2.special,#one{
    text-decoration:underline;  /*让文字带有下画线*/
}
</style>
</head>
<body>
<h1>示例文字 h1</h1>
<h2 class="special">示例文字 h2</h2>
<h3>示例文字 h3</h3>
<h4 id="one">示例文字 h4</h4>
</body>
</html>
```

图 4-9　“并集”选择符

【说明】页面中<h1>、<h2>和<h3>标签使用了“并集”选择符，可以看到这 3 个标签设置同一种样式——文字颜色均为紫色。

3.“后代”选择符

在 CSS 选择符中，还可以通过嵌套的方式，对选择符或 HTML 标签进行声明。当标签发生嵌套时，内层的标签就成为外层标签的后代。后代选择符在样式中会经常用到，因布局中经常用到容器的外层和内层，如果用到后代选择符就可以对某个容器层的子层控制，使其他同名的对象不受该规则影响。

后代选择符能够简化代码，实现大范围的样式控制。例如，当用户对<h1>标签下面的<span>标签进行样式设置时，就可以使用后代选择符进行相应的控制。后代选择符的写法就是把外层的标签写在前面，内层的标签写在后面，之间用空格隔开。

图 4-10　“后代”选择符

例如，如图 4-10 所示的“后代”选择符。外层的标签是<h1>，内层的标签是<span>，标签<span>就成为标签<h1>的后代。

【例 4-3】“后代”选择符示例，文件 4-3.html 在浏览器中的显示效果如图 4-11 所示。

代码如下：

```
<html>
<head>
<title>"后代"选择符示例</title>
<style type="text/css">
p span{
  color:red;      /*定义段落中 span 标签文字颜色为红色*/
}
span{
  color:blue;     /*定义普通 span 标签文字颜色为蓝色*/
}
</style>
</head>
<body>
<p>嵌套使用<span>CSS 标签</span>的方法</p>
嵌套之外的<span>标签</span>不生效
</body>
</html>
```

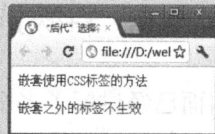

图 4-11　"后代"选择符

4.3.4　通配符选择符

通配符选择符是一种特殊的选择符，用"*"表示，与 Windows 通配符"*"具有相似的功能，可以定义所有元素的样式。其格式为：

> *** {CSS 代码}**

例如，通常在制作网页时首先将页面中所有元素的外边距和内边距设置为 0，代码如下：

```
*{
  margin:0px;      /*外边距设置为 0*/
  padding:0px;     /*内边距设置为 0*/
}
```

此外，还可以对特定元素的子元素应用样式，如以下代码：

```
* {color:#000;}        /*定义所有文字的颜色为黑色*/
p {color:#00f;}        /*定义段落文字的颜色为蓝色*/
p * {color:#f00;}      /*定义段落子元素文字的颜色为红色*/
```

应用上述样式的代码如下：

```
<h2>通配符选择符</h2>
<div>默认的文字颜色为黑色</div>
<p>段落文字颜色为蓝色</p>
<p><span>段落子元素的文字颜色为红色</span></p>
```

浏览器中的显示效果如图 4-12 所示。

从代码的执行结果中可以看出，由于通配符选择符定义了所有文字的颜色为黑色，所以<h2>和<div>标签中文字的颜色为黑色。接着又定义了 p 元素的文字颜色为蓝色，所以<p>标签中文字的颜色呈现为蓝色。最后定义了 p 元素内所有子元素的文字颜色为红色，所以<p>和</p>之间的文字颜色呈现为红色。

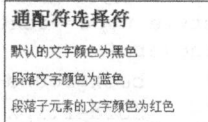

图 4-12　通配符选择符显示效果

4.3.5 特殊选择符

前面已经讲解了多个常用的选择符，除此之外还有两个比较特殊的、针对属性操作的选择符——伪类选择符和伪元素。首先讲解伪类选择符。

1. 伪类选择符

伪类选择符可看作一种特殊的类选择符，是能被支持 CSS 的浏览器自动识别的特殊选择符。其最大的用处是，可以对链接在不同状态下的内容定义不同的样式效果。伪类之所以名字中有"伪"字，是因为它所指定的对象在文档中并不存在，它指定的是一个或与其相关的选择符的状态。伪类选择符和类选择符不同，不能象类选择符一样随意用别的名字。

伪类可以让用户在使用页面的过程中增加更多的互交效果，例如，应用最为广泛锚点标签<a>的几种状态（未访问链接状态、已访问链接状态、鼠标指针悬停在链接上的状态及被激活的链接状态），具体代码如下所示：

```
a:link {color:#FF0000;}        /*未访问的链接状态*/
a:visited {color:#00FF00;}     /*已访问的链接状态*/
a:hover {color:#FF00FF;}       /*鼠标指针悬停到链接上的状态*/
a:active {color:#0000FF;}      /*被激活的链接状态*/
```

需要注意的是，active 样式要写到 hover 样式后面，否则是不生效的。因为当浏览者点击鼠标未松手（active）的时候其实也是获取焦点（hover）的时候，所以如果把 hover 样式写到 active 样式后面就把样式重写了。

【例 4-4】伪类的应用。当鼠标指针悬停在超链接时背景色变为其他颜色，文字字体变大，并添加边框线，待鼠标指针离开超链接时又恢复到默认状态，这种效果就可以通过伪类实现。本例文件 4-4.html 在浏览器中的显示效果如图 4-13 所示。

鼠标指针悬停的时候　　　　　　　鼠标指针离开超链接

图 4-13　伪类的应用

代码如下：

```html
<html>
<head>
<meta charset="gb2312">
<title>伪类示例</title>
<style type="text/css">
a:hover {
    background-color:#ff0;      /*定义背景颜色*/
    border:1px dashed #00f;     /*定义边框粗细、类型及其颜色*/
    font-size:32px;             /*定义字体大小*/
}
</style>
</head>
<body>
  <p>乾坤大挪移：鼠标指向<a href="#">变脸</a>看发生了什么变化</p>
```

```
    </body>
    </html>
```

2．伪元素

与伪类的方式类似，伪元素通过对插入到文档中的虚构元素进行触发，从而达到某种效果。CSS 的主要目的是给 HTML 元素添加样式，然而，在一些案例中给文档添加额外的元素是多余的或是不可能的。CSS 有一个特性——允许用户添加额外元素而不扰乱文档本身，这就是"伪元素"。

伪元素语法的形式为：

选择符：伪元素{属性：属性值；}

伪元素的具体内容及作用见表 4-2。

表 4-2　伪元素的具体内容及作用

伪 元 素	作 用
:first-letter	将特殊的样式添加到文本的首字母
:first-line	将特殊的样式添加到文本的首行
:before	在某元素之前插入某些内容
:after	在某元素之后插入某些内容

【例 4-5】伪元素的应用。本例文件 4-5.html 在浏览器中的显示效果如图 4-14 所示。代码如下：

```
<html>
<head>
<title>伪元素示例</title>
<style type="text/css">
h4:first-letter {
      color: #ff0000;
      font-size:36px;
}
p:first-line {
      color: #ff0000;
}
</style>
</head>
<body>
<h4>尊贵的客户，您好！欢迎进入天地环保客户服务中心。</h4>
<p>我们的服务宗旨是"品质第一，服务第一，顾客满意度最佳"，为客户创造完美的体验，携手并进，共创美好明天。</p>
</body>
</html>
```

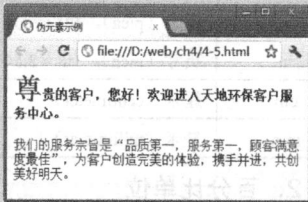

图 4-14　伪元素的显示效果

【说明】在以上代码中，分别对"h4:first-letter"、"p:first-line"进行了样式指派。从图 4-14 中可以看出，凡是<h4>与</h4>之间的内容，都应用了首字号增大且变为红色的样式；凡是<p>与</p>之间的内容，都应用了首行文字变为红色的样式。

4.4　CSS 的属性单位

在 CSS 文字、排版、边界等的设置上，常常会在属性值后加上长度或百分比单位，本节将讲述这两种单位的使用。

4.4.1 长度、百分比单位

使用 CSS 进行排版时，常常会在属性值后面加上长度或百分比的单位。

1．长度单位

长度单位有相对长度单位和绝对长度单位两种类型。

相对长度单位是指，以该属性前一个属性的单位值为基础来完成目前的设置。

绝对长度单位将不会随着显示设备的不同而改变。换句话说，属性值使用绝对长度单位时，不论在哪种设备上，显示效果都是一样的，如屏幕上的 1cm 与打印机上的 1cm 是一样长的。

由于相对长度单位确定的是一个相对于另一个长度属性的长度，因此它能更好地适应不同的媒体，所以它是首选的。一个长度的值由可选的正号"+"或负号"–"，接着一个数字，后跟标明单位的两个字母组成。

长度单位见表 4-3。当使用 pt 作为单位时，设置显示字体大小不同，显示效果也会不同。

表 4-3　长度单位

长 度 单 位	简　　介	示　　例	长度单位类型
em	相对于当前对象内大写字母 M 的宽度	div { font-size : 1.2em }	相对长度单位
ex	相对于当前对象内小写字母 x 的高度	div { font-size : 1.2ex }	相对长度单位
px	像素（pixel），像素是相对于显示器屏幕分辨率而言的	div { font-size : 12px }	相对长度单位
pt	点（point），1pt = 1/72in	div { font-size : 12pt }	绝对长度单位
pc	派卡（pica），相当于汉字新四号铅字的尺寸，1pc =12pt	div { font-size : 0.75pc }	绝对长度单位
in	英寸（inch），1in = 2.54cm = 25.4mm = 72pt = 6pc	div { font-size : 0.13in }	绝对长度单位
cm	厘米（centimeter）	div { font-size : 0.33cm }	绝对长度单位
mm	毫米（millimeter）	div { font-size : 3.3mm }	绝对长度单位

2．百分比单位

百分比单位也是一种常用的相对类型，通常的参考依据为元素的 font-size 属性。百分比值总是相对于另一个值来说的，该值可以是长度单位或其他单位。每个可以使用百分比值单位指定的属性，同时也自定义了这个百分比值的参照值。在大多数情况下，这个参照值是该元素本身的字体尺寸。并非所有属性都支持百分比单位。

一个百分比值由可选的正号"+"或负号"–"，接着一个数字，后跟百分号"%"组成。如果百分比值是正的，正号可以不写。正负号、数字与百分号之间不能有空格。例如：

```
p{ line-height: 200% }        /* 本段文字的高度为标准行高的 2 倍 */
hr{ width: 80% }              /* 水平线长度是相对于浏览器窗口的 80% */
```

注意，不论使用哪种单位，在设置时，数值与单位之间不能加空格。

4.4.2 色彩单位

在 HTML 网页或 CSS 样式的色彩定义里，设置色彩的方式是 RGB 方式。在 RGB 方式中，所有色彩均由红色（Red）、绿色（Green）、蓝色（Blue）三种色彩混合而成。

在 HTML 标记中只提供了两种设置色彩的方法：十六进制数和色彩英文名称。CSS 则提供了 3 种定义色彩的方法：十六进制数、色彩英文名称、rgb 函数和 rgba 函数。

1．用十六进制数方式表示色彩值

在计算机中，定义每种色彩的强度范围为 0～255。当所有色彩的强度都为 0 时，将产生黑色；当所有色彩的强度都为 255 时，将产生白色。

在 HTML 中，使用 RGB 概念指定色彩时，前面是一个 "#" 号，再加上 6 个十六进制数字表示，表示方法为：#RRGGBB。其中，前两个数字代表红光强度（Red），中间两个数字代表绿光强度（Green），后两个数字代表蓝光强度（Blue）。以上 3 个参数的取值范围为：00～ff。参数必须是两位数。对于只有 1 位的参数，应在前面补 0。这种方法共可表示 256×256×256 种色彩，即 16M 种色彩。而红色、绿色、黑色、白色的十六进制设置值分别为：#ff0000、#00ff00、#0000ff、#000000、#ffffff。示例代码如下：

```
div { color: #ff0000 }
```

如果每个参数各自在两位上的数字都相同，也可缩写为#RGB 的方式。例如，#cc9900 可以缩写为#c90。

2．用色彩名称方式表示色彩值

在 CSS 中也提供了与 HTML 一样的用色彩英文名称表示色彩的方式。CSS 只提供了 16 种色彩名称，见表 2-1。示例代码如下：

```
div {color: red }
```

3．用 rgb 函数方式表示色彩值

在 CSS 中，可以用 rgb 函数设置所要的色彩。语法格式为：rgb(R,G,B)。其中，R 为红色值，G 为绿色值，B 为蓝色值。这 3 个参数可取正整数值或百分比值，正整数值的取值范围为 0～255，百分比值的取值范围为色彩强度的百分比 0.0%～100.0%。示例代码如下：

```
div { color: rgb(128,50,220) }
div { color: rgb(15%,100,60%) }
```

4．用 rgba 函数方式表示色彩值

rgba 函数在 rgb 函数的基础上增加了控制 alpha 透明度的参数。语法格式为：rgba(R,G,B,A)。其中，R、G、B 参数等同于 rgb 函数中的 R、G、B 参数，A 参数表示 alpha 透明度，取值在 0~1 之间，不可为负值。示例代码如下：

```
<div style="background-color: rgba(0,0,0,0.5);">alpha 值为 0.5 的黑色背景</div>
```

4.5　网页中引用 CSS 的方法

要想在浏览器中显示出样式表的效果，就要让浏览器识别并调用。当浏览器读取样式表时，要依照文本格式来读。这里介绍 4 种在页面中引入 CSS 样式表的方法：定义行内样式、定义内部样式表、链入外部样式表和导入外部样式表。

4.5.1　行内样式

行内样式是各种引用 CSS 方式中最直接的一种。行内样式就是通过直接设置各个元素的 style 属性，从而达到设置样式的目的。这样的设置方式使得各个元素都有自己独立的样式，

但会使整个页面变得更加臃肿。即便两个元素的样式是一模一样的，用户也需要写两遍。

元素的 style 属性值可以包含任何 CSS 样式声明。用这种方法，可以很简单地对某个标签单独定义样式表。这种样式表只对所定义的标签起作用，并不对整个页面起作用。行内样式的格式为：

```
<标签 style="属性:属性值；属性:属性值 …">
```

需要说明的是，行内样式由于将表现和内容混在一起，不符合 Web 标准，所以慎用这种方法，当样式仅需要在一个元素上应用一次时可以使用行内样式。

【例 4-6】使用行内样式将样式表的功能加入到网页，本例文件 4-6.html 在浏览器中的显示效果如图 4-15 所示。

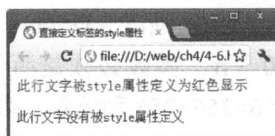

图 4-15　行内样式

代码如下：

```
<html>
<head>
  <title>直接定义标签的 style 属性</title>
</head>
<body>
  <p style="font-size:18px; color:red">此行文字被 style 属性定义为红色显示</p>
  <p>此行文字没有被 style 属性定义</p>
</body>
</html>
```

【说明】代码中第 1 个段落标签被直接定义了 style 属性，此行文字将显示 18px 大小、红色文字；而第 2 个段落标签没有被定义，将按照默认的设置显示文字样式。

4.5.2　内部样式表

内部样式表是指样式表的定义处于 HTML 文件一个单独的区域，与 HTML 的具体标签分离开来，从而可以实现对整个页面范围的内容显示进行统一的控制与管理。与行内样式只能对所在标签进行样式设置不同，内部样式表处于页面的<head>与</head>标签之间。单个页面需要应用样式时，最好使用内部样式表。

内部样式表的格式为：

```
<style type="text/css">
<!--
  选择符 1{属性:属性值；属性:属性值 …}        /* 注释内容 */
  选择符 2{属性:属性值；属性:属性值 …}
  …
  选择符 n{属性:属性值；属性:属性值 …}
-->
</style>
```

<style>…</style>标签对用来说明所要定义的样式。type 属性指定 style 使用 CSS 的语法来定义。当然，也可以指定使用像 JavaScript 之类的语法来定义。属性和属性值之间用冒号“:”隔开，定义之间用分号“;”隔开。

<!-- … -->的作用是避免旧版本浏览器不支持 CSS，把<style>…</style>的内容以注释的形式表示，这样对于不支持 CSS 的浏览器，会自动略过此段内容。

选择符可以使用 HTML 标签的名称，所有 HTML 标签都可以作为 CSS 选择符使用。

/* … */为 CSS 的注释符号，主要用于注释 CSS 的设置值。注释内容不会被显示或引用在网页上。

【例 4-7】使用内部样式表将样式表的功能加入到网页，本例文件 4-7.html 在浏览器中的显示效果如图 4-16 所示。

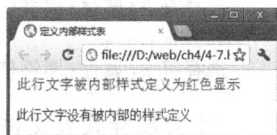

图 4-16　内部样式表

代码如下：

```
<html>
<head>
  <title>定义内部样式表</title>
<style text="text/css">
<!--
.red{
  font-size:18px;
  color:red;
}
-->
</style></head>
<body>
  <p class="red">此行文字被内部样式定义为红色显示</p>
  <p>此行文字没有被内部的样式定义</p>
</body>
</html>
```

【说明】代码中第 1 个段落标签使用内部样式表中定义的.red 类，此行文字将显示 18px 大小、红色文字；而第 2 个段落标签没有被定义，将按照默认的设置显示文字样式。

4.5.3　链入外部样式表

外部样式表通过在某个 HTML 页面中添加链接的方式生效。同一个外部样式表可以被多个网页甚至是整个网站的所有网页所采用，这就是它最大的优点。如果说内部样式表在总体上定义了一个网页的显示方式，那么外部样式表可以说在总体上定义了一个网站的显示方式。

外部样式表把声明的样式放在样式文件中，当页面需要使用样式时，通过<link>标签连接外部样式表文件。使用外部样式表，可以通过改变一个文件就能改变整个站点的外观。

1．用<link>标签链接样式表文件

<link>标签必须放到页面的<head>…</head>标签对内。其格式为：

```
<head>
  …
  <link rel="stylesheet" href="外部样式表文件名.css" type="text/css">
  …
</head>
```

其中，<link>标签表示浏览器从"外部样式表文件.css"文件中以文档格式读出定义的样式表。rel="stylesheet"属性定义在网页中使用外部的样式表，type="text/css"属性定义文件的类型为样式表文件，href 属性用于定义.css 文件的 URL。

2．样式表文件的格式

样式表文件可以用任何文本编辑器（如记事本）打开并编辑，一般样式表文件的扩展名为.css。样式表文件的内容是定义的样式表，不包含 HTML 标签。样式表文件的格式为：

```
选择符 1{属性:属性值；属性:属性值 …}        /* 注释内容 */
选择符 2{属性:属性值；属性:属性值 …}
    …
选择符 n{属性:属性值；属性:属性值 …}
```

　　一个外部样式表文件可以应用于多个页面。在修改外部样式表时，引用它的所有外部页面也会自动更新。在设计者制作大量相同样式页面的网站时，这将非常有用，不仅减少了重复的工作量，而且有利于以后的修改。浏览时也减少了重复下载的代码，加快了显示网页的速度。

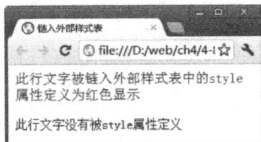

图 4-17　链入外部样式表

　　【例 4-8】使用链入外部样式表将样式表的功能加入到网页，链入外部样式表文件至少需要两个文件，一个是 HTML 文件，另一个是 CSS 文件。本例文件 4-8.html 在浏览器中的显示效果如图 4-17 所示。

　　CSS 文件名为 style.css，存放于文件夹 style 中，代码如下：

```
.red{
  font-size:18px;
  color:red;
}
```

　　网页结构文件 4-8.html 的 HTML 代码如下：

```
<html>
<head>
<title>链入外部样式表</title>
  <link rel="stylesheet" type="text/css" href="style/style.css" />
</head>
<body>
  <p class="red">此行文字被链入外部样式表中的 style 属性定义为红色显示</p>
  <p>此行文字没有被 style 属性定义</p>
</body>
</html>
```

　　【说明】代码中第 1 个段落标签使用链入外部样式表 style.css 中定义的.red 类，此行文字将显示 18px 大小、红色文字；第 2 个段落标签没有被定义，将按照默认的设置显示文字样式。

4.5.4　导入外部样式表

　　导入外部样式表是指在内部样式表的<style>标签里导入一个外部样式表，当浏览器读取 HTML 文件时，复制一份样式表到这个 HTML 文件中。其格式为：

```
<style type="text/css">
<!--
  @import url("外部样式表的文件名 1.css");
  @import url("外部样式表的文件名 2.css");
  其他样式表的声明
-->
</style>
```

　　导入外部样式表的使用方式与链入外部样式表很相似，都是将样式定义保存为单独的文件。两者的本质区别是：导入方式在浏览器下载 HTML 文件时将样式文件的全部内容复制到

@import 关键字位置，以替换该关键字；而链入方式仅在 HTML 文件需要引用 CSS 样式文件中的某个样式时，浏览器才链接样式文件，读取需要的内容并不进行替换。

　　需要注意的是，@import 语句后的"；"号不能省略。所有的@import 声明必须放在样式表的开始部分，在其他样式表声明的前面，其他 CSS 规则放在其后的<style>标签对中。如果在内部样式表中指定了规则（如.bg{ color: black; background: orange }），其优先级将高于导入的外部样式表中相同的规则。

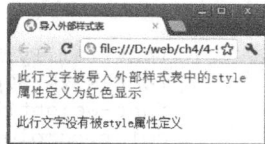

　　【例 4-9】使用导入外部样式表将样式表的功能加入到网页，导入外部样式表文件至少需要两个文件，一个是 HTML 文件，另一个是 CSS 文件。本例文件 4-9.html 在浏览器中的显示效果如图 4-18 所示。

　　CSS 文件名为 extstyle.css，存放于文件夹 style 中，代码如下：

图 4-18　导入外部样式表

```css
.red{
  font-size:18px;
  color:red;
}
```

　　网页结构文件 4-9.html 的 HTML 代码如下：

```html
<html>
<head>
<title>导入外部样式表</title>
<style type="text/css">
  @import url("style/extstyle.css");
</style>
</head>
<body>
  <p class="red">此行文字被导入外部样式表中的 style 属性定义为红色显示</p>
  <p>此行文字没有被 style 属性定义</p>
</body>
</html>
```

　　【说明】代码中第 1 个段落标签使用导入外部样式表 extstyle.css 中定义的.red 类，此行文字将显示 18px 大小、红色文字；第 2 个段落标签没有被定义，将按照默认的设置显示文字样式。

　　在以上 4 种定义与使用 CSS 样式表的方法中，最常用的还是先将样式表保存为一个样式表文件，然后使用链入外部样式表的方法在网页中引用 CSS。

4.5.5　案例——制作"天地环保工程简介"页面

　　【例 4-10】使用链入外部样式表的方法制作"天地环保工程简介"页面，本例文件 4-10.html 在浏览器中的显示效果如图 4-19 所示。

　　制作过程如下：

　　（1）建立目录结构。在案例文件夹下创建文件夹 css，用来存放外部样式表文件。

　　（2）外部样式表。在文件夹 css 下用记事本新建一个名为 style.css 的样式表文件。

　　代码如下：

图 4-19　"天地环保工程简介"页面

```
body{
    font-size:11pt;
}
div{                      /*定义内容区域1px蓝色虚线边框*/
    width:780px;
    border:1px dashed #00f;
}
h1{                       /*定义主标题文字30pt；加粗；紫色；居中对齐*/
    font-family:宋体;
    font-size:30pt;
    font-weight:bold;
    color:purple;
    text-align:center
}
h1.title{                 /*定义副标题文字13pt；加粗；深灰色；居中对齐*/
    font-size:13pt;
    font-weight:bold;
    color:#666;
    text-align:center
}
p{                        /*定义段落文字11pt；黑色；文本缩进两个字符*/
    font-size:11pt;
    color:black;
    text-indent: 2em
}
p.author{                 /*定义作者文字蓝色、右对齐*/
    color:blue;
    text-align:right
}
p.img{                    /*定义图像居中对齐*/
    text-align:center
}
p.content{                /*定义内容文字蓝色*/
    color:blue
}
p.note{                   /*定义注释文字绿色、左对齐*/
    color:green;
    text-align:left
}
```

（3）网页结构文件。在当前文件夹中，用记事本新建一个名为4-10.html的网页文件，代码如下：

```
<!doctype html>
<html>
  <head>
  <title>天地环保工程简介页面</title>
  <link rel="stylesheet" href="css/style.css" type="text/css">
  </head>
  <body>
    <div>
    <h1>天地环保工程简介</h1>
    <p>2018年1月10日，天地环保工程启动方案规划。</p>
    <h1 class="title">废气净化处理项目</h1>
    <p class="author">发布：天使</p>
    <p class="img"><img src="images/case.jpg" /></p>
```

```
        <p class="content">废气净化处理项目的范围包括：处理装置、配电、非标设备设计和设
备制造、采购以及系统的安装、调试等。</p>
        <p class="note">天地环保工程服务大众、造福人类。</p>
        </div>
    </body>
</html>
```

【说明】为了实现段落首行缩进的效果，在定义 p 的样式中加入属性 text-indent:2em，即可实现段落首行缩进两个字符的效果。

4.6　文档结构

CSS 通过与 HTML 文档结构相对应的选择符来达到控制页面表现的目的，文档结构在样式的应用中具有重要的角色。CSS 之所以强大，是因为它采用 HTML 文档结构来决定其样式的应用。

4.6.1　文档结构的基本概念

为了更好地理解"CSS 采用 HTML 文档结构来决定其样式的应用"这句话，首先需要理解文档是怎样结构化的，这也为以后学习继承、层叠等知识打下基础。

【例 4-11】文档结构示例，本例文件 4-11.html 在浏览器中的显示效果如图 4-20 所示。
代码如下：

```
<html>
<head>
<title>文档结构示例</title>
</head>
<body>
<h1>初识 CSS</h1>
<p>CSS 是一组格式设置规则，用于控制<em>Web</em>页面的外观。</p>
<ul>
  <li>CSS 的优点
    <ul>
      <li>表现和内容（结构）分离</li>
      <li>易于维护和<em>改版</em></li>
      <li>更好地控制页面布局</li>
    </ul>
  </li>
  <li>CSS 设计与编写原则</li>
</ul>
</body>
</html>
```

在 HTML 文档中，文档结构都是基于元素层次关系的，正如上面给出的示例代码，这种元素间的层次关系可以用图 4-21 的树形结构来描述。

在这样的层次图中，每个元素都处于文档结构中的某个位置，而且每个元素或是父元素，或是子元素，或既是父元素又是子元素。例如，文档中的 body 元素既是 html 元素的子元素，又是 h1、p 和 ul 的父元素。在整个代码中，html 元素是所有元素的祖先，也称为根元素。前面讲解的"后代"选择符就是建立在文档结构的基础上的。

图 4-20　文档结构的示例效果

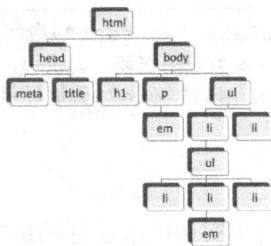

图 4-21　HTML 文档树形结构

4.6.2　继承

继承是指包含在内部的标签能够拥有外部标签的样式性，即子元素可以继承父元素的属性。CSS 的主要特征就是继承（Inheritance），它依赖于祖先-子孙关系，这种特性允许样式不仅应用于某个特定的元素，同时也应用于其后代，而后代所定义的新样式，却不会影响父代样式。

根据 CSS 规则，子元素继承父元素属性。如：

```
body{font-family:"微软雅黑";}
```

通过继承，所有 **body** 的子元素都应该显示"微软雅黑"字体，子元素的子元素也一样。

【例 4-12】 CSS 继承示例，本例文件 4-12.html 在浏览器中显示的效果如图 4-22 所示。

代码如下：

```
<html>
<head>
<title>继承示例</title>
<style type="text/css">
p {
        color:#00f;              /*定义文字颜色为蓝色*/
        text-decoration:underline;  /*增加下画线*/
}
p em{                        /*em 子元素定义样式*/
        font-size:24px;     /*定义文字大小为 24px*/
        color:#f00;         /*定义文字颜色为红色*/
}
</style>
</head>
<body>
<h1>初识 CSS</h1>
<p>CSS 是一组格式设置规则，用于控制<em>Web</em>页面的外观。</p>
<ul>
  <li>CSS 的优点
    <ul>
      <li>表现和内容（结构）分离</li>
      <li>易于维护和<em>改版</em></li>
      <li>更好地控制页面布局</li>
    </ul>
  </li>
  <li>CSS 设计与编写原则</li>
</ul>
</body>
</html>
```

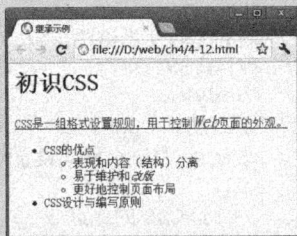

图 4-22　页面显示效果

【说明】从图 4-22 的显示效果可以看出，虽然 em 子元素重新定义了新样式，但其父元素 p 并未受到影响，而且 em 子元素中的内容还继承了 p 元素中设置的下画线样式，只是颜色和字体大小采用了自己的样式风格。

需要注意的是，不是所有属性都具有继承性，CSS 强制规定部分属性不具有继承性。下面这些属性不具有继承性：边框、外边距、内边距、背景、定位、布局、元素高度和宽度。

4.6.3　样式表的层叠、特殊性与重要性

1．样式表的层叠

层叠（cascade）是指 CSS 能够对同一个元素应用多个样式表的能力。前面介绍了在网页中引用样式表的 4 种方法，如果这 4 种方法同时出现，浏览器会以哪种方法定义的规则为准？这就涉及了样式表的优先级和叠加。所谓优先级就是指 CSS 样式在浏览器中被解析的先后顺序。

一般原则是，最接近目标的样式定义优先级最高。高优先级样式将继承低优先级样式的未重叠定义，但覆盖重叠的定义。根据规定，样式表的优先级别从高到低为：行内样式表、内部样式表、链接样式表、导入样式表和默认浏览器样式表。浏览器将按照上述顺序执行样式表的规则。

样式表的层叠性就是继承性，样式表的继承规则是：外部的元素样式会保留下来，由这个元素所包含的其他元素继承；所有在元素中嵌套的元素都会继承外层元素指定的属性值，有时会把多层嵌套的样式叠加在一起，除非进行更改；遇到冲突的地方，以最后定义的为准。

【例 4-13】样式表的层叠示例。在<div>标签中嵌套 p 标签，本例文件 4-13.html 在浏览器中显示的效果如图 4-23 所示。

图 4-23　样式表的层叠

```html
<html>
<head>
<title>多重样式表的层叠</title>
<style type="text/css">
div {
  color: red;
  font-size:13pt;
}
p {
  color: blue;
}
</style>
</head>
<body>
<div>
  <p>这个段落的文字为蓝色 13 号字</p>    <!-- p 元素里的内容会继承 div 定义的属性 -->
</div>
</body>
</html>
```

【说明】显示结果为表示段落里的文字大小为 13 号字，继承 div 属性；而 color 属性则依照最后的定义，为蓝色。

2．特殊性

在编写 CSS 代码时，会出现多个样式规则作用于同一个元素的情况，特殊性描述了不同规则的相对权重，当多个规则应用到同一个元素时权重大的样式会被优先采用。

例如，有以下 CSS 代码片段：

```
.color_red{
  color:red;
}
p{
  color:blue;
}
```

应用此样式的结构代码为：

```
<div>
  <p class="color_red">这里的文字颜色是红色</p>
</div>
```

浏览器中的显示效果如图 4-24 所示。

图 4-24　样式的特殊性

正如上述代码所示，预定义的<p>标签样式和.color_red 类样式都能匹配上面的 p 元素，那么<p>标签中的文字该使用哪一种样式呢？

根据规范，通配符选择符具有特殊性值 0；基本选择符（如 p）具有特殊性值 1；类选择符具有特殊性值 10；id 选择符具有特殊性值 100；行内样式（style=""）具有特殊性值 1000。选择符的特殊性值越大，规则的相对权重就越大，样式会被优先采用。

对于上面的示例，显然类选择符.color_red 要比基本选择符 p 的特殊性值大，因此<p>标签中文字的颜色是红色的。

3．重要性

不同的选择符定义相同的元素时，要考虑不同选择符之间的优先级（id 选择符、类选择符和 HTML 标签选择符），id 选择符的优先级最高，其次是类选择符，HTML 标签选择符最低。如果想超越这三者之间的关系，可以用!important 来提升样式表的优先权，例如：

```
p { color: #f00!important }
.blue { color: #00f}
#id1 { color: #ff0}
```

同时对页面中的一个段落加上这 3 种样式，它会依照被!important 申明的 HTML 标签选择符的样式，显示红色文字。如果去掉!important，则依照优先权最高的 id 选择符，显示黄色文字。

最后还需注意，不同的浏览器对于 CSS 的理解是不完全相同的。这就意味着，并非全部的 CSS 都能在各种浏览器中得到同样的结果。因此，最好使用多种浏览器检测一下。

4.6.4　元素类型

在前面已经以文档结构树形图的形式讲解了文档中元素的层次关系，这种层次关系同时也要依赖于这些元素类型间的关系。CSS 使用 display 属性规定元素应该生成的框的类型，任何元素都可以通过 display 属性改变默认的显示类型。

1．块级元素（display:block）

display 属性设置为 block 将显示块级元素，块级元素的宽度为 100％，而且后面隐藏附带有换行符，使块级元素始终占据一行。如<div>常常被称为块级元素，这意味着这些元素显示为一块内容。标题、段落、列表、表格、分区 div 和 body 等元素都是块级元素。

2．行级元素（display:inline）

行级元素也称内联元素，display 属性设置为 inline 将显示行级元素，元素前后没有换行符，行级元素没有高度和宽度，因此也就没有固定的形状，显示时只占据其内容的大小。超链接、图像、范围 span、表单元素等都是行级元素。

3．列表项元素（display:list-item）

List-item 属性值表示列表项目，其实质上也是块状显示，不过是一种特殊的块状类型，它增加了缩进和项目符号。

4．隐藏元素（display:none）

none 属性值表示隐藏并取消盒模型，所包含的内容不会被浏览器解析和显示。通过把 display 设置为 none，该元素及其所有内容就不再显示，也不占用文档中的空间。

5．其他分类

除了上述常用的分类之外，还包括以下分类：

```
display : inline-table | run-in | table | table-caption | table-cell |
table-column | table-column-group | table-row | table-row-group | inherit
```

如果从布局角度来分析，上述显示类型都可以划归为 block 和 inline 两种，其他类型都是这两种类型的特殊显示，真正能够应用并获得所有浏览器支持的只有 4 个：none、block、inline 和 list-item。

4.6.5　案例——制作天地环保"核心业务"局部页面

本节将结合文档结构的基础知识制作一个实用案例。

【例 4-14】制作天地环保"核心业务"局部页面，本例文件 4-14.html 在浏览器中显示的效果如图 4-25 所示。

1．前期准备

（1）栏目目录结构。在栏目文件夹下创建文件夹 images 和 css，分别用来存放图像素材和外部样式表文件。

（2）页面素材。将本页面需要使用的图像素材存放在文件夹 images 下。

图 4-25　天地环保"核心业务"局部页面

（3）外部样式表。在文件夹 css 下新建一个名为 style.css 的样式表文件。

2．制作页面

（1）制作页面的 CSS 样式。打开建立的 style.css 文件，定义页面的 CSS 规则，代码如下：

```css
main {                              /*设置容器整体样式*/
      max-width: 1100px;            /*最大宽度1100px*/
      margin: 0 auto;               /*自动水平居中对齐*/
}
.index-main-title {                 /*设置标题区域样式*/
      text-align: center;           /*文本居中对齐*/
      padding: 40px 0;              /*上、下内边距40px，左、右内边距0px*/
}
.index-main-title p {               /*设置标题段落样式*/
      font-family:"黑体";
      font-size: 30px;              /*文字大小30px*/
      font-weight: bold;            /*字体加粗*/
      margin: 0;
      padding: 0;
      color: #28905a;               /*绿色文字*/
}
```

```
.index-main-title span {          /*设置副标题样式*/
        color: #b4b4b4;            /*浅灰色文字*/
        font-size: 14px;           /*文字大小 14px*/
}
.feature {                         /*设置主题图片容器的样式*/
        width: 100%;               /*宽度 100%*/
}
.feature img {                     /*设置主题图片的样式*/
        width: 100%;
        margin-bottom: 30px;       /*下外边距为 30px*/
}
```

（2）制作页面的网页结构代码。网页结构文件 4-14.html 的代码如下：

```
<html>
<head>
<meta charset="gb2312" />
<title>关于我们</title>
<link rel="stylesheet" href="css/style.css" />
</head>
<body>
<main>
  <div class="index-main-title">
    <p>核心业务</p>
        <span>为各大重型工业工厂所制造的环境问题提供相关处理净化设备</span>
    </div>
    <div class="feature">
        <img src="images/smfeature1.png">
    </div>
</main>
</body>
</html>
```

　　【说明】本例中使用元素的内边距和外边距实现了元素的精确定位，请读者参考后续章节讲解的 CSS 盒模型的相关知识。

习题4

1. 建立内部样式表，制作如图 4-26 所示的页面。
2. 使用文档结构的基本知识制作如图 4-27 所示的页面。

图 4-26　题 1 图

图 4-27　题 2 图

3. 使用 CSS 制作"企业加盟"信息区，如图 4-28 所示。
4. 使用 CSS 制作"环保知识"页面，如图 4-29 所示。

图 4-28　题 3 图

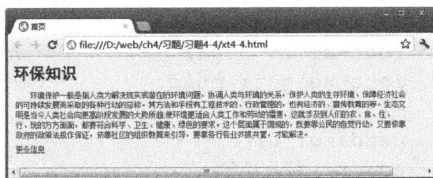

图 4-29　题 4 图

第 5 章

盒模型

W3C 建议把网页上所有的元素都放在一个个盒模型（Box Model）中，可以通过 CSS 来控制这些盒子的显示属性，把这些盒子进行定位完成整个页面的布局。盒模型是 CSS 定位布局的核心内容，只有很好地掌握了盒子模型以及其中每个元素的用法，才能真正地控制好页面中的各个元素。

5.1　盒模型简介

在 Web 页面中"盒子"的结构包括厚度、边距（边缘与其他物体的距离）、填充（填充厚度）。引申到 CSS 中，就是 border、margin 和 padding。当然，不能少了内容。也就是说，整个盒子在页面中占的位置大小应是内容的大小加上填充的厚度再加上边框的厚度再加上它的边距。

盒模型将页面中的每个元素看作一个矩形框，这个框由元素的内容、内边距（padding）、边框（border）和外边距（margin）组成，如图 5-1 所示。对象的尺寸与边框等样式表属性的关系如图 5-2 所示。

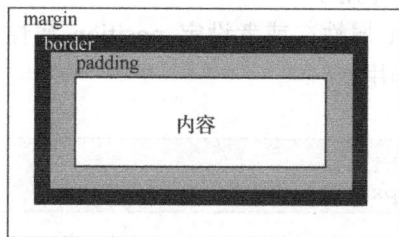

图 5-1　CSS 盒模型

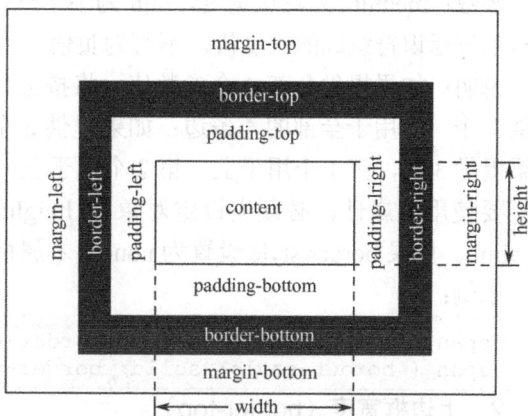

图 5-2　尺寸与边框等样式表属性的关系

一个页面由许多这样的盒子组成，这些盒子之间会互相影响，因此掌握盒子模型需要从两个方面来理解：一个是理解一个孤立的盒子的内部结构；另一个是理解多个盒子之间的相互关系。

盒模型最里面的部分就是实际的内容，内边距紧紧包围在内容区域的周围，如果给某个元素添加背景色或背景图像，那么该元素的背景色或背景图像也将出现在内边距中。在内边距的外侧边缘是边框，边框以外是外边距。边框的作用就是在内边外距之间创建一个隔离带，以避免视觉上的混淆。

例如，在图 5-3 所示的相框列表中，可以把相框看成是一个个盒子，相片看成盒子的内容（content）；相片和相框之间的距离就是内边距（padding）；相框的厚度就是边框（border）；相框之间的距离就是外边距（margin）。

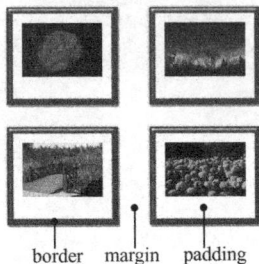

图 5-3　盒模型示例

5.2　盒模型的属性

padding-border-margin 模型是一个极其通用的描述盒子布局形式的方法。对于任何一个盒子，都可以分别设定 4 条边各自的 padding、border 和 margin，实现各种各样的排版效果。

5.2.1　边框

边框一般用于分隔不同元素，边框的外围即为元素的最外围。边框是围绕元素内容和内边距的一条或多条线，border 属性允许规定元素边框的宽度、颜色和样式。

常用的边框属性有 8 项：border-top、border-right、border-bottom、border-left、border-width、border-color、border-style 和 border-radius。其中 border-width 可以一次性设置所有的边框宽度，border-color 同时设置四面边框的颜色时，可以连续写上 4 种颜色，并用空格分隔。上述连续设置的边框都是按照 border-top、border-right、border-bottom、border-left 的顺序（顺时针）。

1. 所有边框宽度（border-width）

语法：**`border-width : medium | thin | thick | length`**

参数：medium 为默认宽度，thin 为小于默认宽度，thick 为大于默认宽度，length 是由数字和单位标识符组成的长度值，不可为负值。

说明：如果提供全部 4 个参数值，将按上、右、下、左的顺序作用于 4 个边框；如果只提供 1 个，将用于全部的 4 条边；如果提供 2 个，第 1 个用于上、下，第 2 个用于左、右；如果提供 3 个，第 1 个用于上，第 2 个用于左、右，第 3 个用于下。

要使用该属性，必须先设定对象的 height 或 width 属性，或者设定 position 属性为 absolute。如果 border-style 设置为 none，本属性将失去作用。

示例：

```
span { border-style: solid; border-width: thin }
span { border-style: solid; border-width: 1px thin }
```

2. 上边框宽度（border-top）

语法：**`border-top : border-width || border-style || border-color`**
参数：该属性是复合属性。请参阅各参数对应的属性。
说明：请参阅 border-width 属性。
示例：

```
div { border-bottom: 25px solid red; border-left: 25px solid yellow;
border-right: 25px solid blue; border-top: 25px solid green }
```

3. 右边框宽度（border-right）

语法：**`border-right : border-width || border-style || border-color`**

参数：该属性是复合属性。请参阅各参数对应的属性。

说明：请参阅 border-width 属性。

4．下边框宽度（border-bottom）

语法：**border-bottom : border-width || border-style || border-color**

参数：该属性是复合属性。请参阅各参数对应的属性。

说明：请参阅 border-width 属性。

5．左边框宽度（border-left）

语法：**border-left : border-width || border-style || border-color**

参数：该属性是复合属性。请参阅各参数对应的属性。

说明：请参阅 border-width 属性。

示例：

```
h4{border-top-width: 2px; border-bottom-width: 5px; border-left-width: 1px;
border-right-width: 1px}
```

6．边框颜色（border-color）

语法：**border-color : color**

参数：color 指定颜色。

说明：要使用该属性，必须先设定对象的 height 或 width 属性，或者设定 position 属性为 absolute。如果 border-width 等于 0 或 border-style 设置为 none，本属性将失去作用。

示例：

```
body { border-color: silver red }
body { border-color: silver red rgb(223, 94, 77) }
body { border-color: silver red rgb(223, 94, 77) black }
h4 { border-color: #ff0033; border-width: thick }
p { border-color: green; border-width: 3px }
p { border-color: #666699 #ff0033 #000000 #ffff99; border-width: 3px }
```

7．边框样式（border-style）

语法：**border-style : none | hidden | dotted | dashed | solid | double | groove | ridge | inset | outset**

参数：border-style 属性包括了多个边框样式的参数：

- none：无边框。与任何指定的 border-width 值无关。
- dotted：边框为点线。
- dashed：边框为长短线。
- solid：边框为实线。
- double：边框为双线。两条单线与其间隔的和等于指定的 border-width 值。
- groove：根据 border-color 的值画 3D 凹槽。
- ridge：根据 border-color 的值画菱形边框。
- inset：根据 border-color 的值画 3D 凹边。
- outset：根据 border-color 的值画 3D 凸边。

说明：如果提供全部 4 个参数值，将按上、右、下、左的顺序作用于 4 个边框；如果只提供 1 个，将用于全部的 4 条边；如果提供 2 个，第 1 个用于上、下，第 2 个用于左、右；如果提供 3 个，第 1 个用于上，第 2 个用于左、右，第 3 个用于下。

要使用该属性，必须先设定对象的 height 或 width 属性，或者设定 position 属性为 absolute。如果 border-width 不大于 0，本属性将失去作用。

8. 圆角边框（border-radius）

语法：**border-radius : length {1,4}**

参数：length 是由浮点数字和单位标识符组成的长度值，不允许为负值。

说明：边框圆角的第 1 个 length 值是水平半径，如果第 2 个值省略，则它等于第 1 个值，这时这个角就是一个四分之一圆角，如果任意一个值为 0，则这个角是矩形，不再是圆角。

【例 5-1】边框样式的不同表现形式，本例文件 5-1.html 在浏览器中的显示效果如图 5-4 所示。

代码如下：

```html
<html>
<head>
<title>border-style</title>
<style type="text/css">
div{
        border-width:6px;            /*边框宽度为 6px*/
        border-color:#000000;        /*边框颜色为黑色*/
        margin:20px;                 /*外边距为 20px*/
        padding:5px;                 /*外边距为 5px*/
        background-color:#FFFFCC;     /*淡黄色背景*/
}
</style>
</head>
<body>
  <div style="border-style:dashed">虚线边框</div>
  <div style="border-style:dotted">点线边框</div>
  <div style="border-style:double">双线边框</div>
  <div style="border-style:groove">凹槽边框</div>
  <div style="border-style:inset">凹边边框</div>
  <div style="border-style:outset">凸边边框</div>
  <div style="border-style:ridge">菱形边框</div>
  <div style="border-style:solid">实线边框</div>
</body>
</html>
```

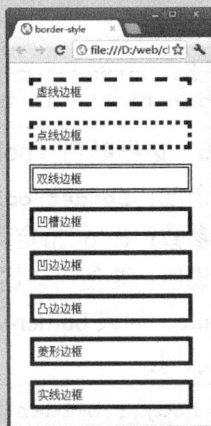

图 5-4　边框样式效果

【说明】从执行结果可以看到，chrome 浏览器对于 groove、inset、outset 和 ridge 这 4 种边框效果的支持不够理想。

【例 5-2】制作栏目圆角边框，本例文件 5-2.html 在浏览器中的显示效果如图 5-5 所示。

代码如下：

```html
<html>
<head>
<meta charset="gb2312">
<title>圆角边框效果</title>
<style type="text/css">
.radius{
    width:200px;                    /*栏目容器宽度为 200px*/
    height:150px;                   /*栏目容器高度为 150px*/
    border-width: 3px;              /*边框宽度为 3px*/
    border-color:#fd8e47;           /*边框颜色为橘红色*/
    border-style: solid;            /*实线边框*/
    border-radius: 11px 11px 11px 11px; /*圆角半径为 11px*/
    padding:5px;                    /*内边距为 5px*/
```

图 5-5　圆角边框效果

```
    }
    </style>
    </head>
    <body>
    <div class="radius">
     栏目分类
    </div>
    </body>
    </html>
```

【说明】在 CSS3 之前，要制作圆角边框的效果可以通过图像切片来实现，实现过程很烦琐，CSS3 的到来简化了实现圆角边框的过程。

5.2.2 外边距

外边距指的是元素与元素之间的距离，外边距设置属性有：margin-top、margin-right、margin-bottom、margin-left，可分别设置，也可用 margin 属性一次性设置所有边距。

1. 上外边距（margin-top）

语法：**margin-top : length | auto**

参数：length 是由数字和单位标识符组成的长度值或百分数，百分数基于父对象的高度。auto 值被设置为对边的值。

说明：设置对象上外边距，外边距始终透明。内联元素要使用该属性，必须先设定元素的 height 或 width 属性，或者设定 position 属性为 absolute。

示例：

```
body { margin-top: 11.5% }
```

2. 右外边距（margin-right）

语法：**margin-right : length | auto**

参数：同 margin-top。

说明：同 margin-top。

示例：

```
body { margin-right: 11.5%; }
```

3. 下外边距（margin-bottom）

语法：**margin-bottom : length | auto**

参数：同 margin-top。

说明：同 margin-top。

示例：

```
body { margin-bottom: 11.5%; }
```

4. 左外边距（margin-left）

语法：**margin-left : length | auto**

参数：同 margin-top。

说明：同 margin-top。

示例：

```
body { margin-left: 11.5%; }
```

以上 4 项属性可以控制一个要素四周的边距，每个边距都可以有不同的置，或者设置一个边距，然后让浏览器用默认设置设定其他几个边距。可以将边距应用于文字和其他元素。

示例：

```
h4 { margin-top: 20px; margin-bottom: 5px; margin-left: 100px; margin-right: 55px }
```

设定边距参数值最常用的方法是利用长度单位（px、pt 等），也可以用比例值设定边距。将边距值设为负值，就可以将两个对象叠在一起。例如，把下边距设为-55px，右边距为 60px。

5．外边距（margin）

语法：**margin : length | auto**

参数：length 是由数字和单位标识符组成的长度值或百分数，百分数基于父对象的高度；对于行级元素来说，左、右外边距可以是负数值。auto 值被设置为对边的值。

说明：设置对象四边的外边距，如图 5-2 所示，位于盒模型的最外层，包括 4 项属性：margin-top（上外边距）、margin-right（右外边距）、margin-bottom（下外边距）、margin-left（左外边距），外延边距始终是透明的。

如果提供全部 4 个参数值，将按 margin-top（上）、margin-right（右）、margin-bottom（下）、margin-left（左）的顺序作用于 4 边（顺时针）。每个参数中间用空格分隔。

如果只提供 1 个，将用于全部的 4 边；

如果提供 2 个，第 1 个用于上、下，第 2 个用于左、右；如果提供 3 个，第 1 个用于上，第 2 个用于左、右，第 3 个用于下。

行级元素要使用该属性，必须先设定对象的 height 或 width 属性，或者设定 position 属性为 absolute。

示例：

```
body { margin: 36pt 24pt 36pt }
body { margin: 11.5% }
body { margin: 10% 10% 10% 10% }
```

5.2.3 内边距

内边距用于控制内容与边框之间的距离，padding 属性定义元素内容与元素边框之间的空白区域。内边距包括了 4 项属性：padding-top（上内边距）、padding-right（右内边距）、padding-bottom（下内边距）、padding-left（左内边距），内边距属性不允许为负值。与外边距类似，内边距也可以用 padding 一次性设置所有的对象间隙，格式也和 margin 相似，这里不再一一列举。

讲解了盒模型的 border、margin 和 padding 属性后，需要说明的是，各种元素盒子属性的默认值不尽相同，区别如下。

● 大部分 html 元素的盒子属性（margin、padding）默认值都为 0。

● 有少数 html 元素的盒子属性（margin、padding）浏览器默认值不为 0，如<body>、<p>、<ul>、<li>、<form>标签等，有时有必要先设置它们的这些属性为 0。

● <input>元素的边框属性默认不为 0，可以设置为 0 达到美化输入框和按钮的目的。

5.2.4 案例——盒模型的演示

在讲解了盒模型的基本属性后，下面讲解一个综合的案例，演示盒模型的 border、margin 和 padding 之间的关系，让读者对盒模型的属性有更深入的理解。

【例5-3】演示盒模型的border、margin 和 padding 之间的关系，本例文件 5-3.html 在浏览器中的显示效果如图 5-6 所示。代码如下：

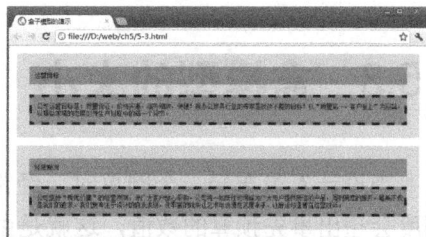

图 5-6 页面显示效果

```html
<!doctype html>
<html>
<head>
<meta charset="gb2312">
<title>盒子模型的演示</title>
<style type="text/css">
body{
        margin:0px auto;                /*内容水平居中*/
        font-family:宋体;
        font-size:12px;
        }
ul{                                     /*列表没有设置边框 */
        background: #ddd;               /*极浅灰色背景*/
        margin: 15px 15px 15px 15px;    /*外边距为15px*/
        padding: 5px 5px 5px 5px;       /*内边距为5px*/
}
li {                                    /*列表项没有设置边框*/
        color: black;                   /*黑色文本*/
        background: #aaa;               /*浅灰色背景*/
        margin: 20px 20px 20px 20px;    /*外边距为20px*/
        padding: 10px 0px 10px 10px;    /*右内边距为0，其余10px*/
        list-style: none;               /*取消项目符号*/
}
li.withborder {                         /*列表项设置边框*/
        border-style: dashed;           /*虚线边框*/
        border-width: 5px;              /*5px 粗细的边框*/
        border-color: black;            /*黑色边框*/
        margin-top:20px;                /*上外边距为20px*/
        }
</style>
</head>
<body>
  <ul>
    <li>运营目标</li>
    <li class="withborder">公司运营目标是：质量保证，价格实惠……（此处省略文字）</li>
  </ul>
  <ul>
    <li>经营原则</li>
    <li class="withborder">公司坚持"质优价廉"的经营原则……（此处省略文字）</li>
  </ul>
```

```
    </body>
    </html>
```

　　【说明】需要注意的是，当使用了盒子属性后，切忌删除页面代码第 1 行的 doctype 文档类型声明，其目的是使浏览器支持块级元素的水平居中 "margin:0px auto;"。

5.3　盒模型的大小

　　当设计人员布局一个网页时，经常会遇到这样一种情况，那就是最终网页成型的宽度或高度会超出事先预算的数值，这就是由盒模型宽度或高度的计算误差造成的。

5.3.1　盒模型的宽度与高度

　　在 CSS 中，width 和 height 属性也经常用到，它们分别表示内容区域的宽度和高度。增加或减少内边距、边框和外边距不会影响内容区域的大小，但是会增加盒模型的总尺寸。盒模型的宽度和高度要在 width 和 height 属性值的基础上加上内边距、边框和外边距。

　　1．盒模型的宽度

　　盒模型的宽度=左外边距（margin-left）+左边框（border-left）+左内边距（padding-left）+内容宽度（width）+右内边距（padding-right）+右边框（border-right）+右外边距（margin-right）

　　2．盒模型的高度

　　盒模型的高度=上外边距（margin-top）+上边框（border-top）+上内边距（padding-top）+内容高度（height）+下内边距（padding-bottom）+下边框（border-bottom）+下外边距（margin-bottom）

　　为了更好地理解盒模型的宽度与高度，定义某个元素的 CSS 样式，代码如下：

```
#test{
  margin:10px 20px;          /*定义元素上、下外边距为10px，左、右外边距为20px*/
  padding:20px 10px;         /*定义元素上、下内边距为20px，左、右内边距为10px*/
  border-width:10px 20px;    /*定义元素上、下边框宽度为10px，左、右边框宽度为20px*/
  border:solid #f00;         /*定义元素边框类型为实线型，颜色为红色*/
  width:100px;               /*定义元素宽度为100px*/
  height:100px;              /*定义元素高度为100px*/
}
```

　　盒模型的宽度=20px+20px+10px+100px+10px+20px+20px=200px

　　盒模型的高度=10px+10px+20px+100px+20px+10px+10px=180px

5.3.2　设置块级元素与行级元素的宽度和高度

　　在前面的章节中已经讲过块级元素与行级元素的区别，本节重点讲解两者宽度、高度属性的区别。在默认情况下，块级元素可以设置宽度、高度，但行级元素是不能设置的。

　　【例 5-4】块级元素与行级元素宽度和高度的区别，本例文件 5-4.html 在浏览器中的显示效果如图 5-7 所示。代码如下：

```
<html>
<head>
<style type="text/css">
.special{
        border:1px solid #036;         /*元素边框为 1px 蓝色实线*/
        width:200px;                   /*元素宽度 200px*/
        height:50px;                   /*元素高度 200px*/
        background:#ccc;               /*背景色灰色*/
        margin:5px                     /*元素外边距 5px*/
}
</style>
</head>
<body>
  <div class="special">这是 div 元素</div>
  <span class="special">这是 span 元素</span>
</body>
</html>
```

【说明】代码中设置行级元素 span 的样式.special 后，由于行级元素设置宽度、高度无效，因此样式中定义的宽度 200px 和高度 50px 并未影响 span 元素的外观。

如何让行级元素也能设置宽度、高度属性呢？这里要用到前面章节讲解的元素显示类型的知识，只要让元素的 display 属性设置为 display:block（块级显示）即可。在上面的.special 样式的定义中添加一行定义 display 属性的代码，代码如下：

```
display:block;              /*块级元素显示*/
```

浏览网页，即可看到 span 元素的宽度和高度设置为定义的宽度和高度，如图 5-8 所示。

图 5-7 默认情况下行级元素不能设置高度 　　　　图 5-8 设置行级元素的宽度和高度

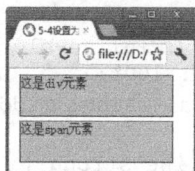

5.4 盒模型综合案例——"天地环保"页面顶部内容

在讲解了盒模型的基础知识之后，本节讲解一个综合案例，将前面讲解的分散的技术要点加以整合，提高读者使用 CSS 美化页面的能力。

【例 5-5】使用盒模型技术制作"天地环保"页面顶部的局部内容，本例文件 5-5.html 在浏览器中的显示效果如图 5-9 所示。

1. 前期准备

（1）栏目目录结构。在栏目文件夹下创建文件夹 images 和 css，分别用来存放图像素材和外部样式表文件。

图 5-9 页面显示效果

（2）页面素材。将本页面需要使用的图像素材存放在文件夹 images 下。

（3）外部样式表。在文件夹 css 下新建一个名为 style.css 的样式表文件。

2．制作页面

（1）制作页面的 CSS 样式。打开建立的 style.css 文件，定义页面的 CSS 规则，代码如下：

```
.header-top {                       /*设置页面顶部容器的样式*/
  height: 100%;                     /*容器高度100%*/
  vertical-align: middle;           /*垂直方向居中对齐*/
  margin-bottom: 16px;              /*下外边距16px*/
  margin-top: 16px;                 /*上外边距16px*/
  overflow: hidden;                 /*溢出隐藏*/
}
.header-top .width-center {         /*设置顶部内容的左内边距*/
  padding-left: 20px;               /*左内边距20px*/
}
.width-center {                     /*设置顶部内容的样式*/
  max-width: 1100px;                /*最大宽度1100px*/
  margin: 0 auto;                   /*自动水平居中对齐*/
  overflow: hidden;                 /*溢出隐藏*/
}
.header-title {                     /*设置标题文字的样式*/
  font-family:"微软雅黑";
  margin-left: 12px;                /*左外边距12px*/
  margin-top: 1px;                  /*上外边距1px*/
  float: left;                      /*向左浮动*/
}
.div-inline {                       /*设置标题文字的显示方式*/
  display: inline-block;            /*将对象设置为内联对象，对象的内容作为块对象显示*/
  height: 100%;
  vertical-align: middle;           /*垂直方向居中对齐*/
}
.div-inline strong {               /*设置主标题文字的样式*/
  font-family:"微软雅黑";
  font-size: 30px;                  /*文字大小30px*/
  color: #28905a;                   /*绿色文字*/
}
.div-inline span {                  /*设置副标题文字的样式*/
  display: block;                   /*显示为块级元素*/
  margin: -2px 0 0 2px;             /*上、右、下、左外边距依次为-2px,0,0,2px*/
}
.header-logo {                      /*设置网站 Logo 图像的样式*/
  display: inline-block;            /*将对象设置为内联对象，对象的内容作为块对象显示*/
  float: left;                      /*向左浮动*/
}
.header-right {                     /*设置右侧资讯热线区域的样式*/
  float: right;                     /*向右浮动*/
}
.header-right span {                /*设置右侧资讯热线内容的样式*/
  display: block;                   /*显示为块级元素*/
  font-family:"微软雅黑";
  font-size: 16px;                  /*文字大小16px*/
}
```

（2）制作页面的网页结构代码。网页结构文件 5-5.html 的代码如下：

```
<!doctype html>
<html>
<head>
<meta charset="gb2312" />
<title>关于我们</title>
<link rel="stylesheet" href="css/style.css" />
</head>
<body>
<header>
    <div class="header-top">
        <div class="width-center">
            <div class="header-logo "><img src="images/logo.png" alt=""></div>
            <div class="header-title div-inline">
                <strong>天地环保</strong>
                <span>环 境 治 理 专 家</span>
            </div>
            <div class="header-right">
                <span>全国咨询热线</span>
                <span>400-810-6666</span>
            </div>
        </div>
    </div>
</header>
</body>
</html>
```

【说明】本例页面中使用了盒子的浮动技术实现了页面元素的定位，请读者参考本章后续内容讲解的盒子的定位与浮动的相关知识。

5.5　盒子的定位

前面介绍了独立的盒模型，以及在标准流情况下盒子的相互关系。如果仅按照标准流的方式进行排版，就只能按照仅有的几种可能性进行排版，限制太大。CSS 的制定者也想到了排版限制的问题，因此又给出了若干个不同的手段以实现各种排版需要。

定位（position）的基本思想很简单，它允许用户定义元素框相对于其正常位置应该出现的位置，这个属性定义建立元素布局所用的定位机制。

5.5.1　定位属性

1. 定位方式（position）

position 属性可以选择 4 种不同类型的定位方式。

语法：position : static | relative | absolute | fixed

参数：static 静态定位为默认值，为无特殊定位，对象遵循 HTML 定位规则。relative 生成相对定位的元素，相对于其正常位置进行定位。absolute 生成绝对定位的元素。元素的位置通过 left、top、right 和 bottom 属性进行规定。fixed 生成绝对定位的元素，相对于浏览器窗口进行定位。元素的位置通过 left、top、right 以及 bottom 属性进行规定。

2. 左、右、上、下位置

语法：left:auto | length

```
right:auto | length
top:auto | length
bottom:auto | length
```

参数：auto 无特殊定位，根据 HTML 定位规则在文档流中分配。length 是由数字和单位标识符组成的长度值或百分数。必须定义 position 属性值为 absolute 或 relative，此取值方可生效。

说明：用于设置对象与其最近一个定位的父对象左边相关的位置。

3. 宽度（width）

语法：`width:auto | length`

参数：auto 无特殊定位，根据 HTML 定位规则在文档中分配。length 是由数字和单位标识符组成的长度值或百分数，百分数基于父对象的宽度，不可为负值。

说明：用于设置对象的宽度。对于 img 对象来说，仅指定此属性，其 height 值将根据图片原尺寸进行等比例缩放。

4. 高度（height）

语法：`height:auto | length`

参数：同宽度（width）。

说明：用于设置对象的高度。对于 img 对象来说，仅指定此属性，其 width 值将根据图片原尺寸进行等比例缩放。

5. 最小高度（min-height）

语法：`min-height:auto | length`

参数：同宽度（width）。

说明：用于设置对象的最小高度，即为对象的高度设置一个最低限制。因此，元素可以比指定值高，但不能比其低，也不允许指定负值。

6. 可见性（visibility）

语法：`visibility:inherit | visible | collapse | hidden`

参数：inherit 继承上一个父对象的可见性。visible 使对象可见，如果希望对象可见，其父对象也必须是可见的。hidden 使对象被隐藏。collapse 主要用来隐藏表格的行或列，隐藏的行或列能够被其他内容使用，对于表格外的其他对象，其作用等同于 hidden。

说明：用于设置是否显示对象。与 display 属性不同，此属性为隐藏的对象保留其占据的物理空间，即当一个对象被隐藏后，它仍然要占据浏览器窗口中的原有空间。因此，如果将文字包围在一幅被隐藏的图像周围，则其显示效果是文字包围着一块空白区域。这条属性在编写语言和使用动态 HTML 时很有用，例如，可以使图像只在鼠标指针滑过时才显示。

7. 层叠顺序 z-index

语法：`z-index : auto | number`

参数：auto 遵从其父对象的定位。number 为无单位的整数值，可为负数。

说明：设置对象的层叠顺序。如果两个绝对定位对象的此属性具有同样的值，那么将依据它们在 HTML 文档中声明的顺序层叠。

示例：当定位多个要素并将其重叠时，可以使用 z-index 来设定哪一个要素应出现在最上层。由于<h2>文字的 z-index 参数值更高，所以它显示在<h1>文字的上面。

```
h2{ position: relative; left: 10px; top: 0px; z-index: 10}
h1{ position: relative; left: 33px; top: -35px; z-index: 1}
div { position:absolute; z-index:3; width:6px }
```

5.5.2 定位方式

1. 静态定位

静态定位是 position 属性的默认值,盒子按照标准流(包括浮动方式)进行布局,即该元素出现在文档的常规位置,不会重新定位。

【例 5-6】静态定位示例。本例文件 5-6.html 在浏览器中的显示效果如图 5-10 所示。

代码如下:

```
<!doctype html>
<html>
<head>
<title>静态定位</title>
<style type="text/css">
body{
    margin:20px;                        /*页面整体外边距为 20px*/
    font :Arial 12px;
}
#father{
    background-color:#a0c8ff;           /*父容器的背景为蓝色*/
    border:1px dashed #000000;          /*父容器的边框为 1px 黑色实线*/
    padding:15px;                       /*父容器内边距为 15px*/
}
#block_one{
    background-color:#fff0ac;           /*盒子的背景为黄色*/
    border:1px dashed #000000;          /*盒子的边框为 1px 黑色实线*/
    padding:10px;                       /*盒子的内边距为 10px*/
}
</style>
</head>
<body>
    <div id="father">
        <div id="block_one">盒子 1</div>
    </div>
</body>
</html>
```

图 5-10 静态定位

【说明】"盒子 1"没有设置任何 position 属性,相当于使用静态定位方式,页面布局也没有发生任何变化。

2. 相对定位

使用相对定位的盒子,会相对于自身原本的位置,通过偏移指定的距离,到达新的位置。使用相对定位,除了要将 position 属性值设置为 relative 外,还需要指定一定的偏移量。其中,水平方向的偏移量由 left 和 right 属性指定;竖直方向的偏移量由 top 和 bottom 属性指定。

【例 5-7】相对定位示例。本例文件 5-7.html 在浏览器中的显示效果如图 5-11 所示。

图 5-11 相对定位

修改例 5-6 中 id="block_one"盒子的 CSS 定义,代码如下:

```
#block_one{
    background-color:#fff0ac;           /*盒子背景为黄色*/
    border:1px dashed #000000;          /*边框为 1px 黑色实线*/
```

```
        padding:10px;                  /*盒子的内边距为10px*/
        position:relative;             /*relative 相对定位*/
        left:30px;                     /*距离父容器左端 30px*/
        top:30px;                      /*距离父容器顶端 30px*/
    }
```

【说明】

（1）id="block_one"的盒子使用相对定位方式定位，因此向下并且"相对于"初始位置向右各移动了 30px。

（2）使用相对定位的盒子仍在标准流中，它对父容器没有影响。

3．绝对定位

使用绝对定位的盒子以它的"最近"的一个"已经定位"的"祖先元素"为基准进行偏移。如果没有已经定位的祖先元素，就以浏览器窗口为基准进行定位。

绝对定位的盒子从标准流中脱离，对其后的兄弟盒子的定位没有影响，其他的盒子就好像这个盒子不存在一样。原先在正常文档流中所占的空间会关闭，就好像元素原来不存在一样。元素定位后生成一个块级框，而不论原来它在正常流中生成何种类型的框。

【例 5-8】 绝对定位示例。本例文件 5-8.html 中的父容器包含 3 个使用相对定位的盒子，对"盒子 2"使用绝对定位前的浏览效果如图 5-12 所示；对"盒子 2"使用绝对定位后的浏览效果如图 5-13 所示。

图 5-12　"盒子 2"使用绝对定位前的效果　　图 5-13　"盒子 2"使用绝对定位后的效果

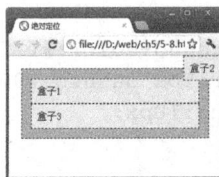

对"盒子 2"使用绝对定位前的代码如下：

```html
<!doctype html>
<html>
<head>
<title>绝对定位前的效果</title>
<style type="text/css">
body{
        margin:20px;                      /*页面整体外边距为20px*/
        font :Arial 12px;
}
#father{
        background-color:#a0c8ff;         /*父容器的背景为蓝色*/
        border:1px dashed #000000;        /*父容器的边框为1px 黑色实线*/
        padding:15px;                     /*父容器内边距为15px*/
}
#block_one{
        background-color:#fff0ac;         /*盒子的背景为黄色*/
        border:1px dashed #000000;        /*盒子的边框为1px 黑色实线*/
        padding:10px;                     /*盒子的内边距为10px*/
        position:relative;                /*relative 相对定位 */
}
#block_two{
```

```
        background-color:#fff0ac;      /*盒子的背景为黄色*/
        border:1px dashed #000000;     /*盒子的边框为1px 黑色实线*/
        padding:10px;                  /*盒子的内边距为10px*/
        position:relative;             /*relative 相对定位 */
    }
    #block_three{
        background-color:#fff0ac;      /*盒子的背景为黄色*/
        border:1px dashed #000000;     /*盒子的边框为1px 黑色实线*/
        padding:10px;                  /*盒子的内边距为10px*/
        position:relative;             /*relative 相对定位 */
    }
    </style>
    </head>
    <body>
        <div id="father">
            <div id="block_one">盒子1</div>
            <div id="block_two">盒子2</div>
            <div id="block_three">盒子3</div>
        </div>
    </body>
    </html>
```

父容器中包含 3 个使用相对定位的盒子，浏览效果如图 5-12 所示。接下来，只修改"盒子 2"的定位方式为绝对定位，代码如下：

```
#block_two{
        background-color:#fff0ac;      /*盒子的背景为黄色*/
        border:1px dashed #000000;     /*盒子的边框为1px 黑色实线*/
        padding:10px;                  /*盒子的内边距为10px*/
        position:absolute;             /*absolute 绝对定位 */
        top:0;                         /*向上偏移至浏览器窗口顶端 */
        right:0;                       /*向右偏移至浏览器窗口右端 */
    }
```

【说明】

（1）"盒子 2"采用绝对定位后从标准流中脱离，对其后的兄弟盒子（"盒子 3"）的定位没有影响。

（2）"盒子 2"最近的"祖先元素"就是 id="father"的父容器，但由于该容器不是"已经定位"的"祖先元素"。因此，对"盒子 2"使用绝对定位后，"盒子 2"以浏览器窗口为基准进行定位，向右偏移至浏览器窗口顶端，向上偏移至浏览器窗口右端，即"盒子 2"偏移至浏览器窗口的右上角，如图 5-13 所示。

4．固定定位

固定定位（position:fixed;）其实是绝对定位的子类别，一个设置了 position:fixed 的元素是相对于视窗固定的，就算页面文档发生了滚动，它也会一直待在相同的地方。

【例 5-9】固定定位示例。为了对固定定位演示得更加清楚，将"盒子 2"进行固定定位，并调整页面高度使浏览器显示出滚动条。本例文件 5-9.html 在浏览器中显示的效果如图 5-14 所示。

在例 5-8 的基础上只修改"盒子 2"的 CSS 定义即可，代码如下：

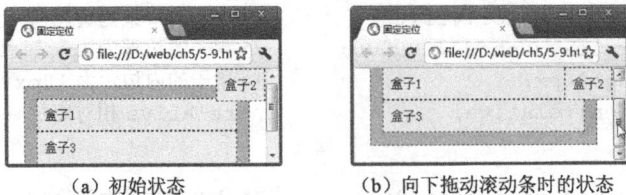

（a）初始状态　　　　　　　　　（b）向下拖动滚动条时的状态

图 5-14　固定定位的效果

```
#block_two{
        background-color:#fff0ac;          /*盒子的背景为黄色*/
        border:1px dashed #000000;          /*盒子的边框为1px 黑色实线*/
        padding:10px;                       /*盒子的内边距为10px*/
        position:fixed;                     /*fixed 固定定位*/
        top:0;                              /*向上偏移至浏览器窗口顶端 */
        right:0;                            /*向右偏移至浏览器窗口右端 */
}
```

5.6　浮动与清除浮动

浮动（float）是使用率较高的一种定位方式。有时希望相邻块级元素的盒子左右排列（所有盒子浮动）或希望一个盒子被另一个盒子中的内容所环绕（一个盒子浮动）做出图文混排的效果，这时最简单的办法就是运用浮动属性使盒子在浮动方式下定位。

5.6.1　浮动

浮动元素可以向左或向右移动，直到它的外边距边缘碰到包含块内边距边缘或另一个浮动元素的外边距边缘为止。float 属性定义元素在哪个方向浮动，任何元素都可以浮动，浮动元素会变成一个块状元素。

语法：**float : none | left |right**

参数：none 为对象不浮动，left 为对象浮在左边，right 为对象浮在右边。

【例 5-10】向右浮动的元素。本例文件 5-10.html 页面布局的初始状态如图 5-15（a）所示；"盒子 1"向右浮动后的结果如图 5-15（b）所示。

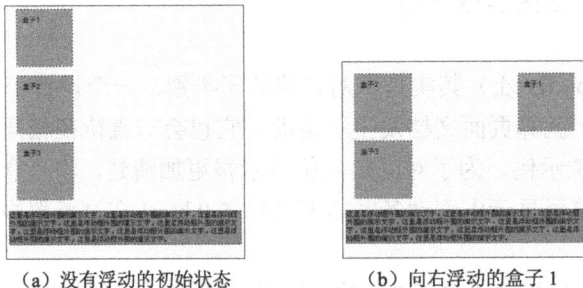

（a）没有浮动的初始状态　　　　　　（b）向右浮动的盒子 1

图 5-15　向右浮动的元素

代码如下：

```html
<html>
<head>
<title>向右浮动</title>
<style type="text/css">
body{
    margin:15px;
    font-family:Arial; font-size:12px;
    }
.father{                        /*设置容器的样式*/
    background-color:#ffff99;
    border:1px solid #111111;
    padding:5px;
    }
.father div{                    /*设置容器中 div 标签的样式*/
    padding:10px;
    margin:15px;
    border:1px dashed #111111;
    background-color:#90baff;
    }
.father p{                      /*设置容器中段落的样式*/
    border:1px dashed #111111;
    background-color:#ff90ba;
    }
.son_one{
    width:100px;                /*设置元素宽度*/
    height:100px;               /*设置元素高度*/
    float:right;                /*向右浮动*/
}
.son_two{
    width:100px;                /*设置元素宽度*/
    height:100px;               /*设置元素高度*/
}
.son_three{
    width:100px;                /*设置元素宽度*/
    height:100px;               /*设置元素高度*/
}
</style>
</head>
<body>
    <div class="father">
        <div class="son_one">盒子 1</div>
        <div class="son_two">盒子 2</div>
        <div class="son_three">盒子 3</div>
        <p>这里是浮动框外围的演示文字，这里是浮动框外围的……（此处省略文字）</p>
    </div>
</body>
</html>
```

【说明】本例页面中首先定义了一个类名为.father 的父容器，然后在其内部又定义了 3 个并列关系的 Div 容器。当把其中的类名为.son_one 的 Div（"盒子 1"）增加 "float:right;" 属性后，"盒子 1" 便脱离文档流向右移动，直到它的右边缘碰到包含框的右边缘。

【例 5-11】向左浮动的元素。使用例 5-10 继续讨论，只将 "盒子 1" 向左浮动的页面布局如图 5-16（a）所示；所有元素向左浮动后的结果如图 5-16（b）所示。

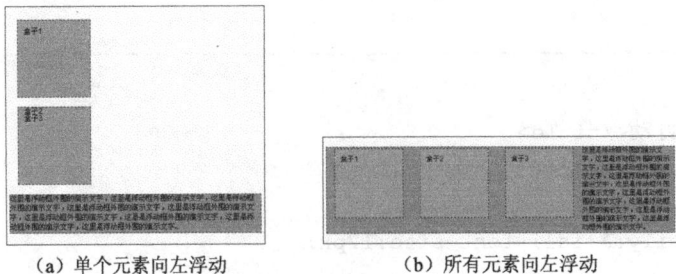

（a）单个元素向左浮动　　　　　　（b）所有元素向左浮动

图 5-16　向左浮动的元素

单个元素向左浮动的布局中只修改了"盒子 1"的 CSS 定义，代码如下：

```
.son_one{
    width:100px;              /*设置元素宽度*/
    height:100px;             /*设置元素高度*/
    float:left;               /*向左浮动*/
}
```

所有元素向左浮动的布局中修改了"盒子 1"、"盒子 2"和"盒子 3"的 CSS 定义，代码如下：

```
.son_one{
    width:100px;              /*设置元素宽度*/
    height:100px;             /*设置元素高度*/
    float:left;               /*向左浮动*/
}
.son_two{
    width:100px;              /*设置元素宽度*/
    height:100px;             /*设置元素高度*/
    float:left;               /*向左浮动*/
}
.son_three{
    width:100px;              /*设置元素宽度*/
    height:100px;             /*设置元素高度*/
    float:left;               /*向左浮动*/
}
```

【说明】

（1）本例页面中如果只将"盒子 1"向左浮动，该元素同样脱离文档流向左移动，直到它的左边缘碰到包含框的左边缘，如图 5-16（a）所示。由于"盒子 1"不再处于文档流中，所以它不占据空间，实际上覆盖了"盒子 2"，导致"盒子 2"从布局中消失。

（2）如果所有元素向左浮动，那么"盒子 1"向左浮动直到碰到左边框时静止，另外两个盒子也向左浮动，直到碰到前一个浮动框也静止，如图 5-16（b）所示，这样就将纵向排列的 Div 容器，变成了横向排列。

【例 5-12】父容器空间不够时的元素浮动。使用例 5-11 继续讨论，如果类名为.father 的父容器宽度不够，无法容纳 3 个浮动元素"盒子 1"、"盒子 2"和"盒子 3"并排放置，那么部分浮动元素将会向下移动，直到有足够的空间放置它们，如图 5-17（a）所示。如果浮动元素的高度彼此不同，那么当它们向下移动时可能会被其他浮动元素"挡住"，如图 5-17（b）所示。

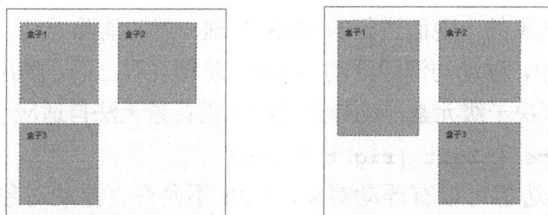

(a) 父容器宽度不够时的状态　　(b) 父容器宽度不够且不同高度的浮动元素

图 5-17　父容器空间不够时的元素浮动

当父容器宽度不够时，浮动元素"盒子 1"、"盒子 2"和"盒子 3"的 CSS 定义同例 5-11，此处只修改了父容器的 CSS 定义；同时，为了看清盒子之间的排列关系，去掉了父容器中段落的样式定义及结构代码，添加的父容器 CSS 定义代码如下：

```
.father{                    /*设置容器的样式*/
        background-color:#ffff99;
        border:1px solid #111111;
        padding:5px;
        width:330px;        /*父容器的宽度不够，导致浮动元素"盒子 3"向下移动*/
        float:left;         /*向左浮动*/
        }
```

当出现父容器宽度不够且不同高度的浮动元素时，"盒子 1"、"盒子 2"和"盒子 3"的 CSS 定义代码如下：

```
.son_one{
        width:100px;        /*设置元素宽度*/
        height:150px;       /*浮动元素高度不同导致"盒子 3"向下移动时被"盒子 1"挡住*/
        float:left;         /*向左浮动*/
}
.son_two{
        width:100px;        /*设置元素宽度*/
        height:100px;       /*设置元素高度*/
        float:left;         /*向左浮动*/
}
.son_three{
        width:100px;        /*设置元素宽度*/
        height:100px;       /*设置元素高度*/
        float:left;         /*向左浮动*/
}
```

【说明】浮动元素"盒子 1"的高度超过了向下移动的浮动元素"盒子 3"的高度，因此才会出现"盒子 3"向下移动时被"盒子 1"挡住的现象。如果浮动元素"盒子 1"的高度小于浮动元素"盒子 3"的高度，就不会发生"盒子 3"向下移动时被"盒子 1"挡住的现象。

5.6.2　清除浮动

在页面布局时，浮动属性的确能帮助用户实现良好的布局效果，但如果使用不当就会导致页面出现错位的现象。当容器的高度设置为 auto 且容器的内容中有浮动元素时，容器的高度不能自动伸长以适应内容的高度，使得内容溢出到容器外面导致页面出现错位，这个现象称为浮动溢出。

为了防止浮动溢出现象的出现而进行的 CSS 处理，就叫清除浮动，清除浮动即清除掉元素 float 属性。在 CSS 样式中，浮动与清除浮动（clear）是相互对立的，使用清除浮动不仅能够解决页面错位的现象，还能解决子级元素浮动导致父级元素背景无法自适应子级元素高度的问题。

语法：`clear : none | left |right | both`

参数：none 允许两边都可以有浮动对象，both 不允许有浮动对象，left 不允许左边有浮动对象，right 不允许右边有浮动对象。

【例 5-13】清除浮动示例。使用例 5-11 继续讨论，将"盒子 1"、"盒子 2"设置为向左浮动，"盒子 3"设置为向右浮动，未清除浮动时的段落文字填充在"盒子 2"与"盒子 3"之间，如图 5-18（a）所示，清除浮动后的状态如图 5-18（b）所示。

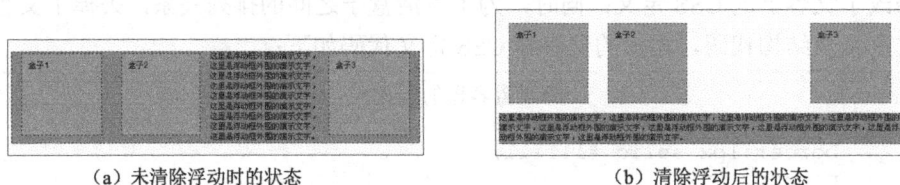

（a）未清除浮动时的状态   （b）清除浮动后的状态

图 5-18   清除浮动示例

将"盒子 1"、"盒子 2"设置为向左浮动，"盒子 3"设置为向右浮动的 CSS 代码如下：

```
.son_one{
    width:100px;              /*设置元素宽度*/
    height:100px;             /*设置元素高度*/
    float:left;               /*向左浮动*/
}
.son_two{
    width:100px;              /*设置元素宽度*/
    height:100px;             /*设置元素高度*/
    float:left;               /*向左浮动*/
}
.son_three{
    width:100px;              /*设置元素宽度*/
    height:100px;             /*设置元素高度*/
    float:right;              /*向右浮动*/
}
```

设置段落样式中清除浮动的 CSS 代码如下：

```
.father p{                    /*设置容器中段落的样式*/
    border:1px dashed #111111;
    background-color:#ff90ba;
    clear:both;               /*清除所有浮动*/
}
```

【说明】在对段落设置了"clear:both;"清除浮动后，可以将段落之前的浮动全部清除，使段落按照正常的文档流显示，如图 5-18（b）所示。

5.6.3 案例——天地环保"登录"页面的整体布局

【例 5-14】使用盒模型的定位与浮动知识制作天地环保"登录"页面整体布局页面，在未使用盒子浮动前的布局效果如图 5-19 所示，使用盒子浮动后的布局效果如图 5-20 所示。

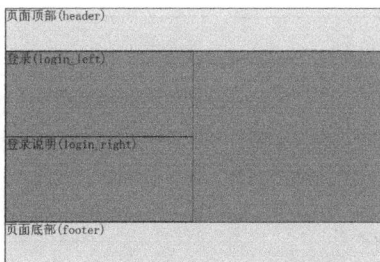

图 5-19　盒子浮动前的布局效果　　　　图 5-20　盒子浮动后的布局效果

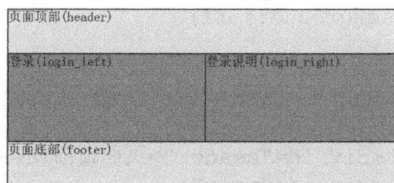

制作过程如下：

（1）布局规划。wrapper 是整个页面的容器，header 是页面的顶部区域，main 是页面的主体内容，其中又包含登录表单区域 login_left 和表单说明区域 login_right，footer 是页面的底部区域。

（2）网页结构文件。在当前文件夹中，用记事本新建一个名为 5-14.html 的网页文件，代码如下：

```html
<html>
<head>
<title>天地环保登录页面整体布局</title>
</head>
<style type="text/css">
body {                              /*body 容器的样式*/
  margin:0px;                       /*外边距为 0px*/
  padding:0px;                      /*内边距为 0px*/
}
div{                                /*设置各 div 块的边框、字体和颜色*/
  border:1px solid #00f;
  font-size:30px;
  font-famliy:宋体;
}
#wrapper{                           /*整个页面容器 wrapper 的样式*/
  width:900px;
  margin:0px auto;                  /*容器自动居中*/
}
#header{                            /*顶部区域的样式*/
  width:100%;                       /*宽度 100%*/
  height:100px;                     /*高度 100%*/
  background:#6ff;
}
#main{                              /*主体内容区域的样式*/
  width:100%;                       /*宽度 100%*/
  height:200px;                     /*高度 200px*/
  background:#f93;
  position:relative;                /*relative 相对定位 */
}
.login_left{                        /*登录表单区域的样式*/
  width:50%;                        /*宽度占 50%*/
  height:100%;                      /*高度 100%*/
  float:left;                       /*向左浮动*/
}
.login_right{                       /*表单说明区域的样式*/
  width:50%;                        /*宽度占 50%*/
  height:100%;                      /*高度 100%*/
  float:left;                       /*向左浮动*/
}
#footer{                            /*底部区域的样式*/
```

```
    width:100%;                   /*宽度100%*/
    height:100px;                 /*高度100%*/
    background:#6ff;
}
</style>
<body>
  <div id="wrapper">
    <div id="header">页面顶部(header)</div>
    <div id="main">
      <div class="login_left">登录(login_left)</div>
      <div class="login_right">登录说明(login_right)</div>
    </div>
    <div id="footer">页面底部(footer)</div>
  </div>
</body>
</html>
```

（3）浏览网页。在浏览器中浏览制作完成的页面，页面显示效果如图 5-20 所示。

【说明】在定义 login_left 和 login_right 的样式时，如果没有设置 "float:left;" 向左浮动，则登录说明区域将另起一行显示（见图 5-19），这显然是不符合布局要求的。

习题 5

1．使用盒模型技术制作如图 5-21 所示的商城"结算"页面。

2．使用盒模型技术制作如图 5-22 所示的天地环保"市场团队"页面。

图 5-21　题 1 图　　　　　　　　　　　　　　图 5-22　题 2 图

3．使用盒模型技术制作如图 5-23 所示的页面。

图 5-23　题 3 图

第 **6** 章
使用 CSS 修饰页面外观

前面的章节介绍了 CSS 设计中必须了解的盒模型、定位和浮动的基础知识。有了这个基础，从本章开始逐一介绍网页设计的各种元素，如文本、图像、表格、表单、链接、列表、导航菜单等，通过使用 CSS 来进行样式设置，进而实现修饰页面外观。

6.1 设置字体样式

CSS 的网页排版功能十分强大，不仅可以控制文本的大小、颜色、对齐方式、字体，还可以控制行高、首行缩进、字母间距和字符间距等。在学习 HTML 时，通常也会使用 HTML 对文本字体进行一些非常简单的样式设置，而使用 CSS 对字体样式进行设置远比使用 HTML 灵活、精确得多。CSS 样式中有关字体样式的常用属性见表 6-1。

表 6-1　字体样式的常用属性

属　　性	说　　明
font-family	设置字体的类型
font-size	设置字体的大小
font-weight	设置字体的粗细
font-style	设置字体的倾斜

1. 字体类型

字体具有两个方面的作用：一个是传递语义功能；另一是美学效应。由于不同的字体给人带来不同的风格感受，所以对于网页设计人员来说，首先需要考虑的问题就是准确地选择字体。

通常，访问者的计算机中不会安装诸如"方正综艺简体"和"方正水柱简体"等特殊字体，如果网页设计者使用这些字体，极有可能造成访问者看到的页面效果与设计者的本意存在很大差异。为了避免这种情况的发生，一般使用系统默认的"宋体"、"仿宋体"、"黑体"、"楷体"、"Arial"、"Verdana"和"Times New Roman"等常规字体。

CSS 提供 font-family 属性来控制文本的字体类型。

语法：**font-family : 字体名称**

参数：字体名称按优先顺序排列，以逗号隔开。如果字体名称包含空格，则应用引号括起。

说明：用 font-family 属性可控制显示字体。不同的操作系统，其字体名是不同的。对于 Windows 系统，其字体名就如 Word 中的"字体"列表中所列出的字体名称。

2．字体大小

在设计页面时，通常使用不同大小的字体来突出要表现的主题，在 CSS 样式中使用 font-size 属性设置字体的大小，其值可以是绝对值也可以是相对值。常见的有"px"（绝对单位）、"pt"（绝对单位）、"em"（相对单位）、和"%"（相对单位）等。

语法：**font-size** : 绝对尺寸 | 相对尺寸

参数：绝对尺寸是根据对象字体进行调节的，包括 xx-small、x-small、small、medium、large、x-large 和 xx-large 七种字体尺寸，这些尺寸都没有精确定义，只是相对而言的，在不同的设备下，这些关键字可能会显示不同的字号。

相对尺寸利用百分比或 em 以相对父元素大小的方式来设置字体尺寸。

3．字体粗细

CSS 样式中使用 font-weight 属性设置字体的粗细，它包含 normal、bold、bolder、lighter、100、200、300、400、500、600、700、800 和 900 多个属性值。

语法：**font-weight** : **bold** | **number** | **normal** | **lighter** | **100-900**

参数：normal 表示默认字体；bold 表示粗体；bolder 表示粗体再加粗；lighter 表示比默认字体还细；100-900 共分为 9 个层次（100、200、…、900），数字越小字体越细、数字越大字体越粗，数字值 400 相当于关键字 normal，700 等价于 bold。

说明：设置文本字体的粗细。

4．字体倾斜

CSS 中的 font-style 属性用来设置字体的倾斜。

语法：**font-style** : **normal** || **italic** || **oblique**

参数：normal 为"正常"（默认值）；italic 为"斜体"；oblique 为"倾斜体"。

说明：设置文本字体的倾斜。

5．设置字体样式综合案例

【例 6-1】设置字体样式综合案例，本例页面 6-1.html 的显示效果如图 6-1 所示。代码如下：

```
<html>
<head>
<meta charset="gb2312">
<title>设置字体样式综合案例</title>
<style type="text/css">
  h1{
    font-family:黑体;            /*设置字体类型*/
  }
  p{
    font-family: Arial, "Times New Roman";
    font-size:12pt;              /*设置字体大小*/
  }
  .one {
    font-weight:bold;            /*设置字体为粗体*/
    font-size:30px;
  }
  .two {
    font-weight:400;             /*设置字体为 400 粗细*/
    font-size:30px;
  }
```

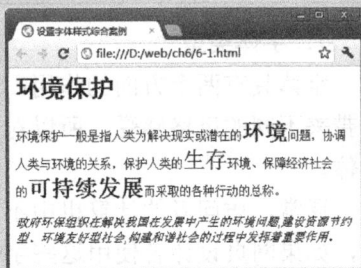

图 6-1 页面显示效果

```
    .three {
      font-weight:900;          /*设置字体为 900 粗细*/
      font-size:30px;
    }
    p.italic {
      font-style:italic;        /*设置斜体*/
    }
</style>
</head>
<body>
<h1>环境保护</h1>
   <p>环境保护一般是指人类为解决现实或潜在的<span class="one">环境</span>问题，协调人
类与环境的关系，保护人类的<span class="two">生存</span>环境、保障经济社会的<span
class="three">可持续发展</span>而采取的各种行动的总称。</p>
   <p class="italic">政府环保组织在解决我国在发展中产生的环境问题，建设资源节约型、环境
友好型社会，构建和谐社会的过程中发挥着重要作用。</p>
</body>
</html>
```

【说明】大多数操作系统和浏览器还不能很好地实现非常精细的文本加粗设置，通常只能
设置"正常"（normal）和"加粗"（bold）两种粗细。

6.2　设置文本样式

网页的排版离不开对文本的设置，本节主要讲述常用的文本样式，包括：文本对齐方
式、行高、文本修饰、段落首行缩进、首字下沉、文本截断、文本换行、文本颜色及背景
色等。

字体样式主要涉及文字本身的效果，而文本样式主要涉及多个文字的排版效果。所以 CSS
在命名属性时，特意使用了 font 前缀和 text 前缀来区分两类不同性质的属性。

CSS 样式中有关文本样式的常用属性见表 6-2。

表 6-2　文本样式的常用属性

属　　性	说　　明
text-align	设置文本的水平对齐方式
line-height	设置行高
text-decoration	设置文本修饰效果
text-indent	设置段落的首行缩进
first-letter	设置首字下沉
text-overflow	设置文本的截断
color	设置文本的颜色
background-color	设置文本的背景颜色

1．文本水平对齐方式

使用 text-align 属性可以设置元素中文本的水平对齐方式。

语法：**text-align : left | right | center | justify**

参数：left 为左对齐；right 为右对齐；center 为居中；justify 为两端对齐。

说明：设置对象中文本的对齐方式。

2. 行高

段落中两行文本之间垂直的距离称为行高。在 HTML 中是无法控制行高的，在 CSS 样式中，使用 line-height 属性控制行与行之间的垂直间距。

语法：`line-height : length | normal`

参数：length 为由百分比数字或由数值、单位标识符组成的长度值，允许为负值，其百分比取值基于字体的高度尺寸；normal 为默认行高。

说明：设置对象的行高。

3. 文本的修饰

使用 CSS 样式可以对文本进行简单的修饰，text 属性所提供的 text-decoration 属性，主要实现文本加下画线、顶线、删除线及文本闪烁等效果。

语法：`text-decoration : underline || blink || overline || line-through | none`

参数：underline 为下画线；blink 为闪烁；overline 为上画线；line-through 为贯穿线；none 为无装饰。

说明：设置对象中文本的修饰。对象 a、u、ins 的文本修饰默认值为 underline。对象 strike、s、del 的默认值是 line-through。如果应用的对象不是文本，则此属性不起作用。

4. 段落首行缩进

首行缩进指的是段落的第一行从左向右缩进一定的距离，而首行以外的其他行保持不变，其目的是为了便于阅读和区分文章整体结构。

在 Web 页面中，将段落的第一行进行缩进，同样是一种最常用的文本格式化效果。在 CSS 样式中，text-indent 属性可以方便地实现文本缩进。可以为所有块级元素应用 text-indent，但不能应用于行级元素。如果想把一个行级元素的第一行缩进，可以用左内边距或外边距创造这种效果。

语法：`text-indent : length`

参数：length 为百分比数字或由浮点数字、单位标识符组成的长度值，允许为负值。

说明：设置对象中的文本段落的缩进。本属性只应用于整块的内容。

5. 首字下沉

在许多文档的排版中经常出现首字下沉的效果，所谓首字下沉指的是设置段落的第一行第一个字的字体变大，并且向下一定的距离，而段落的其他部分保持不变。

在 CSS 样式中，伪对象：first-letter 可以实现对象内第一个字符的样式控制。

例如，以下代码用于实现段落的首字下沉，浏览器中的显示效果如图 6-2 所示。代码如下：

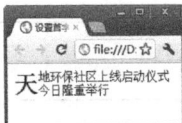

图 6-2　首字下沉

```
p:first-letter {
    float:left;              /*设置浮动，其目的是占据多行空间*/
    font-size:2em;           /*下沉字体大小为其他字体的 2 倍*/
    font-weight:bold;        /*首字体加粗显示*/
}
```

【说明】如果不使用伪对象:first-letter 来实现首字下沉的效果，就要对段落中第一个文字添加<span>标签，然后定义<span>标签的样式。但这样做的后果是，每个段落都要对第一个文字添加<span>标签，非常烦琐。因此，使用伪对象:first-letter 来实现首字下沉提高了网页排版的效率。

6．文本的截断

在 CSS 样式中，text-overflow 属性可以实现文本的截断效果，该属性包含 clip 和 ellipsis 两个属性值。前者表示简单的裁切，不显示省略标记（…）；后者表示当文本溢出时显示省略标记（…）。

语法：`text-overflow : clip | ellipsis`

参数：clip 定义简单的裁切，不显示省略标记（…）；ellipsis 定义当文本溢出时显示省略标记（…）。

说明：设置文本的截断。要实现溢出文本显示省略号的效果，除了使用 text-overflow 属性外，还必须配合 white-space:nowrap（强制文本在一行内显示）和 overflow:hidden（溢出内容为隐藏）同时使用才能实现。

7．文本的颜色

在 CSS 样式中，对文本增加颜色修饰十分简单，只要添加 color 属性即可。

语法：`color:颜色值;`

这里颜色值可以使用多种书写方式：

```
color:red;              /*规定颜色值为颜色名称的颜色*/
color: #000000;         /*规定颜色值为十六进制值的颜色*/
color:rgb(0,0,255);     /*规定颜色值为 rgb 代码的颜色*/
color:rgb(0%,0%,80%);   /*规定颜色值为 rgb 百分数的颜色*/
```

8．文本的背景颜色

在 HTML 中，可以使用标签的 bgcolor 属性设置网页的背景颜色，而在 CSS 中，不仅可以用 background-color 属性来设置网页背景颜色，还可以设置文本的背景颜色。

语法：`background-color : color | transparent`

参数：color 指定颜色；transparent 表示透明的意思，也是浏览器的默认值。

说明：background-color 不能继承，默认值是 transparent，如果一个元素没有指定背景色，那么背景就是透明的，这样其父元素的背景才能看见。

9．设置文本样式综合案例

【例 6-2】设置文本样式综合案例，本例页面 6-2.html 的显示效果如图 6-3 所示。

代码如下：

```
<html>
<head>
<meta charset="gb2312">
<title>设置字体样式综合案例</title>
<style type="text/css">
  h1{
    font-family:黑体;        /*设置字体类型*/
    text-align: center;     /*文本居中对齐*/
  }
  p{
    font-family: Arial, "Times New Roman";
    font-size:12pt;         /*设置字体大小*/
    background-color:#ccc; /*设置背景色为灰色*/
  }
```

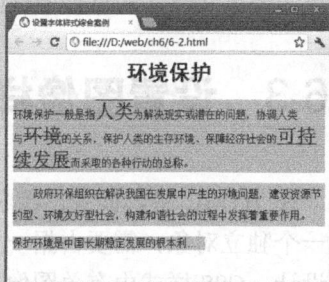

图 6-3　页面显示效果

```
        p.indent{
            text-indent:2em;                      /*设置段落缩进两个相对长度*/
            line-height:200%;                     /*设置行高为字体高度的 2 倍*/
        }
        p.ellipsis{
          width:300px;                            /*设置裁切的宽度*/
          height:20px;                            /*设置裁切的高度*/
          overflow:hidden;                        /*溢出隐藏*/
          white-space:nowrap;                     /*强制文本在一行内显示*/
          text-overflow:ellipsis;                 /*当文本溢出时显示省略标记（…）*/
        }
        .red {
          color:rgb(255,0,0);                     /*红色文本*/
        }
        .one {
          font-size:30px;
          text-decoration: overline;              /*设置上画线*/
        }
        .two {
          font-size:30px;
          text-decoration: line-through;          /*设置贯穿线*/
        }
        .three {
          font-size:30px;
          text-decoration: underline;             /*设置下画线*/
        }
    </style>
    </head>
    <body>
    <h1>环境保护</h1>
    <p>环境保护一般是指<span class="one">人类</span>为解决现实或潜在的问题，协调人类与
<span class="two">环境</span>的关系，保护人类的生存环境、保障经济社会的<span
class="three">可持续发展</span>而采取的各种行动的总称。</p>
    <p class="indent">政府环保组织在解决我国在发展中产生的环境问题，建设资源节约型、环境
友好型社会，构建和谐社会的过程中发挥着重要作用。</p>
    <p class="ellipsis">保护环境是中国长期稳定发展的根本利益和基本目标之一，实现可持续
发展依然是中国面临的严峻挑战。</p>
    </body>
    </html>
```

【说明】text-indent 属性以各种长度为属性值，为了缩进两个汉字的距离，最经常用的是
"2em"这个距离。1em 等于一个中文字符，两个英文字符相当于一个中文字符。因此，如果
用户需要英文段落的首行缩进两个英文字符，只要设置"text-indent:1em;"即可。

6.3 设置图像样式

在 HTML 中，读者已经学习过图像元素的基本知识了。图像即 img 元素，作为 HTML
的一个独立对象，需要占据一定的空间。因此，img 元素在页面中的风格样式仍然用盒模型
来设计。CSS 样式中有关图像控制的常用属性见表 6-3。

表 6-3　图像控制的常用属性

属　　性	说　　明
width、height	设置图像的缩放
border	设置图像边框样式
opacity	设置图像的不透明度
background-image	设置背景图像
background-repeat	设置背景图像重复方式
background-position	设置背景图像定位
background-attachment	设置背景图像固定
background-size	设置背景图像大小

作为单独的图像本身，它的很多属性可以直接在 HTML 中进行调整，但通过 CSS 统一管理，不但可以更加精确地调整图像的各种属性，还可以实现很多特殊的效果。

6.3.1　图像缩放

使用 CSS 样式控制图像的大小，可以通过 width 和 height 两个属性来实现。需要注意的是，当 width 和 height 两个属性的取值使用百分比数值时，它是相对于父元素而言的。如果将这两个属性设置为相对于 body 的宽度或高度，就可以实现当浏览器窗口改变时，图像大小也发生相应变化的效果。

【例 6-3】设置图像缩放，本例页面 6-3.html 的显示效果如图 6-4 所示。代码如下：

```
<!doctype html>
<html>
<head>
<title>设置图像的缩放</title>
<style type="text/css">
#box {
  padding:10px;
  width:500px;
  height:200px;
  border:2px dashed #fd8e47;
}
img.test1{
  width:30%;          /* 相对宽度为 30% */
  height:40%;         /* 相对高度为 40% */
}
img.test2{
  width:150px;        /* 绝对宽度为 150px */
  height:180px;       /* 绝对高度为 180px */
}
</style>
</head>
<body>
<div id="box">
  <img src="images/epback.jpg">                    <!--图像的原始大小-->
  <img src="images/epback.jpg" class="test1"> <!--相对于父元素缩放的大小-->
  <img src="images/epback.jpg" class="test2"> <!--绝对像素缩放的大小-->
</div>
</body>
</html>
```

图 6-4　页面显示效果

【说明】

（1）本例中图像的父元素为 id="box"的 Div 容器，在 img.test1 中定义 width 和 height 两个属性的取值为百分比数值，该数值是相对于 id="box"的 Div 容器而言的，而不是相对于图像本身。

（2）img.test2 中定义 width 和 height 两个属性的取值为绝对像素值，图像将按照定义的像素值显示大小。

6.3.2 图像边框

图像的边框就是利用 border 属性作用于图像元素而呈现的效果。在 HTML 中可以直接通过<img>标记的 border 属性值为图像添加边框，属性值为边框的粗细，以像素为单位，从而控制边框的粗细。当设置 border 属性值为 0 时，则显示为没有边框。示例代码如下：

```
<img src="images/epback.jpg" border="0">      <!--显示为没有边框-->
<img src="images/epback.jpg" border="1">      <!--设置边框的粗细为1px-->
<img src="images/epback.jpg" border="2">      <!--设置边框的粗细为2px -->
<img src="images/epback.jpg" border="3">      <!--设置边框的粗细为3px -->
```

图 6-5　在 HTML 中控制图像的边框

通过浏览器的解析，图像的边框粗细从左至右依次递增，效果如图 6-5 所示。

然而使用这种方法存在很大的限制，即所有的边框都只能是黑色，而且风格十分单一，都是实线，只是在边框粗细上能够进行调整。

如果希望更换边框的颜色，或者换成虚线边框，仅依靠 HTML 是无法实现的。下面的实例讲解了如何用 CSS 样式美化图像的边框。

【例 6-4】设置图像边框，本例页面 6-4.html 的显示效果如图 6-6 所示。代码如下：

```
<!doctype html>
<html>
<head>
<title>设置边框</title>
<style type="text/css">
.test1{
  border-style:dotted;        /* 点画线边框*/
  border-color:#fd8e47;       /* 边框颜色为橘红色*/
  border-width:4px;           /* 边框粗细为 4px*/
  margin:2px;
}
.test2{
  border-style:dashed;        /* 虚线边框 */
  border-color:blue;          /* 边框颜色为蓝色*/
  border-width:2px;           /* 边框粗细为 2px*/
  margin:2px;
}
.test3{
  border-style:solid dotted dashed double;/*4 边的线型依次为实线、点画线、虚线
和双线边框 */
  border-color:red green blue purple;        /*4 边的颜色依次为红色、绿色、蓝色和
紫色*/
  border-width:1px 2px 3px 4px;              /*4 边的边框粗细依次为 1px、2px、3px
和 4px*/
```

图 6-6　页面显示效果

```
    margin:2px;
}
</style>
</head>
<body>
  <img src="images/epback.jpg" class="test1">
  <img src="images/epback.jpg" class="test2">
  <img src="images/epback.jpg" class="test3">
</body>
</html>
```

【说明】如果希望分别设置 4 条边框的不同样式，在 CSS 中也是可以实现的，只要分别设定 border-left、border-right、border-top 和 border-bottom 的样式即可，依次对应于左、右、上、下 4 条边框。

6.3.3　图像的不透明度

在 CSS3 中，使用 opacity 属性能够使图像呈现出不同的透明效果。其语法格式如下：

```
opacity: opacityValue;
```

opacity 属性用于定义元素的不透明度，参数 opacityValue 表示不透明度的值，是一个介于 0~1 之间的浮点数值。其中，0 表示完全透明，1 表示完全不透明，而 0.5 表示半透明。

【例 6-5】设置图像的透明度，本例页面 6-5.html 的显示效果如图 6-7 所示。代码如下：

```
<html>
<head>
<meta charset="gb2312">
<title>设置图像的透明度</title>
<style type="text/css">
#boxwrap{
    width:280px;
    margin:10px auto;
    border:2px dashed #fd8e47;
}
img:first-child{opacity:1;}
img:nth-child(2){opacity:0.8;}
img:nth-child(3){opacity:0.5;}
img:nth-child(4){opacity:0.2;}
</style>
</head>
<body>
<div id="boxwrap">
  <img src="images/epback.jpg">
  <img src="images/epback.jpg">
  <img src="images/epback.jpg">
  <img src="images/epback.jpg">
</div>
</body>
</html>
```

图 6-7　页面显示效果

6.3.4　背景图像

在网页设计中，无论是单一的纯色背景，还是加载的背景图片，都能够给整个页面带来丰富的视觉效果。CSS 除了可以设置背景颜色外，还可以用 background-image 来设置背景图像。

　　语法：**`background-image : url(url) | none`**

　　　　　　参数：url 表示要插入背景图像的路径；none 表示不加载图像。

　　　　　　说明：设置对象的背景图像。若把图像添加到整个浏览器窗口，可以将其添加到<body>标签。

　　　　　　【例 6-6】设置背景图像，本例页面 6-6.html 的显示效果如图 6-8

图 6-8　页面显示效果　　所示。代码如下：

```
body {
    background-color:#fd8e47;
    background-image:url(images/epback.jpg);
    background-repeat:no-repeat;
}
```

　　【说明】如果网页中某元素同时具有 background-image 属性和 background-color 属性，那么 background-image 属性优先于 background-color 属性，也就是说，背景图像永远覆盖于背景色之上。

6.3.5　背景重复

　　背景重复（background-repeat）属性的主要作用是设置背景图像以何种方式在网页中显示。通过背景重复，设计人员使用很小的图像就可以填充整个页面，有效地减少图像字节的大小。

　　在默认情况下，图像会自动向水平和竖直两个方向平铺。如果不希望平铺，或者只希望沿着一个方向平铺，可以使用 background-repeat 属性来控制。

　　语法：**`background-repeat : repeat | no-repeat | repeat-x | repeat-y`**

　　参数：repeat 表示背景图像在水平和垂直方向平铺，是默认值；repeat-x 表示背景图像在水平方向平铺；repeat-y 表示背景图像在垂直方向平铺；no-repeat 表示背景图像不平铺。

　　说明：设置对象的背景图像是否平铺及如何平铺，必须先指定对象的背景图像。

　　【例 6-7】设置背景重复，本例页面 6-7.html 的显示效果如图 6-9 所示。

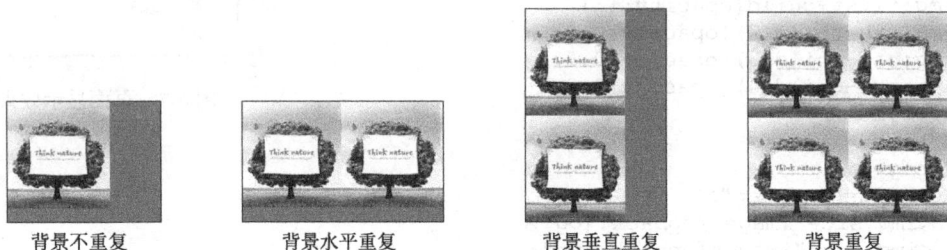

　　　背景不重复　　　　　　背景水平重复　　　　　　背景垂直重复　　　　　　背景重复

图 6-9　页面显示效果

　　背景不重复的 CSS 定义代码如下：

```
body {
    background-color:#fd8e47;
    background-image:url(images/epback.jpg);
    background-repeat:no-repeat;
}
```

背景水平重复的 CSS 定义代码如下：

```
body {
    background-color:#fd8e47;
    background-image:url(images/epback.jpg);
    background-repeat: repeat-x;
}
```

背景垂直重复的 CSS 定义代码如下：

```
body {
    background-color:#fd8e47;
    background-image:url(images/epback.jpg);
    background-repeat: repeat-y;
}
```

背景重复的 CSS 定义代码如下：

```
body {
    background-color:#fd8e47;
    background-image:url(images/epback.jpg);
    background-repeat: repeat;
}
```

6.3.6　背景图像定位

当在网页中插入背景图像时，每次插入的位置，都是位于网页的左上角，可以通过 background-position 属性来改变图像的插入位置。

语法：**background-position : length || length**
　　　background-position : position || position

参数：length 为百分比或由数字和单位标识符组成的长度值；position 可取 top、center、bottom、left、center、right 之一。

说明：利用百分比和长度来设置图像位置时，都要指定两个值，并且这两个值都要用空格隔开。一个代表水平位置，一个代表垂直位置。水平位置的参考点是网页页面的左边，垂直位置的参考点是网页页面的上边。关键字在水平方向的主要有 left、center、right，关键字在垂直方向的主要有 top、center、bottom。水平方向和垂直方向相互搭配使用。

设置背景定位有以下 3 种方法。

1．使用关键字进行背景定位

关键字参数的取值及含义如下。

top：将背景图像同元素的顶部对齐。

bottom：将背景图像同元素的底部对齐。

left：将背景图像同元素的左边对齐。

right：将背景图像同元素的右边对齐。

center：将背景图像相对于元素水平居中或垂直居中。

图 6-10　页面显示效果

【例 6-8】使用关键字进行背景定位，本例页面 6-8.html 的显示效果如图 6-10 所示。代码如下：

```
<html>
<head>
```

```
<title>设置背景定位</title>
<style type="text/css">
body {
  background-color:#fd8e47;
}
#box {
  width:400px;                                      /*设置元素宽度*/
  height:300px;                                     /*设置元素高度*/
  border:6px dashed #00f;                           /*6px 蓝色虚线边框*/
  background-image:url(images/epback.jpg);/*背景图像*/
  background-repeat:no-repeat;                      /*背景图像不重复*/
  background-position:center bottom;                /*定位背景向 box 的底部中央对齐*/
}
</style>
</head>
<body>
<div id="box"></div>
</body>
</html>
```

【说明】根据规范，关键字可以按任何顺序出现，只要保证不超过两个关键字，一个对应水平方向，另一个对象垂直方向。如果只出现一个关键字，则认为另一个关键字是 center。

2. 使用长度进行背景定位

长度参数可以对背景图像的位置进行更精确的控制，实际上定位的是图像左上角相对于元素左上角的位置。

【例 6-9】使用长度进行背景定位，本例页面 6-9.html 的显示效果如图 6-11 所示。

在例 6-8 的基础上，修改 box 的 CSS 定义，代码如下：

```
#box {
  width:400px;                /*设置元素宽度*/
  height:300px;               /*设置元素高度*/
  border:6px dashed #00f;     /*6px 蓝色虚线边框*/
  background-image:url(images/epback.jpg);
  background-repeat:no-repeat;
  background-position: 150px 70px;
  /*定位背景在距容器左 150px、距顶 70px 的位置*/
}
```

图 6-11　页面显示效果

3. 使用百分比进行背景定位

使用百分比进行背景定位，其实是将背景图像的百分比指定的位置和元素的百分比位置对齐。也就是说，百分比定位改变了背景图像和元素的对齐基点，不再像使用关键字或长度单位定位时，使用背景图像和元素的左上角为对齐基点。

【例 6-10】使用百分比进行背景定位，本例页面 6-10.html 的显示效果如图 6-12 所示。

在例 6-9 的基础上，修改 box 的 CSS 定义，代码如下：

```
#box {
  width:400px;                      /*设置元素宽度*/
  height:300px;                     /*设置元素高度*/
  border:6px dashed #00f;           /*6px 蓝色虚线边框*/
  background-image:url(images/epback.jpg);  /*背景图像*/
  background-repeat:no-repeat;      /*背景图像不重复*/
  background-position: 100% 50%;
  /*背景在容器 100%(水平方向)、50%(垂直方向) 的位置*/
}
```

图 6-12　页面显示效果

【说明】本例中使用百分比进行背景定位时，其实就是将背景图像的"100%(right)，50%(center)"这个点和 box 容器的"100%(right),50%(center)"这个点对齐。

6.3.7　设置背景图像固定

如果希望背景图像固定在屏幕的某一个位置，不随着滚动条移动，则可以使用 background-attachment 属性来设置。

background-attachment 属性有两个属性值，分别代表不同的含义，具体解释如下。

scroll：图像随页面元素一起滚动（默认值）。

fixed：图像固定在屏幕上，不随页面元素滚动。

【例 6-11】设置背景图像固定。页面打开后，无论如何拖动浏览器的滚动条，背景图像的位置始终固定不变。本例页面 6-11.html 的显示效果如图 6-13 所示。

图 6-13　页面显示效果

代码如下：

```
<html>
<head>
<title>设置背景定位</title>
<style type="text/css">
body {
  background-color:#fd8e47;
}
#box {
  width:400px;                                    /*设置元素宽度*/
  height:300px;                                   /*设置元素高度*/
  border:6px dashed #00f;                         /*6px 蓝色虚线边框*/
  background-image:url(images/epback.jpg);        /*背景图像*/
  background-repeat:no-repeat;                    /*背景图像不重复*/
  background-position:center bottom;              /*定位背景向 box 的底部中央对齐*/
}
</style>
</head>
<body>
<div id="box"></div>
</body>
</html>
```

6.3.8　背景图像大小

background-size 属性用于设置背景图像的大小。

语法：**background-size : [length | percentage | auto]{1,2} | cover | contain**

参数：

auto：为默认值，保持背景图像的原始高度和宽度。

length：设置具体的值，可以改变背景图像的大小。

percentage：百分值，可以是 0%～100% 之间的任何值，但此值只能应用在块元素上，所设置百分值将使用背景图像大小根据所在元素的宽度的百分比来计算。

cover：将图像放大以适合铺满整个容器，采用 cover 将背景图像放大到适合容器的大小，但这种方法会使背景图像失真。

contain：此值刚好与 cover 相反，用于将背景图像缩小以适合铺满整个容器，这种方法同样会使图像失真。

当 background-size 取值为 length 和 percentage 时可以设置两个值，也可以设置一个值，当只取一个值时，第二个值相当于 auto，但这里的 auto 并不会使背景图像的高度保持自己的原始高度，而会与第一个值相同。

说明：设置背景图像的大小，以像素或百分比显示。当指定为百分比时，大小会由所在区域的宽度、高度决定，还可以通过 cover 和 contain 来对图片进行伸缩。

示例：

```
<div style="border: 1px solid #00f; padding:90px 5px 10px; background:url
(images/epback.jpg) no-repeat; background-size:100% 80px">
    这里的 background-size: 100% 80px。背景图像将与 DIV 一样宽，高为 80px。
</div>
```

浏览器中的显示效果如图 6-14 所示。

6.4 设置表格样式

在前面的章节中已经讲解了表格的基本用法，本节将重点讲解如何使用 CSS 设置表格样式进而美化表格的外观。虽然我们一直强调网页的布局形式应是 Div+CSS，但并不是所有的布局都应如此，在某些时候表格布局更为便利。

图 6-14　页面显示效果

6.4.1 常用的 CSS 表格属性

CSS 表格属性可以帮助设计者极大地改善表格的外观，常用的 CSS 表格属性见表 6-4。

表 6-4　常用的 CSS 表格属性

属　　性	说　　明
border-collapse	设置表格的行和单元格的边是合并在一起的，还是按照标准的 HTML 样式分开的
border-spacing	设置当表格边框独立时，行和单元格的边框在横向和纵向上的间距
caption-side	设置表格的 caption 对象是在表格的哪一边
empty-cells	设置当表格的单元格无内容时，是否显示该单元格的边框

1. border-collapse 属性

border-collapse 属性用于设置表格的边框是合并成单边框，还是分别有各自的边框。

语法：`border-collapse : separate | collapse`

参数：separate 为默认值，边框分开，不合并；collapse 为边框合并，即如果两个边框相邻，则共用同一个边框。

表格的默认样式虽然有点立体的感觉，但它在整体布局中并不是很美观。通常情况下，用户会把表格的 border-collapse 属性设置为 collapse（合并边框），然后设置表格单元格 td 的 border（边框）为 1px，即可显示细线表格的样式。

【例 6-12】使用合并边框技术制作细线表格，本例页面 6-12.html 的显示效果如图 6-15 所示。代码如下：

```
<head>
<meta charset="gb2312" />
<title>细线表格</title>
<style type="text/css">
table {
      border:1px solid #000000;
      font:12px/1.5em "宋体";
      border-collapse:collapse;       /*合并单元格边框*/
}
td {          /*设置所有 td 内容单元格的文字居中显示，并添加黑色边框和背景颜色*/
      text-align:center;
      border:1px solid #000000;
      background: #e5f1f4;
}
</style>
</head>
<body>
<table width="300" border="0">
  <caption>天地环保工程列表</caption>
  <tr>
     <td>废气净化处理</td><td>固体废弃物处理</td>
  </tr>
  <tr>
     <td>污染土壤修复</td><td>环境质量监测</td>
  </tr>
</table>
</body>
</html>
```

图 6-15　细线表格

2. border-spacing 属性

border-spacing 属性用来设置相邻单元格边框间的距离。

语法：`border-spacing : length || length`

参数：由浮点数字和单位标识符组成的长度值，不可为负值。

说明：该属性用于设置当表格边框独立（border-collapse 属性等于 separate）时，单元格的边框在横向和纵向上的间距。当只指定一个 length 值时，这个值将作用于横向和纵向上的间距；当指定了全部两个 length 值时，第 1 个作用于横向间距，第 2 个作用于纵向间距。

3. empty-cells 属性

empty-cells 属性用于设置当表格的单元格无内容时，是否显示该单元格的边框。

语法：`empty-cells : hide | show`

参数：show 为默认值，表示当表格的单元格无内容时显示单元格的边框；hide 表示当表格的单元格无内容时隐藏单元格的边框。

说明：只有当表格边框独立时，该属性才起作用。

【例 6-13】使用 border-spacing 属性设置相邻单元格边框间的距离，本例页面 6-13.html 的显示效果如图 6-16 所示。代码如下：

```html
<html>
<head>
<style type="text/css">
table.one
{
  border-collapse: separate;      /*表格边框独立*/
  border-spacing: 10px;           /*单元格水平、垂直距离均为10px*/
}
table.two
{
  border-collapse: separate;      /*表格边框独立*/
  border-spacing: 10px 50px;      /*单元格水平距离10px、垂直距离
50px*/
  empty-cells: hide;              /*表格的单元格无内容时隐藏单元
格的边框*/
}
</style>
</head>
<body>
<table class="one" border="1">
  <tr>
    <td>废气净化处理</td><td>固体废弃物处理</td>
  </tr>
  <tr>
    <td>污染土壤修复</td><td>环境质量监测</td>
  </tr>
</table>
<br />
<table class="two" border="1">
  <tr>
    <td>废气净化处理</td><td>固体废弃物处理</td>
  </tr>
  <tr>
    <td>污染土壤修复</td><td></td>
  </tr>
</table>
</body>
</html>
```

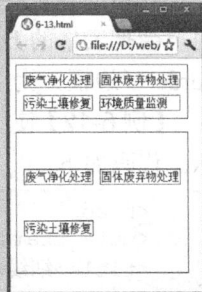

图 6-16　页面
显示效果

6.4.2　案例——使用隔行换色表格制作"环保工程年度排行榜"

当表格的行和列都很多时，单元格若采用相同的背景色，用户在实际使用时会感到凌乱且容易看错行。通常的解决方法就是制作斑马线（即隔行换色）表格，可以减少错误率。

所谓斑马线表格，就是表格的奇数行和偶数行采用不同的样式，在行与行之间形成一种交替变换的效果。设计者只要给表格的奇数行和偶数行分别指定不同的类名，然后设置相应的样式就可以制作出斑马线表格。

【例 6-14】使用隔行换色表格制作"环保工程年度排行榜",本例页面 6-14.html 的显示效果如图 6-17 所示。代码如下:

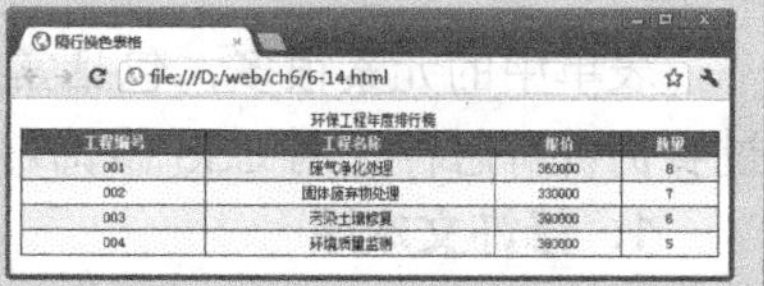

```
<!doctype html>
<head>
<meta charset="gb2312" />
<title>隔行换色表格</title>
<style type="text/css">
table {
        border:1px solid #000000;
        font:12px/1.5em "宋体";
        border-collapse:collapse;    /*合并单元
格边框*/
}
caption {        /*设置标题信息居中显示 */
        text-align:center;
}
th {                /*设置表头的样式(表头文字颜色、边框、背景色)*/
        color:#f4f4f4;
        border:1px solid #000000;
        background: #328aa4;
}
td {                /*设置所有 td 内容单元格的文字居中显示,并添加黑色边框和背景颜色*/
        text-align:center;
        border:1px solid #000000;
        background: #e5f1f4;
}
.tr_bg td {    /*通过 tr 标签的类名修改相对应的单元格背景颜色 */
        background:#fdfbcc;
}
</style>
</head>
<body>
<table width="600" border="0">
  <caption>环保工程年度排行榜</caption>
  <tr>
    <th>工程编号</th><th>工程名称</th><th>报价</th><th>数量</th>
  </tr>
  <tr>
    <td>001</td><td>废气净化处理</td><td>360000</td><td>8</td>
  </tr>
  <tr class="tr_bg">
    <td>002</td><td>固体废弃物处理</td><td>330000</td><td>7</td>
  </tr>
  <tr>
    <td>003</td><td>污染土壤修复</td><td>390000</td><td>6</td>
  </tr>
  <tr class="tr_bg">
    <td>004</td><td>环境质量监测</td><td>380000</td><td>5</td>
  </tr>
</table>
</body>
</html>
```

图 6-17　隔行换色表格

6.5　设置表单样式

在前面章节中讲解的表单设计大多采用表格布局,这种布局方法对表单元素的样式控制很少，仅局限于功能上的实现。本节主要讲解如何使用 CSS 控制和美化表单。

6.5.1 使用 CSS 修饰常用的表单元素

表单中的元素很多，包括常用的文本域、单选钮、复选框、下拉菜单和按钮等。下面通过实例讲解怎样使用 CSS 修饰常用的表单元素。

1. 修饰文本域

文本域主要用于采集用户在其中编辑的文字信息，通过 CSS 样式可以对文本域内的字体、颜色及背景图像加以控制。下面以示例的形式介绍如何使用 CSS 修饰文本域。

【例 6-15】使用 CSS 修饰文本域，本例页面 6-15.html 的显示效果如图 6-18 所示。代码如下：

```html
<!doctype html>
<html>
<head>
<meta charset="gb2312" />
<title>修饰文本域</title>
</head>
<style type="text/css">
.text1 {
    border:3px double #f60;   /*3px 双线红色边框*/
    color:#03c;               /*文字颜色为蓝色*/
}
.text2 {
    border:1px dashed #c3c;  /*1px 实线紫红色边框*/
    height:20px;
    background:#fff url(images/password_bg.jpg) left center no-repeat; /*
背景图像无重复*/
    padding-left:20px;
}
.area {
    border:1px solid #00f;   /*1px 实线蓝色边框*/
    overflow:auto;
    width:99%;
    height:100px;
}
</style>
<body>
<p>
  <input type="text" name="normal"/>
  默认样式的文本域</p>
<p>
  <input name="chbd" type="text" value="输入的文字显示为蓝色" class="text1"/>
  改变了边框颜色和文字颜色的文本域</p>
<p>
  <input name="pass" type="password" class="text2"/>
  增加了背景图片的文本域</p>
<p>
  <textarea name="cha" cols="60" rows="5" class="area">改变边框颜色的多行文本
域</textarea>
</p>
</body>
</html>
```

图 6-18　修饰文本域

2. 修饰按钮

按钮主要用于控制网页中的表单。通过 CSS 样式可以对按钮的字体、颜色、边框及背景图像加以控制。下面以示例的形式介绍如何使用 CSS 修饰按钮。

【例 6-16】使用 CSS 修饰按钮，本例页面 6-16.html 的显示效果如图 6-19 所示。代码如下：

```
<!doctype html>
<html>
<head>
<meta charset="gb2312" />
<title>修饰按钮</title>
</head>
<style type="text/css">
.btn01 {
    background:          url(images/btn_bg02.jpg)
repeat-x; /*背景图像水平重复*/
    border:1px solid #f00;          /*1px 实线红色边框*/
    height:32px;
    font-weight:bold;               /*字体加粗*/
    padding-top:2px;
    cursor:pointer;                 /*鼠标指针样式为手形*/
    font-size:14px;
    color:#fff;                     /*文字颜色为白色*/
}
.btn02 {
    background: url(images/btn_bg03.gif) 0 0 no-repeat; /*背景图像无重复*/
    width:107px;
    height:37px;
    border:none;                    /*无边框，背景图像本身就是边框风格的图像*/
    font-size:14px;
    font-weight:bold;               /*字体加粗*/
    color:#d84700;       cursor:pointer;     /*鼠标指针样式为手形*/
}
</style>
<body>
<p>
  <input name="button" type="submit" value="提交" />
    默认风格的提交按钮 </p>
<p>
  <input name="button01" type="submit" class="btn01" id="button1" value="
自适应宽度按钮" />
    自适应宽度按钮</p>
<p>
  <input name="button02" type="submit" class="btn02" id="button2" value="
免费注册" />
    固定背景图片的按钮</p>
</body>
</html>
```

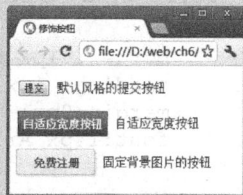

图 6-19　修饰按钮

6.5.2　案例——制作"天地环保用户调查"页面

表单中的元素很多，这里不再一一列举每种元素的修饰方法。下面通过一个实例讲解使用 CSS 修饰常用的表单元素。

【例 6-17】使用 CSS 修饰常用的表单元素，制作"天地环保用户调查"页面。本例页面 6-17.html 在浏览器中的显示效果如图 6-20 所示。代码如下：

```html
<!doctype html>
<head>
<meta charset="gb2312" />
<title>使用 CSS 美化常用的表单元素</title>
<style type="text/css">
form{                              /*表单样式*/
    border: 1px dashed #00008B;    /*虚线边框*/
    padding: 1px 6px 1px 6px;
    margin:0px;
    font:14px Arial;
}
input{                            /*所有 input 标记*/
    color: #00008b;
}
input.txt{                        /*文本框单独设置*/
    border: 1px solid #00008b;
    padding:2px 0px 2px 16px; /*文本框左内边距 16px
以便为背景图像预留显示空间*/
    background:url(images/username_bg.jpg) no-repeat left center;
                                  /*文本框背景图像*/
}
input.btn{                        /*按钮单独设置*/
    color: #00008B;
    background-color: #add8e6;
    border: 1px solid #00008b;
    padding: 1px 2px 1px 2px;
}
select{                           /*菜单样式*/
    width: 120px;
    color: #00008b;
    border: 1px solid #00008b;
}
textarea{                         /*文本域样式*/
    width: 300px;
    height: 60px;
    color: #00008b;
    border: 4px double #00008b;   /*双线边框*/
}
</style>
</head>
<body>
<h1 align="center">天地环保用户调查</h1>
<form method="post">
<p>姓名:<br><input type="text" name="name" id="name" class="txt"></p>
<p>性别:<br>
    <input type="radio" name="sex" id="male" value="male">男
    <input type="radio" name="sex" id="female" value="female">女</p>
<p>你最关心的环保工程:<br>
<select name="color" id="work">
    <option value="1">废气净化处理</option>
    <option value="2">固体废弃物处理</option>
    <option value="3">污染土壤修复</option>
</select></p>
<p>你认为治理环境的好方法是:<br>
    <input type="checkbox" name="hobby" id="tree" value="tree">森林覆盖
```

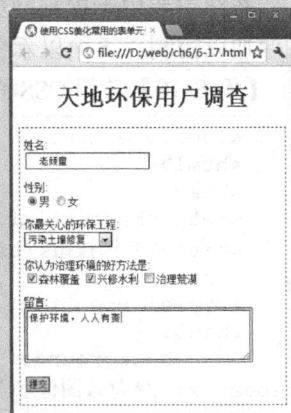

图 6-20　页面显示效果

```
            <input type="checkbox" name="hobby" id="water" value="water">兴修水利
            <input type="checkbox" name="hobby" id="desert" value="desert">治理荒
漠</p>
    <p>留言:<br><textarea name="comments" id="comments"></textarea></p>
    <p><input type="submit" name="btnSubmit" class="btn" value="提交"></p>
    </form>
    </body>
    </html>
```

【说明】本例中设置文本框左内边距为 16px，目的是为了给文本框背景图像（图像宽度 16px）预留显示空间，否则输入的文字将覆盖在背景图像之上，以致用户在输入文字时看不清输入内容。

6.6　设置链接

超链接是网页上最普通的元素，通过超链接能够实现页面的跳转、功能的激活等，而要实现链接的多样化效果则离不开 CSS 样式的辅助。在前面的章节中已经讲述了伪类选择符的基本概念和简单应用，本节重点讲解使用 CSS 制作丰富的超链接特效的方法。

6.6.1　设置文字链接的外观

在 HTML 语言中，超链接是通过<a>标记来实现的，链接的具体地址则是利用<a>标记的 href 属性，代码如下：

```
<a href="http://www.baidu.com">百度</a>
```

在默认的浏览器方式下，超链接统一为蓝色并且带有下画线，访问过的超链接则为紫色并且也有下画线。这种最基本的超链接样式已经无法满足设计人员的要求了，通过 CSS 可以设置超链接的各种属性，而且通过伪类还可以制作出许多动态效果。

伪类中通过:link、:visited、:hover 和:active 来控制链接内容访问前、访问后、鼠标指针悬停时及用户激活时的样式。需要说明的是，这 4 种状态的顺序不能颠倒，否则可能会导致伪类样式不能实现。并且这 4 种状态并不是每次都要用到，一般情况下只要定义链接标签的样式及:hover 伪类样式即可。

【例 6-18】制作网页中不同区域的链接效果，本例文件 6-18.html 在浏览器中显示的效果如图 6-21 所示。

图 6-21　使用 CSS 制作不同区域的超链接风格

代码如下：

```html
<html>
<head>
<title>使用 CSS 制作不同区域的超链接风格</title>
<style type="text/css">
  a:link {                          /*未访问的链接*/
    font-size: 13pt;
    color: #0000ff;
    text-decoration: none;          /*无修饰*/
  }
  a:visited {                       /*访问过的链接*/
    font-size: 13pt;
    color: #00ffff;
    text-decoration: none;          /*无修饰*/
  }
  a:hover {                         /*鼠标指针经过的链接*/
    font-size: 13pt;
    color: #cc3333;
    text-decoration: underline;     /*下画线*/
  }
  .navi {
    text-align:center;              /*文字居中对齐*/
    background-color: #eee;
  }
  .navi span{
    margin-left:10px;               /*左外边距为10px*/
    margin-right:10px;              /*右外边距为10px*/
  }
  .navi a:link {
    color: #ff0000;
    text-decoration: underline;     /*下画线*/
    font-size: 17pt;
    font-family: "黑体";
  }
  .navi a:visited {
    color: #0000ff;
    text-decoration: none;          /*无修饰*/
    font-size: 17pt;
    font-family: "黑体";
  }
  .navi a:hover {
    color: #000;
    font-family: "黑体";
    font-size: 17pt;
    text-decoration: overline;      /*上画线*/
  }
  .footer{
    text-align:center;              /*文字居中对齐*/
    margin-top:120px;               /*上外边距为120px*/
  }
</style>
</head>
<body>
  <h2 align="center">天地环保</h2>
  <p class="navi">
    <a href="#">首页</a>
    <a href="#">关于</a>
```

```
    <a href="#">客服</a>
    <a href="#">联系</a>
  </p>
  <div class="footer">
    <a href="mailto:anlgel@163.com">联系我们</a>
  <div>
</body>
</html>
```

【说明】由于页面中的导航区域套用了类.navi，并在其后分别定义了.navi a:link、.navi a:visited 和.navi a:hover 这 3 个继承，从而使导航区域的超链接风格区别于"联系我们"文字默认的超链接风格。

6.6.2　图文链接

网页设计中对文字链接的修饰不仅限于增加边框、修改背景颜色等方式，还可以利用背景图片将文字链接进一步美化。

【例 6-19】图文链接，鼠标指针未悬停时文字链接的效果如图 6-22（a）所示；鼠标指针悬停在文字链接上时的效果如图 6-22（b）所示。

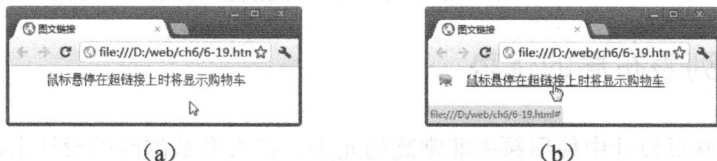

（a）　　　　　　　　　　　　　　　　　　（b）

图 6-22　图文链接的效果

代码如下：

```
<html>
<head>
<title>图文链接</title>
<style type="text/css">
  .a {
    padding-left:40px;              /*设置左内边距用于增加空白显示背景图片*/
    font-size:16px;
    text-decoration: none;          /*无修饰*/
  }
  .a:hover {
    background:url(images/cart.gif) no-repeat left center;   /*增加背景图*/
    text-decoration: underline;                              /*下画线*/
}
</style>
</head>
<body>
<a href="#" class="a">鼠标悬停在超链接上时将显示购物车</a>
</body>
</html>
```

【说明】本例 CSS 代码中的 padding-left:40px;用于增加容器左侧的空白，为后来显示背景图片做准备。当触发鼠标指针悬停操作时，增加背景图片，位置是容器的左边中间。

▌6.7　设置列表

列表形式在网站设计中占有很大比重，信息的显示非常整齐直观，便于用户理解与点击。从网页出现到现在，列表元素一直是页面中非常重要的应用形式。传统的 HTML 语言提供了项目列表的基本功能，当引入 CSS 后，项目列表被赋予了许多新的属性，甚至超越了它最初设计时的功能。

6.7.1　表格布局的缺点

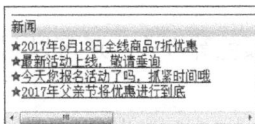

图 6-23　表格布局的新闻列表

在表格布局时代，类似于新闻列表这样的效果，一般采用表格布局来实现。其中，第 1 列放置小图标作为修饰，第 2 列放置新闻标题，如图 6-23 所示。

在表格布局中，主要是用到表格的相互嵌套使用，这样就会造成代码的复杂度很高。同时，使用表格布局不利于搜索引擎抓取信息，直接影响到网站的排名。

6.7.2　列表布局的优势

列表元素是网页设计中使用频率非常高的元素，在大多数的网站设计上，无论是新闻列表，还是产品，或者是其他内容，均需要以列表的形式来体现。

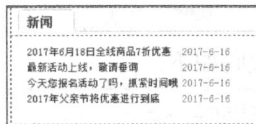

图 6-24　列表布局的新闻列表

采用 CSS 样式对整个页面布局时，列表标签的作用被充分挖掘出来。从某种意义上讲，除了描述性的文本，任何内容都可以认为是列表。使用列表布局来实现新闻列表，如图 6-24 所示，不仅结构清晰，而且代码数量明显减少。

新闻列表的结构代码如下：

```
<div id="main_left_top">
  <h3>新闻</h3>
  <ul class="news_list">
    <li><a href="#">2017 年 6 月 18 日全线商品 7 折优惠</a> <span>[2017-6-16]
</span></li>
      <li><a href="#">最新活动上线，敬请垂询</a> <span>[2017-6-16]</span></li>
      <li><a href="#">今天您报名活动了吗，抓紧时间哦</a> <span>[2017-6-16] </span></li>
    <li><a href="#">2017 年父亲节将优惠进行到底</a> <span>[2017-6-16]</span></li>
  </ul>
</div>
```

6.7.3　CSS 列表属性

在 CSS 样式中，主要通过 list-style-type、list-style-image 和 list-style-position 这 3 个属性改变列表修饰符的类型，常用的 CSS 列表属性见表 6-5。

表 6-5　常用的 CSS 列表属性

属　　性	说　　明
list-style	复合属性，用于把所有用于列表的属性设置于一个声明中
list-style-image	将图像设置为列表项标志
list-style-position	设置列表项标志如何根据文本排列
list-style-type	设置列表项标志的类型
marker-offset	设置标志容器和主容器之间水平补白

1. 列表类型

通常的项目列表主要采用<ul>或<ol>标签，然后配合<li>标签罗列各个项目。在 CSS 样式中，列表项的标志类型是通过属性 list-style-type 来修改的，无论是<ul>标记还是<ol>标记，都可以使用相同的属性值，而且效果是完全相同的。

list-style-type 属性主要用于修改列表项的标志类型，例如，在一个无序列表中，列表项的标志是出现在各列表项旁边的圆点，而在有序列表中，标志可能是字母、数字或另外某种符号。

当给<ul>或<ol>标签设置 list-style-type 属性时，在它们中间的所有<li>标签都采用该设置，而如果对<li>标签单独设置 list-style-type 属性，则仅作用在该项目上。当 list-style-image 属性为 none 或指定的图像不可用时，list-style-type 属性将发生作用。

常用的 list-style-type 属性值见表 6-6。

表 6-6　常用的 list-style-type 属性值

属　性　值	说　　明
disc	默认值，标记是实心圆
circle	标记是空心圆
square	标记是实心正方形
decimal	标记是数字
upper-alpha	标记是大写英文字母，如 A,B,C,D,E,F,...
lower-alpha	标记是小写英文字母，如 a,b,c,d,e,f,...
upper-roman	标记是大写罗马字母，如 I,II,III,IV,V,VI,VII,...
lower-roman	标记是小写罗马字母，如 i,ii,iii,iv,v,vi,vii,...
none	不显示任何符号

在页面中使用列表，要根据实际情况选用不同的修饰符，或者不选用任何一种修饰符而使用背景图像作为列表的修饰。需要说明的是，当选用背景图像作为列表修饰时，list-style-type 属性和 list-style-image 属性都要设置为 none。

【例 6-20】设置列表类型，本例页面 6-20.html 的显示效果如图 6-25 所示。代码如下：

```
<html>
<head>
<title>设置列表类型</title>
<style>
  body{
    background-color:#fff;
  }
  ul{
```

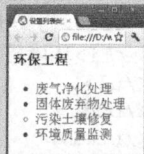

图 6-25　页面显示效果

```
      font-size:1.5em;
      color:green;
      list-style-type:disc;                /* 标记是实心圆形*/
    }
    li.special{
      list-style-type:circle;              /* 标记是空心圆形*/
    }
  </style>
  </head>
  <body>
  <h2>环保工程</h2>
  <ul>
    <li>废气净化处理</li>
    <li>固体废弃物处理</li>
    <li class="special">污染土壤修复</li>
    <li>环境质量监测</li>
  </ul>
  </body>
  </html>
```

如果希望项目符号采用图像的方式，建议将 list-style-type 属性设置为 none，然后修改<li>标签的背景属性 background 来实现。

【例 6-21】使用背景图像替代列表修饰符，本例页面 6-21.html 的显示效果如图 6-26 所示。代码如下：

```
  <html>
  <head>
  <title>设置列表修饰符</title>
  <style>
    body{
      background-color:#fff;
    }
    ul{
      font-size:1.5em;
      color:green;
      list-style-type:none;          /*设置列表类型为不显示任何符号*/
    }
    li{
      padding-left:12px;             /*设置左内边距为 12px，目的是为背景图像留出位置*/
      background:url(images/star_red.gif) no-repeat left center; /*背景图像无
重复，位置左侧居中*/
    }
  </style>
  </head>
  <body>
  <h2>环保工程</h2>
  <ul>
    <li>废气净化处理</li>
    <li>固体废弃物处理</li>
    <li >污染土壤修复</li>
    <li>环境质量监测</li>
  </ul>
  </body>
  </html>
```

图 6-26　页面显示效果

【说明】在设置背景图像替代列表修饰符时，必须确定背景图像的宽度。本例中的背景图像宽度为 12px，因此，CSS 代码中的 padding-left:12px;设置左内边距为 12px，目的是为背景图像留出位置。

2. 列表项图像符号

除了传统的项目符号外，CSS 还提供了属性 list-style-image，可以将项目符号显示为任意图像。当 list-style-image 属性的属性值为 none 或设置的图像路径出错时，list-style-type 属性会替代 list-style-image 属性对列表产生作用。

list-style-image 属性的属性值包括 url（图像的路径）、none（默认值，无图像被显示）和 inherit（从父元素继承属性，部分浏览器对此属性不支持）。

【例 6-22】设置列表项图像符号，本例页面 6-22.html 的显示效果如图 6-27 所示。代码如下：

```
<html>
<head>
<title>设置列表项图像</title>
<style>
  body{
    background-color:#fff;
  }
  ul{
    font-size:1.5em;
    color:green;
    list-style-image:url(images/star_red.gif); /*设置列表项图像*/
  }
  .img_fault{
    list-style-image:url(images/fault.gif);    /*设置列表项图像错误的URL,图像
不能正确显示*/
  }
  .img_none{
    list-style-image:none;        /*设置列表项图像为不显示,所以没有图像显示*/
  }
</style>
</head>
<body>
<h2>环保工程</h2>
<ul>
  <li>废气净化处理</li>
  <li class="img_fault">固体废弃物处理</li>
  <li>污染土壤修复</li>
  <li class="img_none">环境质量监测</li>
</ul>
</body>
</html>
```

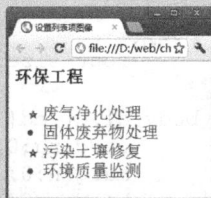

图 6-27　页面显示效果

【说明】

（1）页面预览后可以清楚地看到，当 list-style-image 属性设置为 none 或设置的图像路径出错时，list-style-type 属性会替代 list-style-image 属性对列表产生作用。

（2）虽然使用 list-style-image 很容易实现设置列表项图像的目的，但也失去了一些常用特性。list-style-image 属性不能够精确控制图像替换的项目符号距文字的位置，在这个方面不如 background-image 灵活。

6.7.4　案例——制作天地环保二维码名片

图文信息列表的应用无处不在，如当当网、淘宝网和迅雷看看等诸多门户网络，其中用于显示产品或电影的列表都是图文信息列表。图文信息列表其实就是图文混排的一部分，在处理图像和文字之间的关系时大同小异，下面以一个示例讲解图文信息列表的实现。

【例6-23】使用图文信息列表制作天地环保二维码名片，本例页面6-23.html的显示效果如图6-28所示。代码如下：

```
<html>
<head>
<title>天地环保二维码名片</title>
<style>
body{                        /*设置网页默认字体样式*/
    font-size:14px;
}
body,dl,dt,dd{               /*清除浏览器的默认样式*/
    padding:0;
    margin:0;
    border:0;
}
dl{                          /*设置定义列表的样式*/
    width:170px;
    height:240px;
    border:10px solid #f1e9e9;
    padding:10px;
    margin:10px;
}
dt{                          /*设置二维码图片的样式*/
    width:170px;
    height:162px;
    background:url(images/code.jpg) no-repeat -17px center;
    margin-bottom:5px;
}
dd{                          /*设置名片简介文字容器的样式*/
    width:170px;
    height:26px;
    line-height:26px;
    color:#666;
    padding-left:5px;
}
.poo1{                       /*设置"公司"文字的样式*/
    font-weight:bold; /*字体加粗*/
    font-size:16px;
}
.poo2{                       /*设置"天地环保"文字的样式*/
    font-size:18px;
}
</style>
</head>
<body>
    <dl>
        <dt></dt>
        <dd><span class="poo1">公司</span> <span class="poo2">天地环保</span></dd>
        <dd>电话：400-810-6666</dd>
```

图6-28　页面显示效果

```
        <dd>联系人：天使</dd>
    </dl>
</body>
</html>
```

6.8　创建导航菜单

作为一个成功的网站，导航菜单必不可缺，导航菜单的风格决定了整个网站的风格。在传统方式下，制作导航菜单是很烦琐的工作。设计者不仅要用表格布局，还要使用 JavaScript 实现相应鼠标指针悬停或按下动作。如果使用 CSS 来制作导航菜单，将大大简化设计的流程。导航菜单按照菜单的布局显示可以分为纵向列表模式导航菜单和横向列表模式导航菜单。

1．纵向列表模式的导航菜单

当应用 Web 标准进行网页制作时，通常使用无序列表<ul>标签构建菜单，其中纵向列表模式的导航菜单又是应用的比较广泛的一种。由于纵向导航菜单的内容并没有逻辑上的先后顺序，因此可以使用无序列表来实现。

【例 6-24】制作纵向列表模式的导航菜单，鼠标指针未悬停在菜单项上时的效果如图 6-29（a）所示；鼠标指针悬停在菜单项上时的效果如图 6-29（b）所示。

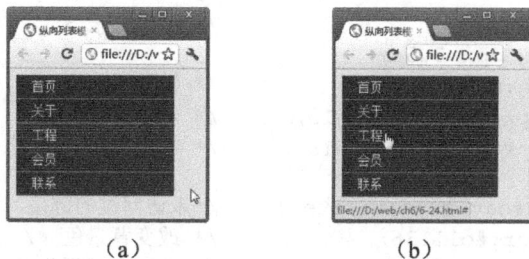

（a）　　　　　　　　　　（b）

图 6-29　纵向列表模式的导航菜单

制作过程如下。

（1）建立网页结构。首先建立一个包含无序列表的 Div 容器，列表包含 5 个选项，每个选项中包含 1 个用于实现导航菜单的文字链接。代码如下：

```
<body>
<div id="nav">
  <ul>
    <li><a href="#">首页</a></li>
    <li><a href="#">关于</a></li>
    <li><a href="#">工程</a></li>
    <li><a href="#">会员</a></li>
    <li><a href="#">联系</a></li>
  </ul>
</div>
</body>
```

在没有 CSS 样式的情况下，菜单的效果如图 6-30 所示。

（2）设置容器及列表的 CSS 样式。接着设置菜单 Div 容器的整体区域样式，设置菜单的宽度、字体，以及列表和列表选项的类型和边框样式。代码如下：

图 6-30　无 CSS 样式的效果

```
#nav{
  width:200px;                    /* 设置菜单的宽度 */
  font-family:Arial;
}
#nav ul{
  list-style-type:none;           /* 不显示项目符号 */
  margin:0px;                     /*外边距为 0px*/
  padding:0px;                    /*内边距为 0px*/
}
#nav li{
  border-bottom:1px solid #ed9f9f;/* 设置列表选项（菜单项）的下边框线 */
}
```

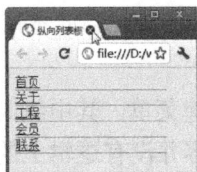

经过设置容器及列表的 CSS 样式，菜单显示效果如图 6-31 所示。

图 6-31　修改后的菜单效果

（3）设置菜单项超链接的 CSS 样式。在设置容器的 CSS 样式后，菜单项的显示效果并不理想，还需要进一步美化。接下来设置菜单项超链接的区块显示、左边的粗红边框、右侧阴影及内边距。最后，建立未访问过的链接、访问过的链接及鼠标指针悬停于菜单项上时的样式。代码如下：

```
#nav li a{
  display:block;                          /* 区块显示 */
  padding:5px 5px 5px 0.5em;
  text-decoration:none;                   /* 链接无修饰 */
  border-left:12px solid #711515;         /* 左边的粗红边框 */
  border-right:1px solid #711515;         /* 右侧阴影 */
}
#nav li a:link, #nav li a:visited{        /*未访问过的链接、访问过的链接的样式*/
  background-color:#c11136;               /* 改变背景色 */
  color:#fff;                             /* 改变文字颜色 */
}
#nav li a:hover{                          /* 鼠标指针悬停于菜单项上时的样式 */
  background-color:#990020;               /* 改变背景色 */
  color:#ff0;                             /* 改变文字颜色 */
}
```

菜单经过进一步美化，显示效果如图 6-29 所示。

2．横向列表模式的导航菜单

在设计人员制作网页时，经常要求导航菜单能够在水平方向上显示。通过 CSS 属性的控制，可以实现列表模式导航菜单的横、竖转换。在保持原有 HTML 结构不变的情况下，将纵向导航转变成横向导航最重要的环节就是设置<li>标签为浮动。

【例 6-25】制作横向列表模式的导航菜单，鼠标指针未悬停在菜单项上时的效果如图 6-32（a）所示；鼠标指针悬停在菜单项上时的效果如图 6-32（b）所示。

（a）　　　　　　　　　　　　　　（b）

图 6-32　横向列表模式的导航菜单

制作过程如下。

（1）建立网页结构。首先建立一个包含无序列表的 Div 容器，列表包含 5 个选项，每个选项中包含 1 个用于实现导航菜单的文字链接。代码如下：

```
<body>
<div id="nav">
  <ul>
    <li><a href="#">首页</a></li>
    <li><a href="#">关于</a></li>
    <li><a href="#">工程</a></li>
    <li><a href="#">会员</a></li>
    <li><a href="#">联系</a></li>
  </ul>
</div>
</body>
```

在没有 CSS 样式的情况下，菜单的效果如图 6-33 所示。

（2）设置容器及列表的 CSS 样式。接着设置菜单 Div 容器的整体区域样式，设置菜单的宽度、字体，以及列表和列表选项的类型和边框样式。代码如下：

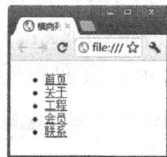

图 6-33　无 CSS 样式的效果

```
#nav{
  width:360px;              /*设置菜单水平显示的宽度*/
  font-family:Arial;
}
#nav ul{                    /*设置列表的类型*/
  list-style-type:none;     /*不显示项目符号*/
  margin:0px;               /*外边距为 0px*/
  padding:0px;              /*内边距为 0px*/
}
#nav li{
  float:left;               /*使得菜单项都水平显示*/
}
```

以上设置中最为关键的代码就是“float:left;”，正是设置了<li>标签为浮动，才将纵向导航菜单转变成横向导航菜单。经过设置容器及列表的 CSS 样式，菜单显示效果如图 6-34 所示。

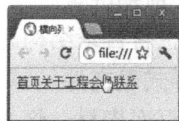

图 6-34　设置 CSS 样式后的效果

（3）设置菜单项超链接的 CSS 样式。在设置容器的 CSS 样式后，菜单项的显示横向拥挤在一起，效果很不理想，还需要进一步美化。接下来设置菜单项超链接的区块显示、四周的边框线及内、外边距。最后，建立未访问过的链接、访问过的链接及鼠标指针悬停于菜单项上时的样式。代码如下：

```
#nav li a{
  display:block;                    /* 块级元素 */
  padding:3px 6px 3px 6px;
  text-decoration:none;            /* 链接无修饰 */
  border:1px solid #711515;        /* 超链接区块四周的边框线效果相同 */
  margin:2px;
}
#nav li a:link, #nav li a:visited{      /*未访问过的链接、访问过的链接的样式*/
  background-color:#c11136;        /*改变背景色*/
  color:#fff;                      /*改变文字颜色*/
```

```
    }
#nav li a:hover{                        /*鼠标指针悬停于菜单项上时的样式*/
    background-color:#990020;           /*改变背景色*/
    color:#ff0;                         /*改变文字颜色*/
    }
```

菜单经过进一步美化，显示效果如图 6-32 所示。

6.9 综合案例——制作"绿色环保"社区页面

本节讲解"绿色环保"社区页面的制作，重点讲解综合使用 CSS 修饰页面外观的相关知识。

1. 页面布局规划

页面布局的首要任务是弄清网页的布局方式，分析版式结构，待整体页面搭建有明确规划后，再根据成熟的规划切图。通过成熟的构思与设计，"绿色环保"社区页面的效果如图 6-35 所示，页面布局示意图如图 6-36 所示。

图 6-35 "绿色环保"社区页面

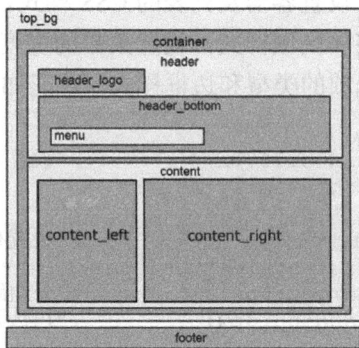

图 6-36 页面布局示意图

2. 页面的制作过程

（1）前期准备。

① 栏目目录结构。在栏目文件夹下创建文件夹 images 和 style，分别用来存放图像素材和外部样式表文件。

② 页面素材。将本页面需要使用的图像素材存放在文件夹 images 下。

③ 外部样式表。在文件夹 style 下新建一个名为 style.css 的样式表文件。

页面中的主要内容包括导航菜单、图片列表、登录表单及文字链接列表。

（2）制作页面

① 页面整体的制作。页面整体 body、超链接风格和整体容器 top_bg 的 CSS 定义代码如下：

```
body {
    background: #232524;                /*设置浅绿色环保主题的背景色*/
    margin: 0;                          /*外边距为 0px*/
    padding:0;                          /*内边距为 0px*/
    font-family: "宋体", Arial, Helvetica, sans-serif;
    font-size: 12px;
    line-height: 1.5em;
    width: 100%;                        /*设置元素百分比宽度*/
```

```
}
a:link, a:visited {
    color: #069;
    text-decoration: underline;   /*下画线*/
}
a:active, a:hover {
    color: #990000;
    text-decoration: none;         /*无修饰*/
}
#top_bg {
    width:100%;                              /*设置元素百分比宽度*/
    background: #7bdaae url(../images/top_bg.jpg) repeat-x; /*设置页面背
景图像水平重复*/
}
```

② 页面顶部的制作。页面顶部的内容被放在名为 header 的 Div 容器中，主要用来显示页面宣传语和导航菜单，如图 6-37 所示。

图 6-37　页面顶部的布局效果

CSS 代码如下：

```
#container {                    /*页面容器 container 的 CSS 规则*/
    width: 900px;              /*设置元素宽度*/
    margin: 0 auto;           /*设置元素自动居中对齐*/
}
#header {                       /*页面顶部容器 header 的 CSS 规则*/
    width: 100%;              /*设置元素百分比宽度*/
    height: 280px;            /*设置元素高度*/
}
#header_logo {                 /*页面顶部 logo 区域的 CSS 规则*/
    float: left;
    display:inline;           /*此元素会被显示为内联元素*/
    width: 500px;
    height: 20px;
    font-family:Tahoma, Geneva, sans-serif;
    font-size: 20px;
    font-weight: bold;
    color: #678275;
    margin: 28px 0 0 15px;
    padding: 0;
}
#header_logo span {            /*页面顶部 logo 区域宣传语的 CSS 规则*/
    margin-left:10px;         /*设置宣传语距"绿色环保"左外边距为10px*/
    font-size: 11px;
    font-weight: normal;
    color: #000;
}
#header_bottom {              /*页面顶部背景图片及菜单区域的 CSS 规则*/
    float: left;             /*向左浮动*/
    width: 873px;           /*设置元素宽度*/
    height: 216px;          /*设置元素高度*/
```

```
        background: url(../images/header_bottom_bg.png) no-repeat;          /*设置顶
部背景图像无重复*/
        margin: 15px 0 0 15px;        /*上、右、下、左的外边距依次为15px,0px, 0px,15px*/
    }
    #menu {                           /*菜单区域的 CSS 规则*/
        float: left;                  /*菜单向左浮动*/
        width: 465px;                 /*设置元素宽度*/
        height: 29px;                 /*设置元素高度*/
        margin: 170px 0 0 23px;       /*上、右、下、左的外边距依次为170px,0px, 0px,23px*/
        display:inline;               /*内联元素*/
        padding: 0;                   /*内边距为0px*/
    }
    #menu ul {                        /*菜单列表的 CSS 规则*/
        list-style: none;             /*不显示项目符号*/
        display: inline;              /*内联元素*/
    }
    #menu ul li {                     /*菜单列表项的 CSS 规则*/
        float:left;                   /*将纵向导航菜单转换为横向导航菜单，该设置至关重要*/
        padding-left:20px;            /*左内边距为 20px*/
        padding-top:5px;              /*上内边距为 5px*/
    }
    #menu ul li a {                   /*菜单列表项超链接的 CSS 规则*/
        font-family:"黑体";

        font-size:16px;
        color:#393;
        text-decoration:none;         /*无修饰*/
    }
    #menu ul li a:hover {             /*菜单列表项鼠标指针悬停的 CSS 规则*/
        color:#fff;
        background:#396;
    }
```

③ 页面中部的制作。页面中部的内容被放在名为 content 的 Div 容器中，主要用来显示"绿色环保"栏目的职责、自然风光图片、登录表单及新闻更新等内容，如图 6-38 所示。

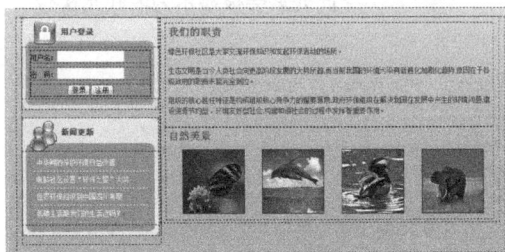

图 6-38　页面中部的布局效果

CSS 代码如下：

```
    #content {                        /*页面中部容器的 CSS 规则*/
        overflow:auto;                /*溢出内容自动处理*/
        margin: 15px;                 /*外边距为15px*/
        padding: 0;                   /*内边距为0px*/
    }
    #content_left {                   /*页面中部左侧区域的 CSS 规则*/
```

```
    float:left;                    /*向左浮动*/
    width: 250px;
    margin: 0 0 0 10px;            /*上、右、下、左的外边距依次为 0px,0px,0px,10px*/
    padding: 0;                    /*内边距为 0px*/
}
#section {                         /*左侧区域表单容器的 CSS 规则*/
    margin: 0 0 15px 0;            /*上、右、下、左的外边距依次为 0px,0px,15px,0px*/
    padding: 0;                    /*内边距为 0px*/
}
#section_1_top {                   /*左侧区域表单上方登录图片及用户登录文字的 CSS 规则*/
    width: 176px;
    height: 36px;
    font-family:"黑体";
    font-weight: bold;
    font-size: 14px;
    color: #276b45;
    background: url(../images/section_1_top_bg.jpg) no-repeat;  /*表单上方背
景图像无重复*/
    margin: 0px;                   /*外边距为 0px*/
    padding: 15px 0 0 70px;        /*上、右、下、左的内边距依次为 15px,0px,0px,70px*/
}
#section_1_mid {                   /*左侧区域表单中间部分的 CSS 规则*/
    width: 217px;
    background: url(../images/section_1_mid_bg.jpg) repeat-y;   /*表单中间背
景图像垂直重复*/
    margin: 0;                     /*外边距为 0px*/
    padding: 5px 15px;             /*上、下内边距为 5px，右、左内边距为 15px*/
}
#section_1_mid .myform {           /*左侧区域表单本身的 CSS 规则*/
    margin: 0;                     /*外边距为 0px*/
    padding: 0;                    /*内边距为 0px*/
}
.myform .frm_cont {               /*表单内容下外边距的 CSS 规则*/
    margin-bottom:8px;            /*下外边距为 8px*/
}
.myform .username input, .myform .password input {  /*表单元素输入框的 CSS 规
则*/
    width:120px;
    height:18px;
    padding:2px 0px 2px 15px;      /*上、右、下、左的内边距依次为 2px,0px,2px,15px*/
    border:solid 1px #aacfe4;      /*边框为 1px 的细线*/
}
.myform .btns {                   /*表单元素按钮的 CSS 规则*/
    text-align:center;
}
#section_1_bottom {               /*右侧区域表单下方的 CSS 规则*/
    width: 246px;
    height: 17px;
    background: url(../images/section_1_bottom_bg.jpg) no-repeat; /*表单底
部细线的背景图像*/
}
#section2 {                       /*左侧区域"新闻更新"容器的 CSS 规则*/
    margin: 0 0 15px 0;            /*上、右、下、左的外边距依次为 0px,0px,15px,0px*/
    padding: 0;                    /*内边距为 0px*/
}
```

```
    #section_2_top {                      /*新闻更新上方图片及文字的 CSS 规则*/
        width: 176px;
        height: 42px;
        font-family:"黑体";
        font-weight: bold;
        font-size: 14px;
        color: #276b45;
        background: url(../images/section_2_top_bg.jpg) no-repeat;      /*新闻更
新上方的背景图像*/
        margin: 0;                        /*外边距为 0px*/
        padding: 15px 0 0 70px;           /*上、右、下、左的内边距依次为 15px,0px,0px,70px*/
    }
    #section_2_mid {                      /*新闻更新中间区域的 CSS 规则*/
        width: 246px;
        background: url(../images/section_2_mid_bg.jpg) repeat-y;
        margin: 0;                        /*外边距为 0px*/
        padding: 5px 0;                   /*上、下内边距为 5px，右、左内边距为 0px*/
    }
    #section_2_mid ul {                   /*新闻更新中间列表的 CSS 规则*/
        list-style: none;                 /*不显示项目符号*/
        margin: 0 20px;                   /*上、下外边距为 0px，右、左外边距为 20px*/
        padding: 0;                       /*内边距为 0px*/
    }
    #section_2_mid li {                   /*新闻更新中间列表项的 CSS 规则*/
        border-bottom: 1px dotted #fff;   /*底部边框为 1px 的点画线*/
        margin: 0;                        /*外边距为 0px*/
        padding: 5px;                     /*内边距为 5px*/
    }
    #section_2_mid li a {                 /*新闻更新中间列表项超链接的 CSS 规则*/
        color: #fff;
        text-decoration: none;            /*无修饰*/
    }
    #section_2_mid li a:hover {           /*新闻更新中间列表项鼠标指针悬停的 CSS 规则*/
        color:#363;
        text-decoration: none;            /*无修饰*/
    }
    #section_2_bottom {                   /*新闻更新下方区域的 CSS 规则*/
        width: 246px;
        height: 18px;
        background: url(../images/section_2_bottom_bg.jpg) no-repeat; /*新闻底
部细线的背景图像*/
    }
    #content_right {                      /*页面中部右侧区域的 CSS 规则*/
        float:left;                       /*向左浮动*/
        width:580px;                      /*设置元素宽度*/
        padding:10px;                     /*内边距为 10px*/
    }
    .post {                               /*右侧区域内容的 CSS 规则*/
        padding:5px;                      /*内边距为 5px*/
    }
    .post h1 {                            /*右侧区域内容中一级标题的 CSS 规则*/
        font-family: Tahoma;
        font-size: 18px;
        color: #588970;
        margin: 0 0 15px 0;               /*上、右、下、左的外边距依次为 0px,0px,15px,0px*/
```

```
    padding: 0;                    /*内边距为 0px*/
}
.post p {                          /*右侧区域内容中段落题的 CSS 规则*/
    font-family: Arial;
    font-size: 12px;
    color: #46574d;
    text-align: justify;           /*文字两端对齐*/
    margin: 0 0 15px 0;            /*上、右、下、左的外边距依次为 0px,0px,15px,0px*/
    padding: 0;                    /*内边距为 0px*/
}
.post img {                        /*右侧区域内容中图像的 CSS 规则*/
    margin: 0 0 0 25px;            /*上、右、下、左的外边距依次为 0px,0px,0px,25px*/
    padding: 0;                    /*内边距为 0px*/
    border: 1px solid #333;        /*图像显示粗细为 1px 的深灰色细边框*/
}
```

④ 页面底部的制作。页面底部内容被放在名为 footer 的 Div 容器中,用来显示版权信息,如图 6-39 所示。

Copyright © 2018 绿色环保社区 All Rights Reserved

图 6-39　页面底部的布局效果

CSS 代码如下:

```
#footer {
    font-size: 12px;
    color: #7bdaae;
    text-align:center;             /*文字居中对齐*/
}
```

⑤ 页面结构代码。为了使读者对页面的样式与结构有一个全面的认识,最后说明整个页面(protect.html)的结构代码,代码如下:

```
<!doctype html>
<html>
<head>
<meta charset="gb2312">
<title>绿色环保社区</title>
<link href="style/style.css" rel="stylesheet" type="text/css" />
</head>
<body>
<div id="top_bg">
  <div id="container">
    <div id="header">
      <div id="header_logo">绿色环保<span>[保护环境,造福人类]</span></div>
      <div id="header_bottom">
        <div id="menu">
          <ul>
            <li><a href="#">关于我们</a></li>
            <li><a href="#">日常工作</a></li>
            <li><a href="#">环境报告</a></li>
            <li><a href="#">环保常识</a></li>
            <li><a href="#">国际合作</a></li>
          </ul>
        </div>
      </div>
    </div>
  </div>
```

```html
    <div id="content">
      <div id="content_left">
        <div id="section">
          <div id="section_1_top">用户登录</div>
          <div id="section_1_mid">
            <div class="myform">
              <form action="" method="post">
                <div class="frm_cont username">用户名：
                  <label for="username"></label>
                  <input type="text" name="username" id="username" />
                </div>
                <div class="frm_cont password">密  码：
                  <label for="password"></label>
                  <input type="password" name="password" id="password" />
                </div>
                <div class="btns">
                  <input type="submit" name="button1" id="button1" value="登录" />
                  <input type="button" name="button2"id="button2" value="注册" />
                </div>
              </form>
            </div>
          </div>
          <div id="section_1_bottom"></div>
          <div id="section2">
            <div id="section_2_top">新闻更新</div>
            <div id="section_2_mid">
              <ul>
                <li><a href="#" target="_blank">中华鲟的保护环境日益改善</a></li>
                <li><a href="#" target="_parent">电脑社区设置"环保之星"大奖</a></li>
                <li><a href="#" target="_blank">世界环保组织到中国四川考察</a></li>
                <li><a href="#" target="_blank">低碳生活离我们的生活远吗？</a></li>
              </ul>
            </div>
            <div id="section_2_bottom"></div>
          </div>
        </div>
        <div id="content_right">
          <div class="post">
            <h1>我们的职责</h1>
            <p>绿色环保社区是大家交流环保知识和发起环保活动的场所。</p>
            <p>生态文明是当今人类社会向更高阶段发展的大势所趋,……（此处省略文字）</p>
            <p>组织的核心胜任特征是构成组织核心竞争力的重要源泉,……（此处省略文字）</p>
          </div>
          <div class="post" >
            <h1>自然美景</h1>
            <a href="#"><img src="images/thumb_1.jpg" width="108" height="108" /></a>
            <a href="#"><img src="images/thumb_2.jpg" width="108" height="108" /></a>
            <a href="#"><img src="images/thumb_3.jpg" width="108" height="108" /></a>
            <a href="#"><img src="images/thumb_4.jpg" width="108" height="108" /></a>
          </div>
        </div>
      </div>
    </div>
<div id="footer">Copyright &copy; 2018 绿色环保社区 All Rights Reserved</div>
</body>
</html>
```

习题 6

1. 综合使用 CSS 修饰页面元素与制作导航菜单技术制作如图 6-40 所示的页面。
2. 综合使用 CSS 修饰页面元素与制作导航菜单技术制作如图 6-41 所示的页面。

图 6-40　题 1 图

图 6-41　题 2 图

传统网站是采用表格进行布局的，但这种方式已经逐渐淡出设计舞台，取而代之的是符合 Web 标准的 Div+CSS 布局方式。Web 标准提出将网页的内容与表现分离，同时要求 HTML 文档具有良好的结构。如何进行 Div +CSS 布局，就是本章所要介绍的内容。

7.1 Div+CSS 布局技术简介

使用 Div+CSS 布局页面是当前制作网站流行的技术。网页设计师必须按照设计要求，首先搭建一个可视的排版框架，这个框架有自己在页面中显示的位置、浮动方式，然后再向框架中填充排版的细节，这就是 Div+CSS 布局页面的基本理念。

1. 认识 Div+CSS 布局

在传统的 HTML 标签中，既有控制结构的标签（如<title>标签和<p>标签），又有控制表现的标签（如<font>标签和<b>标签），还有本意用于结构后来被滥用于控制表现的标签（如<h1>标签和<table>标签）。页面的整个结构标签与表现标签混合在一起。

相对于其他 HTML 继承而来的元素，<div>标签的特性就是它是一种块级元素，更容易被 CSS 代码控制样式。

Div+CSS 的页面布局不仅是设计方式的转变，而且是设计思想的转变，这一转变为网页设计带来了许多便利。虽然在设计中使用的元素依然没有改变，在旧的表格布局中也会使用到 Div 和 CSS，但它们却没有被用于页面布局。采用 Div+CSS 布局方式的优点如下。

● Div 用于搭建网站结构，CSS 用于创建网站表现，将表现与内容分离，便于大型网站的协作开发和维护。

● 缩短了网站的改版时间，设计者只要简单地修改 CSS 文件就可以轻松地改版网站。

● 强大的字体控制和排版能力，使设计者能够更好地控制页面布局。

● 使用只包含结构化内容的 HTML 代替嵌套的标签，提高搜索引擎对网页的索引效率。

● 用户可以将许多网页的风格格式同时更新。

2. 正确理解 Web 标准

从使用表格布局到使用 Div+CSS 布局，有些 Web 设计者对标准理解不深，很容易步入 Web 标准的误区，主要表现在以下几个方面，希望读者学习后能对 Web 标准有新的认识。

（1）表格布局的思维模式。初学者很容易认为 Div+CSS 布局就是将原来使用表格的地方用 Div 来代替，原来是表格嵌套，现在是 Div 嵌套，使用这种思维模式进行设计的效果并不理想，意义也不大。

（2）标签的使用。HTML 标签是用来定义结构的，不是用来实现"表现"的。

（3）CSS 与 ID。在对页面进行布局时，无须为每个元素都定义一个 ID，并且不是每段内容都要用<div>标签进行布局，完全可以使用<p>标签加以代替，这两个标签都是块级元素，使用<div>标签仅是在浮动时便于操作。

7.2 使用嵌套的 Div 布局页面

<div>标签是可以被嵌套的，这种嵌套的 Div 主要用于实现更为复杂的页面排版。

7.2.1 将页面用 Div 分块

使用 Div+CSS 布局页面完全有别于传统的网页布局习惯，它将页面首先在整体上进行<div>标签的分块，然后对各个块进行 CSS 定位，最后再在各个块中添加相应的内容。

【例 7-1】将页面用 Div 分块，本例文件的 Div 布局示意图如图 7-1 所示。代码如下：

```
<body>
<div id="container">
  <div id="top">此处显示  id "top" 的内容</div>
  <div id="main">
    <div id="mainbox">此处显示 id"mainbox"的内容
</div>
    <div id="sidebox">此处显示 id"sidebox"的内容
</div>
  </div>
  <div id="footer">此处显示 id "footer"的内容</div>
</div>
</body>
```

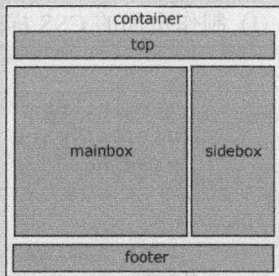

图 7-1 Div 分块布局示意图

本例中，id="container"的 Div 作为盛放其他元素的容器，它所包含的所有元素对于 id="container"的 Div 来说都是嵌套关系。对于 id="main"的 Div 容器，则根据实际情况进行布局，这里分别定义 id="mainbox"和"sidebox"两个<div>标签，虽然新定义的<div>标签之间是并列的关系，但都处于 id="main"的<div>标签内部，因此它们与 id="main"的 Div 形成一个嵌套关系。

7.2.2 案例——制作"环保空间"页面

前面已经讲解的案例大多数是页面的局部布局，按照循序渐进的学习规律，本节从一个页面的全局布局入手，讲解"环保空间"页面的制作，重点练习使用嵌套的 Div 布局页面的相关知识。

1. 页面布局规划

页面布局的首要任务是弄清网页的布局方式，分析版式结构，待整体页面搭建有明确规划后，再根据成熟的规划切图。

通过成熟的构思与设计，"环保空间"的页面效果如图 7-2 所示，页面布局示意图如图 7-3 所示。在布局规划中，container 是整个页面的容器，top 是页面的导航菜单区域，main 是页面的主体内容，footer 是页面放置版权信息的区域。

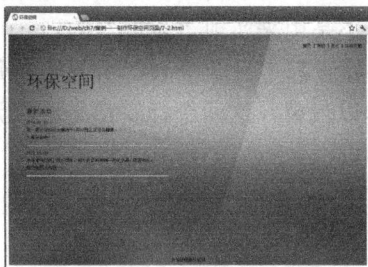

图 7-2 "环保空间"的页面效果

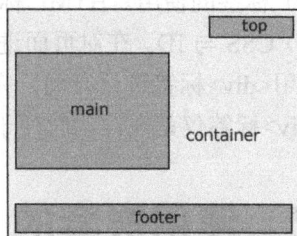

图 7-3 页面布局示意图

2．页面的制作过程

（1）前期准备。

① 栏目目录结构。在栏目文件夹下创建文件夹 images 和 style，分别用来存放图像素材和外部样式表文件。

② 页面素材。将本页面需要使用的图像素材存放在文件夹 images 下。

③ 外部样式表。在文件夹 style 下新建一个名为 style.css 的样式表文件。

（2）制作页面。

① 制作页面的 CSS 样式。打开建立的 style.css 文件，定义页面的 CSS 规则，代码如下：

```
*  {                                        /*页面全局样式——父元素*/
        margin:0px;                         /*所有元素外边距为 0*/
        border:0px;
        padding:0px;                        /*所有元素内边距为 0*/
}
body {
        font-family:"宋体";
        font-size:12px;
        color:#000;                         /*黑色文字*/
}
#container {
        width:1008px;                       /*设置元素宽度*/
        height:630px;                       /*设置元素高度*/
        background-image:url(../images/bgpic.jpg);   /*网页容器的背景图像*/
        background-repeat:no-repeat;        /*背景不重复*/
        margin:0 auto;                      /*自动水平居中*/
}
#top_menu {
        line-height:20px;                   /*行高为 20px*/
        margin:20px 0px 0px 50px;    /*上、右、下、左内边距分别为 20px、0px、0px、
50px*/
        width:180px;                        /*设置元素宽度*/
        float:right;                        /*导航菜单向右浮动*/
        text-align:left;                    /*文字左对齐*/
}
#top_menu span {
        margin-left:5px;                    /*左外边距为 5px*/
        margin-right:5px;                   /*右外边距为 5px*/
}
#main {
        width:400px;
        height:370px;
        float:left;                         /*主体内容向左浮动*/
```

```
                    margin:100px 30px 0px 50px;
          }
          #main_top {
                    width:400px;                          /*设置元素宽度*/
                    height:100px;                         /*设置元素高度*/
                    font-family:"华文中宋";
                    font-size:48px;
          }
          #main_mid{
                    width:400px;                          /*设置元素宽度*/
                    height:20px;                          /*设置元素高度*/
                    font-size:18px;
          }
          #main_main1{
                    width:400px;                          /*设置元素宽度*/
                    height:72px;                          /*设置元素高度*/
                    border-bottom:#fff solid 1px;         /*下边框为粗细 1px 的白色实线*/
                    margin-top:10px;                      /*上外边距为 10px*/
                    line-height:20px;                     /*行高为 20px*/
          }
          #main_main2{
                    width:400px;                          /*设置元素宽度*/
                    height:72px;                          /*设置元素高度*/
                    border-bottom:#fff solid 1px;         /*下边框为粗细 1px 的白色实线*/
                    margin-top:10px;                      /*上外边距为 10px*/
                    line-height:20px;                     /*行高为 20px*/
          }
          #footer{
                    width:1008px;                         /*设置元素宽度*/
                    height:28px;                          /*设置元素高度*/
                    float:left;                           /*向左浮动*/
                    margin-top:128px;                     /*上外边距为 128px*/
          }
          #footer_text{
                    text-align:center;                    /*文字居中对齐*/
                    margin-top:10px;                      /*上外边距为 10px*/
          }
```

② 制作页面的网页结构代码。为了使读者对页面的样式与结构有一个全面的认识，最后
说明整个页面（7-2.html）的结构代码，代码如下：

```
<!doctype html>
<html>
<head>
<meta charset="gb2312">
<title>环保空间</title>
<link href="style/style.css" rel="stylesheet" type="text/css" />
</head>
<body>
<div id="container">
  <div id="top_menu">首页<span>|</span>活动<span>|</span>技术<span>|</span>
环保天地</div>
    <div id="main">
    <div id="main_top">环保空间</div>
    <div id="main_mid">最新活动</div>
    <div id="main_main1">
```

```
        <p>2018.01.10</p>
        <p>第一届环保知识大赛将于1月10日正式拉开帷幕。</p>
        <p>火速报名中……</p>
    </div>
    <div id="main_main2">
        <p>2018.01.09</p>
        <p>庆祝环保空间上线10周年，每个会员将领到一份纪念品，敬请关注。</p>
        <p>期待您再次光临……</p>
    </div>
    </div>
    <div id="footer">
    <div id="footer_text">天地环保版权所有</div>
    </div>
    </div>
    </body>
</html>
```

7.3 典型的 CSS 布局样式

网页设计师为了让页面外观与结构分离，就要用 CSS 样式来规范布局。使用 CSS 样式规范布局可以让代码更加简洁和结构化，使站点的访问和维护更加容易。通过前面的学习，读者已经对页面布局的实现过程有了基本了解。

网页设计的第一步是设计版面布局。就像传统的报刊、杂志编辑一样，将网页看作一张报纸或一本杂志来进行排版布局。本节结合目前较为常用的 CSS 布局样式，向读者进一步讲解布局的实现方法。

7.3.1 两列布局样式

许多网站都有一些共同的特点，即页面顶部放置一个大的导航或广告条，右侧是链接或图片，左侧放置主要内容，页面底部放置版权信息等，如图 7-4 所示的布局就是经典的两列布局。

一般情况下，此类页面布局的两列都有固定的宽度，而且从内容上很容易区分主要内容区域和侧边栏。页面布局整体上分为上、中、下 3 部分，即 header 区域、container 区域和 footer 区域。其中的 container 又包含 mainBox（主要内容区域）和 sideBox（侧边栏），布局示意图如图 7-5 所示。

图 7-4　经典的两列布局

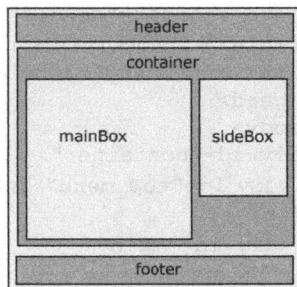

图 7-5　两列页面布局示意图

这里以最经典的三行两列宽度固定布局为例讲解经典的两列布局。

【例 7-2】三行两列宽度固定布局。该布局比较简单，整个页面被 id="header"的 Div 容器、id="container"的 Div 容器和 id="footer"的 Div 容器分成 3 部分，而中间的 container 又被 id="mainBox"的 Div 容器和 id="sideBox"的 Div 容器分成两块，页面效果如图 7-6 所示。

图 7-6 三行两列宽度固定布局的页面效果

代码如下：

```html
<!doctype html>
<html>
<head>
<meta charset="gb2312">
<title>经典的两列布局——三行两列宽度固定布局</title>
<style type="text/css">
body {                              /*设置页面整体样式*/
    background: #fff;
    font: 13px/1.5 Arial;
    margin:0;                       /*外边距为 0*/
    padding:0;                      /*内边距为 0*/
}
p{
    text-indent:2em;               /*段落首行缩进*/
}
#header,#pagefooter,#container{     /*设置顶部容器、底部容器和中间内容容器的样式*/
    margin:0 auto;                 /*水平居中对齐*/
    width:760px;                   /*主体宽度 760px*/
}
.rounded {                         /*设置顶部样式*/
    background: url(images/left-top.gif) top left no-repeat; /*背景图像不
重复顶部左对齐*/
    width:100%;
}
.rounded h2 {                      /*设置顶部标题样式*/
    background:url(images/right-top.gif) top right no-repeat; /*背景图像
不重复顶部右对齐*/
    padding:20px 20px 10px;  /*上、右、下、左内边距依次为 20px、20px、10px、20px*/
    margin:0;                      /*外边距为 0*/
}
.rounded .main {                   /*设置顶部内容样式*/
    background:url(images/right.gif) top right repeat-y; /*背景图像垂直重
复顶部右对齐*/
```

```
        padding:10px 20px;           /*上、右、下、左内边距依次为10px、20px、10px、20px*/
        margin:-2em 0 0 0;
    }
    .rounded .footer {               /*设置顶部内容脚注样式*/
        background:url(images/left-bottom.gif) bottom left no-repeat; /*背景
图像不重复底部左对齐*/
    }
    .rounded .footer p {             /*设置顶部内容脚注段落样式*/
        color:#888;
        text-align:right;            /*文本水平右对齐*/
        background:url(images/right-bottom.gif) bottom right no-repeat; /*
背景图像不重复底部右对齐*/
        display:block;               /*块级元素*/
        padding:10px 20px 20px;      /*上、右、下、左内边距依次为10px、20px、20px、20px*/
        margin:-2em 0 0 0;
    }
    #container{                      /*设置中间内容容器的样式*/
        position:relative;           /*相对定位*/
    }
    #content{                        /*设置中间内容的样式*/
        position:absolute;           /*绝对定位*/
        top:0;
        left:0;
        width:500px;
    }
    #content img{                    /*设置中间内容中图像的样式*/
        float:right;                 /*向右浮动*/
    }
    #side{                           /*设置中间内容侧边栏的样式*/
        margin:0 0 0 500px;          /*上、右、下、左外边距依次为0px、0px、0px、500px*/
    }
    </style>
    </head>
    <body>
    <div id="header">
        <div class="rounded">
            <h2>Header</h2>
            <div class="main">
            </div>
            <div class="footer">
              <p>查看详细信息&gt;&gt;</p>
            </div>
        </div>
    </div>
    <div id="container">
      <div id="content">
        <div class="rounded">
            <h2>mainBox</h2>
            <div class="main">
              <img src="images/cup.gif" width="128" height="128" />
             <p>对于一个网页设计者来说，HTML语言一定不会……（此处省略文字）</p>
             <p>对于一个网页设计者来说，HTML语言一定不会……（此处省略文字）</p>
            </div>
            <div class="footer">
              <p>查看详细信息&gt;&gt;</p>
            </div>
        </div>
```

```
    </div>
    <div id="side">
        <div class="rounded">
            <h2>SideBox</h2>
            <div class="main">
                <p>对于一个网页设计者来说，HTML 语言一定不会……（此处省略文字）</p>
                <p>但是如果希望网页能够美观、大方，并且升级……（此处省略文字）</p>
            </div>
            <div class="footer">
                <p>查看详细信息&gt;&gt;</p>
            </div>
        </div>
    </div>
</div>
<div id="pagefooter">
    <div class="rounded">
        <h2>Footer</h2>
        <div class="main">
            <p>这是一行文本，这里作为样例，显示在布局框中。</p>
        </div>
        <div class="footer">
            <p>查看详细信息&gt;&gt;</p>
        </div>
    </div>
</div>
</body>
</html>
```

【说明】两列宽度固定指的是 mainBox 和 sideBox 两个块级元素的宽度固定，通过样式控制将其放在 container 区域的两侧。两列布局的方式主要是以 mainBox 和 sideBox 的浮动实现的。

7.3.2 三列布局样式

三列布局在网页设计时更为常用，如图 7-7 所示。对于这种类型的布局，浏览者的注意力最容易集中在中栏的信息区域，其次才是左右两侧的信息。

三列布局与两列布局相似，在处理方式上可以利用两列布局结构的方式处理，如图 7-8 所示就是 3 个独立的列组合而成的三列布局。三列布局仅比两列布局多了一列内容，无论形式上怎么变化，最终还是基于两列布局结构演变出来的。

图 7-7 经典的三列布局

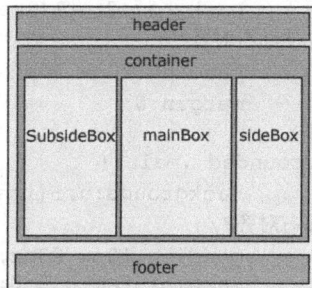

图 7-8 三列页面布局示意图

【例 7-3】三行三列宽度固定布局。页面中 id="container"的 Div 容器包含了主要内容区（mainBox）、次要内容区（SubsideBox）和侧边栏（sideBox），页面显示效果如图 7-9 所示。

图 7-9　三行三列宽度固定布局的页面效果

代码如下：

```
<!doctype html>
<html>
<head>
<meta charset="gb2312">
<title>经典的三列布局——三行三列宽度固定布局</title>
<style type="text/css">
body {                               /*设置页面整体样式*/
        background: #fff;
        font: 13px/1.5 Arial;
        margin:0;                    /*外边距为 0*/
        padding:0;                   /*内边距为 0*/
}
p{
        text-indent:2em;             /*段落首行缩进*/
}
#header,#pagefooter,#container{      /*设置顶部容器、底部容器和中间内容容器的样式*/
        margin:0 auto;               /*水平居中对齐*/
        width:760px;                 /*主体宽度 760px*/
}
.rounded {                           /*设置顶部样式*/
        background: url(images/left-top.gif) top left no-repeat; /*背景图像不
重复顶部左对齐*/
        width:100%;
}
.rounded h2 {                        /*设置顶部标题样式*/
        background:url(images/right-top.gif) top right no-repeat; /*背景图像
不重复顶部右对齐*/
        padding:20px 20px 10px;    /*上、右、下、左内边距依次为 20px、20px、10px、20px*/
        margin:0;                    /*外边距为 0*/
}
.rounded .main {                     /*设置顶部内容样式*/
        background:url(images/right.gif) top right repeat-y; /*背景图像垂直重
复顶部右对齐*/
        padding:10px 20px;           /*上、右、下、左内边距依次为 10px、20px、10px、20px*/
        margin:-2em 0 0 0;
}
```

```
    .rounded .footer {                    /*设置顶部内容脚注样式*/
        background:url(images/left-bottom.gif) bottom left no-repeat; /*背景
图像不重复底部左对齐*/
    }
    .rounded .footer p {                  /*设置顶部内容脚注段落样式*/
        color:#888;
        text-align:right;                 /*文本水平右对齐*/
        background:url(images/right-bottom.gif) bottom right no-repeat; /*
背景图像不重复底部右对齐*/
        display:block;                    /*块级元素*/
        padding:10px 20px 20px;           /*上、右、下、左内边距依次为 10px、20px、20px、20px*/
        margin:-2em 0 0 0;
    }
    #container{                           /*设置中间内容容器的样式*/
        position:relative;                /*相对定位*/
    }
    #navi{                                /*设置中间内容左侧容器的样式*/
        position:absolute;                /*绝对定位*/
        top:0;
        left:0;
        width:200px;                      /*左侧容器宽度为 200px*/
    }
    #content{                             /*设置中间内容的样式*/
        margin:0 200px 0 200px;           /*上、右、下、左内边距依次为 0px、20px、0px、200px*/
        width:360px;
    }
    #content img{                         /*设置中间内容中图像的样式*/
        float:right;                      /*向右浮动*/
    }
    #side{                                /*设置中间内容右侧边栏的样式*/
        position:absolute;                /*绝对定位*/
        top:0;
        right:0;
        width:200px;                      /*右侧容器宽度为 200px*/
    }
</style>
</head>
<body>
<div id="header">
    <div class="rounded">
        <h2>Header</h2>
        <div class="main">
        </div>
        <div class="footer">
            <p>查看详细信息&gt;&gt;</p>
        </div>
    </div>
</div>
<div id="container">
  <div id="navi">
    <div class="rounded">
        <h2>SubsideBox</h2>
        <div class="main">
            <p>对于一个网页设计者来说，HTML 语言一定不会……（此处省略文字）</p>
        </div>
        <div class="footer">
```

```
            <p>查看详细信息&gt;&gt;</p>
        </div>
    </div>
</div>
<div id="content">
    <div class="rounded">
        <h2>mainBox</h2>
        <div class="main">
            <img src="images/cup.gif" width="128" height="128" />
            <p>对于一个网页设计者来说，HTML 语言一定……（此处省略文字）</p>
        </div>
        <div class="footer">
            <p>查看详细信息&gt;&gt;</p>
        </div>
    </div>
</div>
<div id="side">
    <div class="rounded">
        <h2>SideBox</h2>
        <div class="main">
            <p>对于一个网页设计者来说，HTML 语言一定不会……（此处省略文字）</p>
        </div>
        <div class="footer">
            <p>查看详细信息&gt;&gt;</p>
        </div>
    </div>
</div>
<div id="pagefooter">
    <div class="rounded">
        <h2>Footer</h2>
        <div class="main">
        <p>这是一行文本，这里作为样例，显示在布局框中。</p>
        </div>
        <div class="footer">
        <p>查看详细信息&gt;&gt;</p>
        </div>
    </div>
</div>
</body>
</html>
```

在读者掌握了典型的页面布局后，接下来讲解一个综合案例进一步巩固布局的知识。

7.4 综合案例——制作天地环保"博客"页面

本节讲解天地环保"博客"页面的制作，重点讲解使用 Div+CSS 布局页面的相关知识。

1. 页面布局规划

页面布局的首要任务是弄清网页的布局方式，分析版式结构，待整体页面搭建有明确规划后，再根据成熟的规划切图。

天地环保"博客"页面采用的是典型的三行两列宽度固定的布局模式，页面显示效果如图 7-10 所示，页面布局示意图如图 7-11 所示。

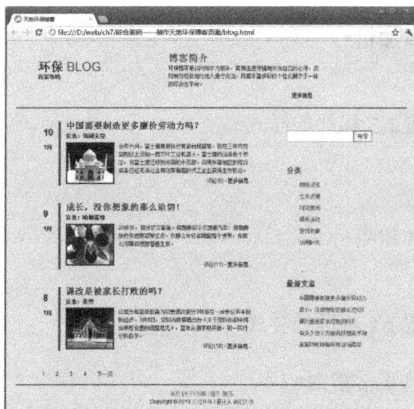

图 7-10　天地环保"博客"页面

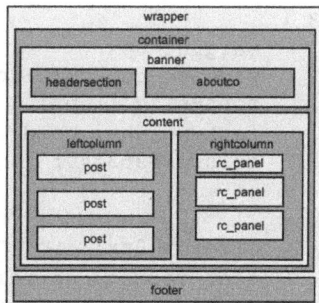

图 7-11　页面布局示意图

页面中的主要内容包括网站 Logo、菜单、表单、列表、图文混排及版权区域。

2．页面的制作过程

（1）前期准备。

① 栏目目录结构。在栏目文件夹下创建文件夹 images 和 css，分别用来存放图像素材和外部样式表文件。

② 页面素材。将本页面需要使用的图像素材存放在文件夹 images 下。

③ 外部样式表。在文件夹 css 下新建一个名为 style.css 的样式表文件。

（2）制作页面。

① 制作页面的 CSS 样式。打开建立的 style.css 文件，定义页面的 CSS 规则，代码如下：

```
body {                                    /*设置页面整体样式*/
     margin:0;
     padding:0;
     line-height: 1.5em;                  /*设置行高是字符的1.5倍*/
     font-family: Arial, Helvetica, sans-serif;
     font-size: 11px;
     color: #333333;                      /*设置文字颜色为深灰色*/
     background-color: #ede4bb;           /*设置背景颜色为土黄色*/
}
a:link, a:visited {
     color: #333333;                      /*设置正常链接和访问过链接颜色为深灰色*/
     text-decoration: none;               /*链接无修饰*/
}
a:hover {
     color: #9791ad;                      /*设置鼠标指针悬停链接颜色为蓝灰色*/
}
h1 {                                      /*设置h1标题的样式*/
     margin: 0px;
     padding: 0px 0px 5px 0px;
     font-size: 22px;
     font-weight: bold;                   /*字体加粗*/
     color:#666666;
}
h2 {                                      /*设置h2标题的样式*/
     margin: 0px;
     padding: 0px 0px 5px 0px;
     font-size: 20px;
```

```
        font-weight: bold;                      /*字体加粗*/
        color:#363340;
    }
    h3 {                                        /*设置 h3 标题的样式*/
        margin: 0px;
        padding-bottom: 10px;
        font-size: 16px;
        font-weight: bold;                      /*字体加粗*/
        color: #363340;
    }
    h4 {                                        /*设置 h4 标题的样式*/
        margin: 0px;
        font-weight: normal;                    /*字体正常粗细*/
        padding-bottom: 3px;
        font-size: 12px;
        color: #FFFFFF;
        text-decoration: none;                  /*无修饰*/
    }
    p {                                         /*段落样式*/
        margin: 0 0 5px 0;
        font-size: 11px;
        text-align: justify;                    /*两端对齐*/
    }
    .readmore_black a{                          /*设置更多信息链接样式*/
        clear: both;                            /*清除所有浮动*/
        float: right;                           /*向右浮动*/
        display: block;
        width: 80px;
        height: 18px;
        padding-top: 2px;                       /*设置上内边距为 2px*/
        text-align: center;
        color: #000000;
        text-decoration: none;                  /*链接无修饰*/
    }
    .readmore_black  a:hover {                   /*设置更多信息鼠标指针悬停链接样式*/
        color: #9791ad;                          /*设置鼠标指针悬停链接颜色为蓝灰色*/
    }
    #container {                                /*设置整个页面容器的样式*/
        margin: 0px auto;                       /*容器自动居中*/
        width: 900px;
    }
    #banner{                                    /*设置页面顶部区域的样式*/
        width: 900px;
        height: 150px;
        padding: 0;
        border-bottom: 2px solid #403d4a;       /*顶部区域下边框为 2px 深色实线*/
    }
    #banner p{                                  /*设置页面顶部区域段落的样式*/
        padding: 0px;
        color: #333333;
        text-align: justify;                    /*两端对齐*/
    }
    .headersection {                            /*设置页面顶部区域网站标志区域的样式*/
        float: left;                            /*向左浮动*/
        width: 300px;
        height: 80px;
```

```
        padding: 50px 0 0 50px;
        color: #FFCC00;
        font-size: 28px;
        font-weight: bold;               /*字体加粗*/
}
.sitetitle {                             /*网站标志区域标题的样式*/
        color: #000000;
        font-size: 28px;
        font-weight: bold;
        padding-bottom: 5px;             /*设置标题文字下内边距为 5px*/
}
.sitetitle span{                         /*标题中局部文字的样式*/
        color:#666666;
        font-weight: normal;             /*字体正常粗细*/
}
.aboutco {                               /*设置页面顶部博客简介区域的样式*/
        float: right;                    /*向右浮动*/
        width: 350px;
        padding: 30px 200px 0 0;
}
#content {                               /*设置页面主体内容区域的样式*/
        float: left;                     /*向左浮动*/
        width: 900px;
}
#leftcolumn {                            /*设置页面主体内容区域左侧的样式*/
        float: left;
        width: 510px;
        padding: 30px 0px 0px 50px;
}
.post {                                  /*内容区域左侧最新发布博文的样式*/
        float: left;                     /*向左浮动*/
        width: 500px;
        padding-bottom: 40px;            /*设置博文下内边距为 40px*/
}
.postbody {                              /*最新发布博文内容区域的样式*/
        float: left;
        width: 435px;
        padding-left: 12px;
        border-left: 5px solid #666666;  /*区域左边框为 5px 深灰色实线*/
}
.postbody img {                          /*最新发布博文图片的样式*/
        float: left;                     /*向左浮动*/
        margin-right: 10px;              /*图片右外边距为 10px*/
        border: 3px solid #333333;       /*图片四周边框为 3px 深灰色实线*/
}
.posttext{                               /*最新发布博文内容区域文字的样式*/
        float: left;                     /*向左浮动*/
        width: 310px;
}
.postdate {                              /*最新发布博文编号的样式*/
        float: left;
        width: 35px;
        height: 50px;
        padding: 15px 0 0 13px;
        font-size: 20px;
        color: #000000;
```

```
            font-weight: bold;                 /*字体加粗*/
    }
    .month {                                   /*最新发布博文月份的样式*/
            clear: both;
            padding: 15px 0 0 0;
            font-size:12px;
    }
    .tagline {                                 /*最新发布博文作者的样式*/
            font-size: 12px;
            font-weight: bold;                 /*字体加粗*/
            margin-bottom: 5px;
    }
    .comment_more {                            /*博文更多信息区域的样式*/
            clear: both;
            width: 310px;
            text-align: right;                 /*文字右对齐*/
            height: 20px;
    }
    .comment_more span {                       /*博文更多信息区域评论文字的样式*/
            padding-left: 15px;
    }
    .paging{                                   /*最新发布博文分页的样式*/
            clear: both;                       /*清除所有浮动*/
            width: 510px;
            height: 25px;
            margin-bottom: 10px;
    }
    .paging a{                                 /*最新发布博文分页超链接的样式*/
            float: left;
            height: 22px;
            padding: 3px 10px 0 10px;
            text-align: center;                /*文字居中对齐*/
            font-size: 12px;
            margin-right: 5px;
            text-decoration: none;             /*链接无修饰*/
    }
    #rightcolumn {                             /*设置页面主体内容区域右侧的样式*/
            float: right;                      /*向右浮动*/
            width: 250px;
            padding: 30px 50px 0 0;
    }
    .rc_panel {                                /*右侧区域子栏目的样式*/
            width: 250px;
            margin-bottom: 20px;
    }
    .rc_paneltop{                              /*右侧区域每个子栏目上方分隔区域的样式*/
            width: 250px;
            height: 10px;
    }
    .rc_panelbottom{                           /*右侧区域每个子栏目下方分隔区域的样式*/
            width: 250px;
            height: 10px;
    }
    .rc_panelbody {                            /*每个子栏目内容容器的样式*/
            padding: 10px 0 20px 25px;
    }
    .rc_panel form {                           /*表单子栏目中表单的样式*/
```

```
        padding: 0 0 10px 0;
        margin: 0px;
}
.textfield {                        /*表单子栏目中文本域的样式*/
        float: left;
        height: 19px;
        width: 150px;
}
.button {                           /*表单子栏目中按钮的样式*/
        float: left;                /*向左浮动*/
        display: block;
        width: 42px;
        height: 25px;
        text-align: center;         /*文字居中对齐*/
        color: #666666;
        text-decoration: none;
        border: 1px solid #403d4a;  /*按钮四周边框为1px灰色实线*/
}
.rc_panelbody ul{                   /*子栏目内容容器中列表的样式*/
        margin: 0px;
        padding: 0 0 0 10px;
}
.rc_panelbody li{                   /*子栏目内容容器中列表项的样式*/
        padding: 4px 0px 4px 0px;
        list-style: none;           /*列表无样式*/
        color: #666666;
}
.rc_panelbody li a{                 /*列表项链接的样式*/
        padding-left: 20px;
        color: #666666;
        text-decoration: none;
}
.rc_panelbody li a:hover{           /*列表项鼠标指针悬停链接的样式*/
        color: #9791ad;
        text-decoration: none;
}
#footer {                           /*页面底部版权区域的样式*/
        clear: both;
        width: 860px;
        height: 50px;
        padding: 10px 40px 0px 0px;
        text-align: center;
        color: #333333;
        line-height: 18px;
        border-top: 2px solid #403d4a;   /*底部区域上边框为2px深色实线*/
}
#footer a{                          /*页面底部版权区域超链接的样式*/
        color: #999999;
        text-decoration: none;
}
#footer a:hover{                    /*页面底部版权区域鼠标指针悬停链接的样式*/
        text-decoration: underline;      /*链接加下画线*/
}
```

② 制作页面的网页结构代码。为了使读者对页面的样式与结构有一个全面的认识，最后说明整个页面（blog.html）的结构代码，代码如下：

```
<!doctype html>
<html>
<head>
<meta charset="gb2312">
<title>天地环保博客</title>
<link href="css/style.css" rel="stylesheet" type="text/css" />
</head>
<body>
<div id="container_wrapper">
  <div id="container">
    <div id="banner">
      <div class="headersection">
        <div class="sitetitle">环保<span> BLOG</span></div>
        <p>百家争鸣</p>
      </div>
      <div class="aboutco">
        <h1>博客简介</h1>
        <p>环保博客是以网络作为载体，简易迅速便捷……（此处省略文字）</p>
        <div class="readmore_black"><a href="#">更多信息</a></div>
      </div>
    </div>
    <div id="content">
      <div id="leftcolumn">
        <div class="post">
          <div class="postdate">10
            <div class="month">1 月</div>
          </div>
          <div class="postbody">
            <h2>中国需要制造更多廉价劳动力吗？</h2>
            <div class="tagline">发表：海阔天空<span></span></div>
            <img src="images/photo04.gif" alt="" />
            <div class="posttext">
              <p>去年六月，富士康首席执行官郭台铭宣布，……（此处省略文字）</p>
              <div class="comment_more">
                <span>评论(6) </span>- <a href="#/">更多信息...</a>
              </div>
            </div>
          </div>
        </div>
        <div class="post">
          <div class="postdate">9
            <div class="month">1 月</div>
          </div>
          <div class="postbody">
            <h2>成长，没你想象的那么迫切！</h2>
            <div class="tagline">发表：哈姆雷特</div>
            <img src="images/photo02.gif" alt="" />
            <div class="posttext">
              <p align="left">20 多岁，你迷茫又着急。……（此处省略文字）</p>
              <p> </p>
              <div class="comment_more">
                <span><span> 评 论 (11)  </span>- </span><a  href="#/"> 更 多 信
息...</a>
              </div>
            </div>
          </div>
        </div>
      </div>
```

```
<div class="post">
  <div class="postdate">8
    <div class="month">1 月</div>
  </div>
  <div class="postbody">
    <h2>课改是被家长打败的吗？</h2>
    <div class="tagline">发表：麦兜</div>
    <img src="images/photo03.gif" alt="" />
    <div class="posttext">
      <p>以减负和素质教育为初衷课改施行 9 年后……（此处省略文字）</p>
      <div class="comment_more">
        <span><span>评论 (18) </span> - </span><a href="#/">更多信
息...</a>
      </div>
    </div>
  </div>
</div>
<div class="paging">  <a href="#/">1</a><a href="#/">2</a><a
href="#/">3</a><a href="#/">4</a><a href="#/">下一页</a> </div>
</div>
<div id="rightcolumn">
  <div class="rc_panel">
    <div class="rc_paneltop"></div>
    <div class="rc_panelbody">
      <form method="post" action="#/">
        <input class="textfield" name="search" type="text"
id="keyword"/>
        <input class="button" type="submit" name="Submit" value="搜索"
/>
      </form>
    </div>
    <div class="rc_panelbottom"></div>
  </div>
  <div class="rc_panel">
    <div class="rc_paneltop"></div>
    <div class="rc_panelbody">
      <h3>分类</h3>
      <ul>
      <li><a href="#">财经资讯</a></li>
      <li><a href="#">生活点滴</a></li>
      <li><a href="#">时政要闻</a></li>
      <li><a href="#">娱乐运动</a></li>
      <li><a href="#">游戏长廊</a></li>
      <li><a href="#">休闲时光</a></li>
      </ul>
    </div>
    <div class="rc_panelbottom"></div>
  </div>
  <div class="rc_panel">
    <div class="rc_paneltop"></div>
    <div class="rc_panelbody">
      <h3>最新文章</h3>
      <ul>
      <li><a href="#">中国需要制造更多廉价劳动力</a></li>
      <li><a href="#">成长，没你想象的那么迫切！</a></li>
      <li><a href="#">课改是被家长打败的吗？</a></li>
```

```
                <li><a href="#">有多少孩子为自由梦想而求知</a></li>
                <li><a href="#">高富帅电视相亲被当场揭穿</a></li>
            </ul>
          </div>
          <div class="rc_panelbottom"></div>
        </div>
      </div>
    </div>
    <div id="footer">
      <a href="#">首页</a> |<a href="#">关于</a>| <a href="#">档案</a> | <a
href="#">服务</a> |<a href="#">联系</a><br />
      Copyright &copy; 2018 <a href="#">天地环保</a> | 设计人 <a href="#">美
的天使</a>
    </div>
  </div>
 </div>
</div>
</body>
</html>
```

习题 7

1. 制作如图 7-12 所示的三行两列固定宽度型布局。
2. 制作如图 7-13 所示的两列定宽中间自适应的三行三列布局。

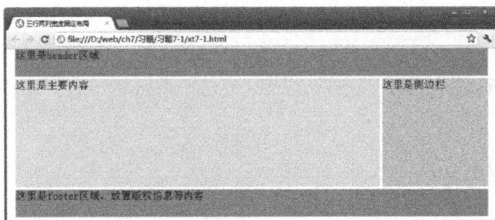

图 7-12 题 1 图

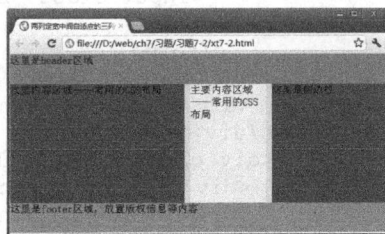

图 7-13 题 2 图

3. 综合使用 Div+CSS 布局技术制作如图 7-14 所示的页面。
4. 综合使用 Div+CSS 布局技术制作如图 7-15 所示的页面。

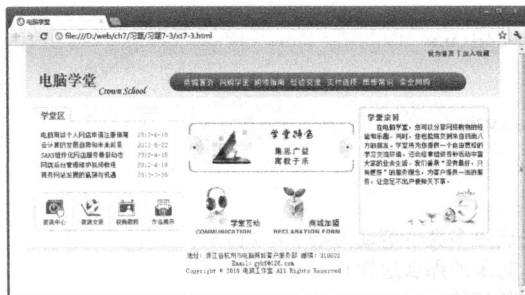

图 7-14 题 3 图

图 7-15 题 4 图

第 8 章

JavaScript 程序设计基础

使用 HTML 可以搭建网页的结构，使用 CSS 可以控制和美化网页的外观，但对网页的交互行为和特效却无能为力，此时 JavaScript 脚本语言提供了解决方案。JavaScript 是制作网页的行为标准之一，本章主要讲解 JavaScript 语言的基本知识。

8.1　JavaScript 概述

脚本（Script）实际上就是一段程序，用来完成某些特殊的功能。脚本程序既可以在服务器端运行（称为服务器脚本，如 ASP 脚本、PHP 脚本等），也可以直接在浏览器端运行（称客户端脚本）。

客户端脚本常用来响应用户动作、验证表单数据，以及显示各种自定义内容，如对话框、动画等。使用客户端脚本时，由于脚本程序随网页同时下载到客户机上，因此在对网页进行验证或响应用户动作时，无须通过网络与 Web 服务器进行通信，从而降低了网络的传输量和服务器的负荷，改善了系统的整体性能。目前，JavaScript 和 VBScript 是两种使用最广泛的脚本。VBScript 仅被 Internet Explorer 支持，而 JavaScript 则几乎被所有浏览器支持。

JavaScript 是一种基于对象（Object）和事件驱动（Event Driven），并具有安全性能的脚本语言。它可与 HTML、CSS 一起实现在一个 Web 页面中链接多个对象，与 Web 客户交互的作用，从而开发出客户端的应用程序。JavaScript 通过嵌入或调入到 HTML 文档中实现其功能，它弥补了 HTML 语言的不足，是 Java 与 HTML 折中的选择。JavaScript 的开发环境很简单，不需要 Java 编译器，而是直接运行在浏览器中，因此倍受网页设计者的喜爱。

JavaScript 语言的前身叫作 LiveScript，自从 Sun 公司推出著名的 Java 语言后，Netscape 公司引进了 Sun 公司有关 Java 的程序概念，将 LiveScript 重新进行设计，并改名为 JavaScript。

目前流行的多数浏览器都支持 JavaScript，如 Netscape 公司的 Navigator 3.0 以上版本，Microsoft 公司的 Internet Explorer 3.0 以上版本。

8.2　在网页中使用 JavaScript

在网页中使用 JavaScript 有 3 种方法：在 HTML 文档中嵌入脚本程序、链接脚本文件和在 HTML 标签内添加脚本。

1．在 HTML 文档中嵌入脚本程序

JavaScript 的脚本程序包括在 HTML 中，使之成为 HTML 文档的一部分。其格式为：

```
<script type="text/javascript">
  JavaScript 语言代码;
  JavaScript 语言代码;
  ...
</script>
```

语法说明：

script：脚本标记。它必须以<script type="text/javascript">开头，以<script>结束，界定程序开始的位置和结束的位置。

script 在页面中的位置决定了什么时候装载脚本，如果希望在其他所有内容之前装载脚本，就要确保脚本在页面的<head>…</head>之间。

JavaScript 脚本本身不能独立存在，它是依附于某个 HTML 页面，在浏览器端运行的。在编写 JavaScript 脚本时，可以像编辑 HTML 文档一样，在文本编辑器中输入脚本的代码。

【例 8-1】在 HTML 文档中嵌入 JavaScript 的脚本，本例文件 8-1.html 在浏览器中显示的效果如图 8-1 和图 8-2 所示。

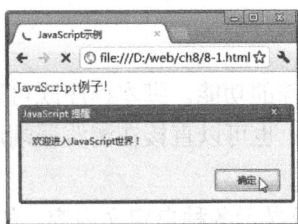

图 8-1 加载时的运行结果

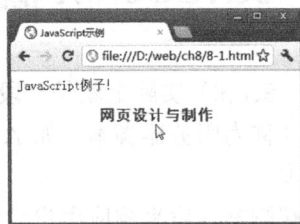

图 8-2 单击"确定"按钮后的运行结果

代码如下：

```
<html>
  <head>
    <title>JavaScript 示例</title>
    <script language="JavaScript">
      document.write("JavaScript 例子! ");
      alert("欢迎进入 JavaScript 世界! ");
    </script>
  </head>
  <body>
    <h3  style="font:12pt;  font-family:' 黑 体 '; color:red; text-align:
center">网页设计与制作</h3>
  </body>
</html>
```

【说明】

（1）document.write()是文档对象的输出函数，其功能是将括号中的字符或变量值输出到窗口。alert()是 JavaScript 的窗口对象方法，其功能是弹出一个对话框并显示其中的字符串。

（2）如图 8-1 所示为浏览器加载时的显示结果，图 8-2 所示为单击自动弹出对话框中的"确定"按钮后的最终显示结果。从上面的例题中可以看出，在用浏览器加载 HTML 文件时，是从文件头向后解释并处理 HTML 文档的。

（3）在<script language ="JavaScript">…</script>中的程序代码有大、小写之分，如将document.write()写成 Document.write()，程序将无法正确执行。

2．链接脚本文件

如果已经存在一个脚本文件（以 js 为扩展名），则可以使用 script 标记的 src 属性引用外部脚本文件的 URL。采用引用脚本文件的方式，可以提高程序代码的利用率。其格式为：

```
<head>
 …
 <script type="text/javascript" src="脚本文件名.js"></script>
 …
</head>
```

type="text/javascript"属性定义文件的类型是 javascript。src 属性定义.js 文件的 URL。

如果使用 src 属性，则浏览器只使用外部文件中的脚本，并忽略任何位于<script>…</script>之间的脚本。脚本文件可以用任何文本编辑器（如记事本）打开并编辑，一般脚本文件的扩展名为.js，内容是脚本，不包含 HTML 标记。其格式为：

```
JavaScript 语言代码;      // 注释
    …
JavaScript 语言代码;
```

例如，将例 8-1 改为链接脚本文件，运行过程和结果与例 8-1 相同。

```
<html>
  <head>
   <title>JavaScript 示例</title>
   <script type="text/javascript" src="test.js"> </script>        <!-- URL
为 test.js -->
  </head>
  <body>
    <h3 style="font:12pt; font-family:' 黑 体 '; color:red; text-align:
center">网页设计与制作</h3>
  </body>
</html>
```

脚本文件 test.js 的内容为：

```
document.write("JavaScript 例子! ");
alert("欢迎进入 JavaScript 世界! ");
```

3．在 HTML 标签内添加脚本

可以在 HTML 表单的输入标签内添加脚本，以响应输入的事件。

【例 8-2】在标签内添加 JavaScript 的脚本，本例文件 8-2.html 在浏览器中显示的效果如图 8-3 和图 8-4 所示。

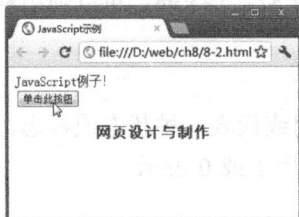

图 8-3　初始显示

图 8-4　运行结果

代码如下：

```
<html>
  <head><title>JavaScript 示例</title></head>
```

```
    <body>
      JavaScript 例子!
      <form>
       <input type="button" onClick="JavaScript:alert('欢迎进入 JavaScript 世界!
');" value="单击此按钮">
      </form>
      <h3 style="font:12pt; font-family:'黑体'; color:red; text-align:center">
网页设计与制作</h3>
    </body>
  </html>
```

8.3 JavaScript 基本语法

JavaScript 脚本语言同其他计算机语言一样，有它自身的基本数据类型、运算符和表达式。

1. 基本数据类型

JavaScript 有 4 种基本的数据类型。

number（数值）类型：可为整数和浮点数。在程序中并没有把整数和实数分开，这两种数据可在程序中自由转换。整数可以为正数、0 或负数；浮点数可以包含小数点，也可以包含一个 "e"（大小写均可，表示 10 的幂），或者同时包含这两项。

string（字符）类型：字符是用单引号 "'" 或双引号 """ 来说明的。

boolean（布尔）类型：布尔型的值为 true 或 false。

object（对象）类型：对象也是 JavaScript 中的重要组成部分，用于说明对象。

JavaScript 的基本类型中的数据可以是常量，也可以是变量。由于 JavaScript 采用弱类型的形式，因此一个数据的变量或常量不必首先声明，而是在使用或赋值时自动确定其数据的类型。当然也可以先声明该数据的类型。

2. 常量

常量通常又称为字面常量，它是不能改变的数据。

（1）字符型常量。

使用单引号 "'" 或双引号 """ 括起来的一个或几个字符，如 "123"、'abcABC123'、"This is a book of JavaScript"等。

（2）数值型常量。

整型常量：整型常量可以使用十进制、十六进制、八进制表示其值。

实型常量：实型常量由整数部分加小数部分表示，如 12.32、193.98。可以使用科学或标准方法表示：6E8、2.6e5 等。

（3）布尔型常量。

布尔型常量只有两个值：true 或 false。它主要用来说明或代表一种状态或标志，以说明操作流程。JavaScript 只能用 true 或 false 表示其状态，不能用 1 或 0 表示。

3. 变量

变量用来存放程序运行过程中的临时值，这样在需要用这个值的地方就可以用变量来代表。对于变量必须明确变量的命名、变量的类型、变量的声明及变量的作用域。

（1）变量的命名。

JavaScript 中的变量命名同其他计算机语言非常相似，变量名称的长度是任意的，但要区分大小写。另外，还必须遵循以下规则。

① 第一个字符必须是字母（大小写均可）、下画线"_"，或美元符"$"。

② 后续字符可以是字母、数字、下画线或美元符。除下画线"_"字符外，变量名中不能有空格、"+"、"-"、","或其他特殊符号。

③ 不能使用 JavaScript 中的关键字作为变量。在 JavaScript 中定义了 40 多个类键字，这些关键字是 JavaScript 内部使用的，如 var、int、double、true，它们不能作为变量。

（2）变量的类型。

JavaScript 是一种对数据类型变量要求不太严格的语言，所以不必声明每一个变量的类型，但在使用变量之前先声明是一种好的习惯。变量的类型是在赋值时根据数据的类型来确定的，变量的类型有字符型、数值型、布尔型。

（3）变量的声明。

JavaScript 变量可以在使用前先声明，并可赋值。通过使用 var 关键字对变量声明。对变量进行声明的最大好处就是能及时发现代码中的错误，因为 JavaScript 是采用动态编译的，而动态编译不易发现代码中的错误，特别是在变量命名方面。

变量的声明和赋值语句 var 的语法为：

```
var  变量名称1 [= 初始值1]，变量名称2 [= 初始值2] … ;
```

一个 var 可以声明多个变量，其间用","分隔。

（4）变量的作用域。

变量的作用域是变量的重要概念。在 JavaScript 中同样有全局变量和局部变量，全局变量是定义在所有函数体之外，其作用范围是全部函数；局部变量是定义在函数体之内，只对该函数可见，而对其他函数不可见。

4．运算符和表达式

在定义完变量后，可以对变量进行赋值、计算等一系列操作，这一过程通常由表达式来完成，可以说它是变量、常量和运算符的集合，因此表达式可以分为算术表述式、字符串表达式、布尔表达式。

运算符是完成操作的一系列符号，在 JavaScript 中有算术运算符、字符串运算符、比较运算符、布尔运算符等。

（1）算术运算符。

JavaScript 中的算术运算符有单目运算符和双目运算符。

单目运算符：++（递加1）、--（递减1）。

双目运算符：+（加）、-（减）、*（乘）、/（除）、%（取模）。

（2）字符串运算符。

字符串运算符"+"用于连接两个字符串，如"abc"+"123"。

（3）比较运算符。

比较运算符首先对操作数进行比较，然后再返回一个 true 或 false 值。有 8 个比较运算符：<（小于）、<=（小于或等于）、>（大于）、>=（大于或等于）、==（等于）、!=（不等于）。

（4）布尔运算符。

在 JavaScript 中增加了几个布尔逻辑运算符：!（取反）、&=（与之后赋值）、&（逻辑与）、

|=（或之后赋值）、|（逻辑或）、^=（异或之后赋值）、^（逻辑异或）、?:（三目操作符）、||（或）、==（等于）、|=（不等于）。

其中三目操作符主要格式如下：

> 操作数 ? 结果 1 ：结果 2

若操作数的结果为真，则表达式的结果为结果 1，否则为结果 2。

（5）位运算符。

位运算符分为位逻辑运算符和位移动运算符。

位逻辑运算符有：&（位与）、|（位或）、^（位异或）、-（位取反）、~（位取补）。

位移动运算符有：<<（左移）、>>（右移）、>>>（右移，零填充）。

（6）运算符的优先顺序。

表达式的运算是按运算符的优先级进行的。下列运算符按其优先顺序由高到低排列。

算术运算符：++、--、*、/、%、+、-。

字符串运算符：+。

位移动运算符：<<、>>、>>>。

位逻辑运算符有：&、|、^、-、~。

比较运算符：<、<=、>、>=、==、!=。

布尔运算符：!、&=、&、|=、|、^=、^、?:、||、==、|=。

8.4　JavaScript 的程序结构

在任何编程语言中，程序都是通过语句来实现的。在 JavaScript 中包含完整的一组编程语句，用于实现基本的程序控制和操作功能。在 JavaScript 中，每条语句后面以一个分号结尾。但是，JavaScropt 的要求并不严格，在编写脚本语言时，语句后面也可以不加分号。不过，建议加上分号，这是一种良好的编程习惯。

JavaScript 脚本程序是由控制语句、函数、对象、方法、属性等组成的。JavaScript 所提供的语句分为以下几大类。

8.4.1　简单语句

1．赋值语句

赋值语句的功能是把右边表达式赋值给左边的变量。其格式为：

> 变量名 = 表达式 ；

像 C 语言一样，JavaScript 也可以采用变形的赋值运算符，如 x+=y 等同于 x=x+y，其他运算符也一样。

2．注释语句

在 JavaScript 的程序代码中，可以插入注释语句以增加程序的可读性。注释语句有单行注释和多行注释之分。

单行注释语句的格式为：

```
// 注释内容
```

多行注释语句的格式为：

```
/* 注释内容
   注释内容 */
```

3．输出字符串

在 JavaScript 中常用的输出字符串的方法是利用 document 对象的 write()方法、window 对象的 alert()方法。

（1）用 document 对象的 write()方法输出字符串。document 对象的 write()方法的功能是向页面内写文本，其格式为：

```
document.write(字符串 1, 字符串 2, …) ;
```

（2）用 window 对象的 alert()方法输出字符串。window 对象的 alert()方法的功能是弹出提示对话框，其格式为：

```
alert(字符串) ;
```

4．输入字符串

在 JavaScript 中常用的输入字符串的方法是利用 window 对象的 prompt()方法以及表单的文本框。

（1）用 window 对象的 prompt()方法输入字符串。window 对象的 prompt()方法的功能是弹出对话框，让用户输入文本，其格式为：

```
prompt(提示字符串, 默认值字符串) ;
```

例如，下面代码用 prompt()方法得到字符串，然后赋值给变量 name。

```
<html>
<body>
<script language="JavaScript">
  var name=prompt("请输入您的姓名：", "") ;
  document.write("您好！"+name) ;
</script>
</body>
</html>
```

（2）用文本框输入字符串。使用 Blur 事件和 onBlur 事件处理程序，可以得到在文本框中输入的字符串。Blur 事件和 onBlur 事件的具体解释可参考本章事件处理程序的相关内容。

【例 8-3】下面代码执行时，在文本框中输入的文本，将在对话框中输出，本例文件 8-3.html 在浏览器中的显示效果如图 8-5 所示。代码如下：

```
<html>
<head>
<title>用文本框输入</title>
<script language="JavaScript">
  function test(str) {
    alert("您输入的内容是："+str);
    }
</script>
</head>
<body>
```

图 8-5　页面显示效果

```
    <form name="chform" method="post">
      <p>请输入:
      <input type="text" name="textname" onBlur="test(this.value)" value=""
size="10"></p>
    </form>
  </body>
  </html>
```

8.4.2 程序控制流程

1. 条件语句

JavaScript 提供了 if、if else 和 switch 3 种条件语句，条件语句也可以嵌套。

（1）if 语句。if 语句是最基本的条件语句，它的格式与 C++一样，其格式为：

```
if (条件)
  { 语句段 1；
    语句段 2；
      … ；
  }
```

"条件"是一个关系表达式，用来实现判断，"条件"要用( )括起来。如果"条件"的值为 true，则执行{ }里面的语句，否则跳过 if 语句执行后面的语句。如果语句段只有一句，可以省略{ }，如：

```
if (x==1)  y=6;
```

（2）if else 语句。if else 语句的格式为：

```
if (条件)
  语句段 1；
else
  语句段 2；
```

若"条件"为 true，则执行语句段 1；否则执行语句段 2。"条件"要用( )括起来。若 if 后的语句段有多行，则必须使用花括号将其括起来。

（3）switch 语句。分支语句 switch 根据变量的取值不同采取不同的处理方法。switch 语句的格式为：

```
switch (变量)
{ case 特定数值 1 :
      语句段 1；
      break；
  case 特定数值 2 :
      语句段 2；
      break；
  …
  default :
      语句段 3； }
```

"变量"要用( )括起来。必须用{ }把 case 括起来。即使语句段是由多个语句组成的，也不能用{ }括起来。

当 switch 中变量的值等于第一个 case 语句中的特定数值时，执行其后的语句段，执行到 break 语句时，直接跳离 switch 语句；如果变量的值不等于第一个 case 语句中的特定数值，则判断第二个 case 语句中的特定数值。如果所有的 case 都不符合，则执行 default 中的语句。如果省略 default 语句，当所有 case 都不符合时，则跳离 switch，什么都不执行。每条 case 语句中的 break 是必需的，如果没有 break 语句，将继续执行下一个 case 语句的判断。

【例 8-4】if 语句和 switch 语句的用法，本例文件 8-4.html 在浏览器中的显示效果如图 8-6 所示。代码如下：

```
<html>
  <head>
  <title>if and switch示例</title>
  </head>
  <body>
    <script language="JavaScript">
    var x=1, y ;
    document.write("x=1");
    document.write("<br>");
    if (x=1)
      document.write("x 等于 1");
    else
      document.write("x 不等于 1");
    document.write("<br>");
    switch (x)
    { case 0 : document.write("x 等于 0");
            break;
      case 1 : document.write("x 是等于 1");
            break;
      default : document.write("x 不等于 0 或 1");
    }
    </script>
  </body>
</html>
```

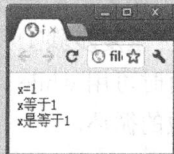

图 8-6　页面显示效果

2. 循环语句

JavaScript 中提供了多种循环语句，有 for、while 和 do while 语句，还提供用于跳出循环的 break 语句，用于终止当前循环并继续执行下一轮循环的 continue 语句，以及用于标记语句的 label。

（1）for 循环语句。for 循环语句的格式为：

```
for (初始化; 条件; 增量)
  {
    语句段;
  }
```

for 实现条件循环，当"条件"成立时，执行语句段，否则跳出循环体。

for 循环语句的执行步骤如下。

① 执行"初始化"部分，给计数器变量赋初值。

② 判断"条件"是否为真，如果为真则执行循环体，否则就退出循环体。

③ 执行循环体语句之后，执行"增量"部分。

④ 重复步骤②和③，直到退出循环。

JavaScript 也允许循环的嵌套，从而实现更加复杂的应用。

（2）while 循环语句。while 循环语句的格式为：

```
while (条件)
  {
```

```
    语句段;
  }
```

当条件表达式为真时就执行循环体中的语句。"条件"要用( )括起来。

while 语句的执行步骤如下。

① 计算"条件"表达式的值。

② 如果"条件"表达式的值为真，则执行循环体，否则跳出循环。

③ 重复步骤①和②，直到跳出循环。

有时可用 while 语句代替 for 语句。while 语句适合条件复杂的循环，for 语句适合已知循环次数的循环。

（3）do while 循环语句。do while 语句是 while 的变体，其格式为：

```
do
  {
    语句段;
  }
while  (条件)
```

do while 的执行步骤如下。

① 执行循环体中的语句。

② 计算条件表达式的值。

③ 如果条件表达式的值为真，则继续执行循环体中的语句，否则退出循环。

④ 重复步骤①和②，直到退出循环。

do while 语句的循环体至少要执行一次，而 while 语句的循环体可以一次也不执行。

不论使用哪一种循环语句，都要注意控制循环的结束标志，以避免出现死循环现象。

（4）break 语句。break 语句的功能是无条件跳出循环结构或 switch 语句。一般 break 语句是单独使用的，有时也可在其后面加一个语句标号，以表明跳出该标号所指定的循环体，然后执行循环体后面的代码。

（5）continue 语句。continue 语句的功能是结束本轮循环，跳转到循环的开始处，从而开始下一轮循环；而 break 语句则是结束整个循环。continue 可以单独使用，也可以与语句标号一起使用。

【例 8-5】循环结构的用法，在网页上输出 1～10 的数字后跳出循环，本例文件 8-5.html 在浏览器中的显示效果如图 8-7 所示。代码如下：

```
<html>
  <head>
  <title>continue 和 break 的用法</title>
  </head>
  <body>
   <script    language='javascript'    type='text/
javascript'>
     var x;
     document.write('continue 语句');
     for(x=1;x<10;x++)
       { if (x%2==0) continue;    // 遇到偶数则跳出此次循环，进入下次循环
         document.write(x+' ');
       }
     document.write('<br>');
     document.write('break 语句');
```

图 8-7　页面显示效果

```
    for (x=1;x<=10;x++)
      { if (x%3==0) break;      // 遇到能被 3 整除，结束整个循环
         document.write(x+' ');
      }
    </script>
  </body>
</html>
```

【说明】break 语句使得循环从 for 或 while 中跳出，continue 使得跳过循环内剩余的语句
而进入下一次循环。

8.5　函数

在 JavaScript 中，函数是能够完成一定功能的代码块，它可以在脚本中被事件和其他语句
调用。当一段代码很长，需要实现很多功能时，就可根据这段代码实现的功能而划分成几个
功能单一的函数，这样既可以提高程序的可读性，也利于脚本的编写和调试。

1. 函数的定义

JavaScript 中的函数可以使用参数来传递数据，也可以不使用参数。函数在完成功能后可
以有返回值，也可以不返回任何值。

JavaScript 也遵循先定义函数，后调用函数的规则。函数的定义通常放在 HTML 文档头
中，也可以放在其他位置，但最好放在文档头，这样就可以确保先定义后使用。

定义函数的格式为：

```
function 函数名(参数 1, 参数 2, … )
  {
     语句段；
     …
     return 表达式；          // return 语句指明被返回的值
  }
```

函数名是调用函数时引用的名称，一般用能够描述函数实现功能的单词来命名，也可以
用多个单词组合命名。参数是调用函数时接收传入数据的变量名，可以是常量、变量或表达
式，是可选的；可以使用参数列表，向函数传递多个参数，使得在函数中可以使用这些参数。
{}中的语句是函数的执行语句，当函数被调用时执行。如果返回一个值给调用函数的语句，
应在代码块中使用 return 语句。

【例 8-6】函数返回值的示例，本例文件 8-6.html 在浏览器中的显示效果如图 8-8 所示。
代码如下：

```
<html>
<head>
  <script language="JavaScript">
    function multiple(number1,number2) {
      var result = number1 * number2;
      return result;      // 函数有返回值
    }
  </script>
</head>
<body>
  <script language="JavaScript">
```

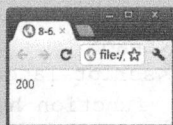

图 8-8　页面显示效果

```
        var result = multiple(10,20);      // 调用有返回值的函数
        document.write(result);
      </script>
  </body>
  </html>
```

2. 函数的调用

（1）无返回值的调用。如果函数没有返回值或调用程序不关心函数的返回值，可以用下面的格式调用定义的函数：

> 函数名(传递给函数的参数 1，传递给函数的参数 2，…);

（2）有返回值的调用。如果调用程序需要函数的返回结果，则要用下面的格式调用定义的函数：

> 变量名=函数名(传递给函数的参数 1，传递给函数的参数 2，…);

例如，result = multiple(10,20);。

对于有返回值的函数调用，也可以在程序中直接利用其返回的值。例如，document.write (multiple(10,20));。

（3）在超链接标记中调用函数。当单击超链接时，可以触发调用函数。有两种方法：

● 使用<a>标记的 onClick 属性调用函数，其格式为：

> <a href="#" onClick="函数名(参数表)"> 热点文本 </a>

● 使用<a>标记的 href 属性，其格式为：

> <a href="javascript:函数名(参数表)"> 热点文本 </a>

（4）在加载网页时调用函数。有时希望在加载（执行）一个网页时仅执行一次 JavaScript 代码，这时可使用<body>标记的 onLoad 属性，其代码形式为：

```
<head>
  <script language="JavaScript">
    function 函数名(参数表) {
      当网页加载完成后执行的代码;
    }
  </script>
</head>
<body onLoad="函数名(参数表);">
  网页的内容
</body>
```

【例 8-7】本例中的 hello()函数显示一个对话框，当网页加载完成后就调用一次 hello()函数，本例文件 8-7.html 在浏览器中的显示效果如图 8-9 所示。代码如下：

```
<html>
<head>
<script language="JavaScript">
  function hello() {          // 定义函数
    window.alert("Hello");
  }
</script>
</head>
<body onLoad="hello();">   <!-- 使用 onLoad 调用函数 -->
  网页内容
```

图 8-9　页面显示效果

```
    </body>
    </html>
```

3. 全局变量与局部变量

根据变量的作用范围，变量又可分为全局变量和局部变量。全局变量是在所有函数之外的脚本中定义的变量，其作用范围是这个变量定义之后的所有语句，包括其后定义的函数中的程序代码和它后面的其他<script>…</script>标记中的程序代码。局部变量是定义在函数代码之内的变量，只有在该函数中且位于这个变量定义之后的程序代码可以使用这个变量。局部变量对其后的其他函数和脚本代码来说都是不可见的。

如果在函数中定义了与全局变量同名的局部变量，则在该函数中且位于这个变量定义之后的程序代码使用的是局部变量，而不是全局变量。

8.6　基于对象的 JavaScript 语言

JavaScript 语言采用的是基于对象的（Object-Based）、事件驱动的编程机制，因此，必须理解对象以及对象的属性、事件和方法等概念。

1. 对象

（1）对象的概念。

JavaScript 中的对象是由属性（properties）和方法（methods）两个基本元素构成的。用来描述对象特性的一组数据，也就是若干个变量，称为属性；用来操作对象特性的若干个动作，也就是若干函数，称为方法。

简单地说，属性用于描述对象的一组特征，方法为对象实施一些动作，对象的动作常要触发事件，而触发事件又可以修改属性。一个对象建立以后，其操作就通过与该对象有关的属性、事件和方法来描述。

通过访问或设置对象的属性，并且调用对象的方法，即可对对象进行各种操作，从而获得需要的功能。

在 JavaScript 中，可以使用的对象有：JavaScript 的内置对象、由浏览器根据 Web 页面的内容自动提供的对象、用户自定义的对象。

（2）对象的使用。

要使用一个对象，有下面 3 种方法。

● 引用 JavaScnPt 内置对象。

● 由浏览器环境中提供。

● 创建新对象。

一个对象在被引用之前必须已经存在。

（3）对象的操作语句。在 JavaScript 中提供了几个用于操作对象的语句和关键字及运算符。

① for…in 语句。for…in 语句的基本格式为：

```
for(变量 in 对象){
    代码块;
    }
```

该语句的功能是用于对某个对象的所有属性进行循环操作，它将一个对象的所有属性名称逐一赋值给一个变量，并且不需要事先知道对象属性的个数。

② with 语句。with 语句的基本格式为：

```
with(对象){
    代码块;
}
```

该语句的功能用于声明一个对象，代码块中的语句都被认为是对这一对象属性进行的操作。这样，当需要对一个对象进行大量操作时，就可通过 with 语句来替代一连串的"对象名"，从而节省代码。

例如，下面是一个使用 Date 对象显示当前时间的程序。

```
<script language="javascript">
 var current_time=new Date();
 var
str_time=current_time.getHours()+":"+current_time.getMinutes()+":"+current_t
ime.getSeconds();
 alert(str_time);
</script>
```

可以使用 with 语句简写：

```
<script language="javascript">
  var current_time=new Date();
  with (current_time) {
    var str_time=getHours()+":"+getMinutes()+":"+getSeconds();
    alert(str_time);
  }
</script>
```

③ this 关键字。this 用于将对象指定为当前对象。

④ new 关键字。使用 new 可以创建指定对象的一个实例。其创建对象实例的格式为：

```
对象实例名=new 对象名(参数表);
```

⑤ delete 操作符。delete 操作符可以删除一个对象的实例。其格式为：

```
delete 对象名;
```

2．对象的属性

在 JavaScript 中，每一种对象都有一组特定的属性。有许多属性可能是大多数对象所共有的，如 name 属性定义对象的内部名称；还有一些属性只局限于个别对象才有。

对象属性的引用有 3 种方式。

（1）点（.）运算符。

把点放在对象实例名和属性之间，以此指向一个唯一的属性。属性的使用格式为：

```
对象名.属性名 = 属性值;
```

例如，一个名为 person 的对象实例，它包含了 sex、name、age 3 个属性，对它们的赋值可用如下代码：

```
person.sex="female";
person.name="Jane";
person.age=18;
```

（2）对象的数组下标。

通过"对象[下标]"的格式也可以实现对象的访问。在用对象的下标访问对象属性时，下标是从 0 开始的，而不是从 1 开始的。例如，前面代码可改为：

```
person[0]="female";
person[1]="Jane";
person[2]=18;
```

（3）通过字符串的形式实现。

通过"对象[字符串]"的格式实现对象的访问：

```
person["sex"]="female";
person["name"]="Jane";
person["age"]=18;
```

3．对象的事件

事件就是对象上所发生的事情。事件是预先定义好的、能够被对象识别的动作，如单击（Click）事件、双击（DblClick）事件、装载（Load）事件、鼠标移动（MouseMove）事件等，不同的对象能够识别不同的事件。通过事件，可以调用对象的方法，以产生不同的执行动作。

有关 JavaScript 的事件，在本章的后面介绍。

4．对象的方法

一般来说，方法就是要执行的动作。JavaScript 的方法是函数。如 window 对象的关闭（Close）方法、打开（Open）方法等。每个方法可完成某个功能，但其实现步骤和细节用户既看不到，也不能修改，用户能做的工作就是按照约定直接调用它们。

方法只能在代码中使用，其用法依赖于方法所需的参数个数以及它是否具有返回值。

在 JavaScript 中，对象方法的引用非常简单。只要在对象名和方法之间用点分隔就可指明该对象的某一种方法，并加以引用。其格式为：

```
对象名.方法()
```

例如，引用 person 对象中已存在的一个方法 howold()，则可使用：

```
document.write(person.howold());
```

8.7　DOM 编程

DOM 是一种与平台、语言无关的接口，允许程序和脚本动态地访问或更新 HTML 或 XML 文档的内容、结构和样式，且提供了一系列的函数和对象来实现访问、添加、修改及删除操作。HTML 文档中的 DOM 模型如图 8-10 所示。

DOM 对象的一个特点是，它的各种对象有明确的从属关系。也就是说，一个对象可能是从属于另一个对象的，而它又可能包含了其他的对象。

在从属关系中，window 对象的从属地位最高，它反映的是一个完整的浏览器窗口。window 对象的下级还包含 frame、document、location、history 对象，这些对象都是作为 window 对象的属性而存在的。

在 JavaScript 中，window 对象为默认的最高级对象，其他对象都直接或间接地从属于 window 对象，因此在引用其他对象时，不必再写"window."。

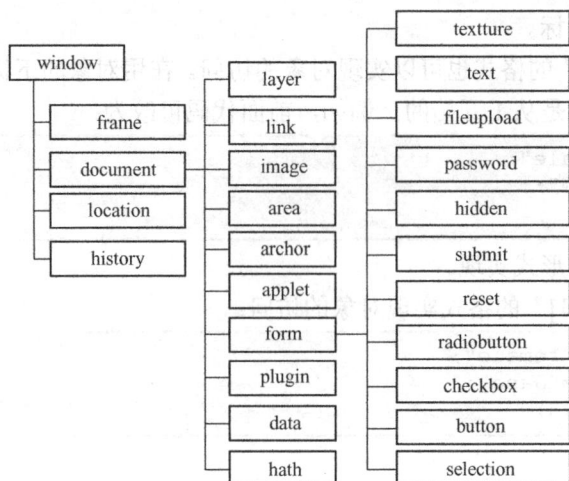

图 8-10　HTML 文档中的 DOM 模型

DOM 除了定义各种对象外，还定义了各个对象所支持的事件，以及各个事件所对应的用户的具体操作。

下面介绍几个重要的对象，以及如何运用 JavaScript 编程实现用户与 Web 页面交互。

8.7.1　window 对象

Window（窗口）对象处于整个从属关系的最高级，它提供了处理窗口的方法和属性。每一个 window 对象代表一个浏览器窗口。

1．window 对象的属性

window 对象的属性见表 8-1。

表 8-1　window 对象的属性

属　　性	描　　述
closed	只读，返回窗口是否已被关闭
opener	可返回对创建该窗口的 window 对象的引用
defaultStatus	可返回或设置窗口状态栏中的默认内容
status	可返回或设置窗口状态栏中显示的内容
innerWidth	只读，窗口的文档显示区的宽度（单位像素）
innerHeight	只读，窗口的文档显示区的高度（单位像素）
parent	如果当前窗口有父窗口，表示当前窗口的父窗口对象
self	只读，对窗口自身的引用
top	当前窗口的最顶层窗口对象
name	当前窗口的名称

2．window 对象的方法

在前面的章节已经使用了 prompt()、alert()和 confirm()等预定义函数，其在本质上是 window 对象的方法。除此之外，window 对象还提供了一些其他方法，见表 8-2。

表 8-2　window 对象的常用方法

方　　法	描　　述
open()	打开一个新的浏览器窗口或查找一个已命名的窗口
close()	关闭浏览器窗口
alert()	显示带有一段消息和一个确认按钮的对话框
prompt()	显示可提示用户输入的对话框
confirm()	显示带有一段消息以及确认按钮和取消按钮的对话框
moveBy(x,y)	可相对窗口的当前坐标将它移动指定的像素
moveTo(x,y)	可把窗口的左上角移动到一个指定的坐标(x,y)，但不能将窗口移出屏幕
setTimeout(code,millisec)	在指定的毫秒数后调用函数或计算表达式，仅执行一次
setInterval(code,millisec)	按照指定的周期（以毫秒计）来调用函数或计算表达式
clearTimeout()	取消由 setTimeout()方法设置的计时器
clearInterval()	取消由 setInterval()设置的计时器
focus()	可把键盘焦点给予一个窗口
blur()	可把键盘焦点从顶层窗口移开

【例 8-8】设置计时器，页面初次加载时显示初始的提示信息，延时 5000ms 后再调用 hello()
函数，显示其对话框，本例文件 8-8.html 在浏览器中显示的效果如图 8-11 和图 8-12 所示。

图 8-11　页面初次加载时显示的信息

图 8-12　延时 5000ms 后显示对话框

代码如下：

```
<html>
<head>
<title>计时器</title>
<script>
  function hello() {
    window.alert("欢迎您！");
  }
  window.setTimeout("hello()",5000);   //延时 5000ms 后再调用 hello()函数
</script>
</head>
<body>
  <h3>天地环保</h3>
</body>
</html>
```

8.7.2　document 对象

文档（document）对象包含当前网页的各种特征，是 window 对象的子对象，是指在浏览
器窗口中显示的内容部分，如标题、背景、使用的语言等。

1．document 对象的属性

document 对象的属性见表 8-3。

表 8-3　document 对象的属性

属　　性	描　　述
body	提供对 body 元素的直接访问
cookie	设置或查询与当前文档相关的所有 cookie
URL	返回当前文档的 URL
forms[]	返回对文档中所有的 form 对象集合

2．document 对象的方法

document 对象的方法见表 8-4。

表 8-4　document 对象的方法

方　　法	描　　述
open()	打开一个新文档，并擦除当前文档的内容
write()	向文档写入 HTML 或 JavaScript 代码
writeln()	write()方法作用基本相同，在每次内容输出后额外加一个换行符（\n），在使用<pre>标签时比较有用
close()	关闭一个由 document.open()方法打开的输出流，并显示选定的数据
getElementById()	返回对拥有指定 ID 的第一个对象
getElementsByName()	返回带有指定名称的对象的集合
getElementsByTagName()	返回带有指定标签名的对象的集合
getElementsByClassName()	返回带有指定 class 属性的对象集合，该方法属于 HTML5 DOM

在 document 对象的方法中，open()、write()、writeln()和 close()方法可以实现文档流的打开、写入、关闭等操作；而 getElementById()、getElementsByName()、getElementsByTagName()等方法用于操作文档中的元素。

【例 8-9】使用 getElementById()、getElementsByName()、getElementsByTagName()方法操作文档中的元素。浏览者填写表单中的选项后，单击"统计结果"按钮，弹出消息框显示统计结果，本例文件 8-9.html 在浏览器中的显示效果如图 8-13 所示。

代码如下：

```
<!doctype html>
<html>
<head>
<title>document 对象的方法</title>
<script type="text/javascript">
  function count(){
    var userName=document.getElementById("userName");
    var hobby=document.getElementsByName("hobby");
    var inputs=document.getElementsByTagName("input");
    var result="ID 为 userName 的元素的值："+userName.value+"\nname 为 hobby 的元素的个数: "+hobby.length+"\n\t 个人爱好: ";
    for(var i=0;i<hobby.length;i++){
```

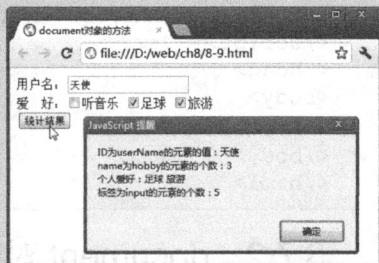

图 8-13　页面显示效果

```
      if(hobby[i].checked){
        result+=hobby[i].value+" ";
      }
    }
    result+="\n 标签为 input 的元素的个数: "+inputs.length
    alert(result);
  }
</script>
</head>
<body>
  <form name="myform">
    用户名: <input type="text" name="userName" id="userName" /><br/>
    爱　好: <input type="checkbox" name="hobby" value="听音乐"/>听音乐
    <input type="checkbox" name="hobby" value="足球"/>足球
    <input type="checkbox" name="hobby" value="旅游"/>旅游<br/>
    <input type="button" value="统计结果" onclick="count()"/>
  </form>
</body>
</html>
```

8.7.3　location 对象

位置（location）对象用于提供当前窗口或指定框架的 URL 地址。

1. location 对象的属性

location 对象中包含当前页面的 URL 地址的各种信息，例如，协议、主机服务器和端口号等，location 对象的属性见表 8-5。

表 8-5　location 对象的属性

属　性	描　述
protocol	设置或返回当前 URL 的协议
host	设置或返回当前 URL 的主机名称和端口号
hostname	设置或返回当前 URL 的主机名
port	设置或返回当前 URL 的端口部分
pathname	设置或返回当前 URL 的路径部分
href	设置或返回当前显示的文档的完整 URL
hash	URL 的锚部分（从#号开始的部分）
search	设置或返回当前 URL 的查询部分（从问号?开始的参数部分）

2. location 对象的方法

location 对象提供了以下 3 个方法，用于加载或重新加载页面中的内容，location 对象的方法见表 8-6。

表 8-6　location 对象的方法

方　法	描　述
assign(url)	可加载一个新的文档，与 location.href 实现的页面导航效果相同
reload(force)	用于重新加载当前文档；参数 force 默认为 false；当参数 force 为 false 且文档内容发生改变时，从服务器端重新加载该文档；当参数 force 为 false 但文档内容没有改变时，从缓存区中装载文档；当参数 force 为 true 时，每次都从服务器端重新加载该文档
replace(url)	使用一个新文档取代当前文档，且不会在 history 对象中生成新的记录

189

8.7.4 history 对象

历史（history）对象用于保存用户在浏览网页时所访问过的 URL 地址，history 对象提供了 back()、forward()和 go()方法来实现针对历史访问的前进与后退功能，history 对象的方法见表 8-7。

表 8-7　history 对象的方法

方　　法	描　　述
assign(url)	可加载一个新的文档，与 location.href 实现的页面导航效果相同
reload(force)	用于重新加载当前文档；参数 force 默认为 false；当参数 force 为 false 且文档内容发生改变时，从服务器端重新加载该文档；当参数 force 为 false 但文档内容没有改变时，从缓存区中装载文档；当参数 force 为 true 时，每次都从服务器端重新加载该文档
replace(url)	使用一个新文档取代当前文档，且不会在 history 对象中生成新的记录

8.7.5 form 对象

form 对象是 document 对象的子对象，通过 form 对象可以实现表单验证等效果。通过 form 对象可以访问表单对象的属性及方法。其语法格式为：

```
document.表单名称.属性
document.表单名称.方法(参数)
document.forms[索引].属性
document.forms[索引].方法(参数)
```

1. form 对象的属性

form 对象的属性见表 8-8。

表 8-8　form 对象的属性

属　　性	描　　述
elements[]	返回包含表单中所有元素的数组；元素在数组中出现的顺序与在表单中出现的顺序相同
enctype	设置或返回用于编码表单内容的 MIME 类型，默认值是"application/x-www-form-urlencoded"；当上传文件时，enctype 属性应设为"multipart/form-data"
target	可设置或返回在何处打开表单中的 action-URL，可以是 _blank、_self、_parent、_top
method	设置或返回用于表单提交的 HTTP 方法
length	用于返回表单中元素的数量
action	设置或返回表单的 action 属性
name	返回表单的名称

2. form 对象的方法

form 对象的方法见表 8-9。

表 8-9　form 对象的方法

方　　法	描　　述
submit()	表单数据提交到 Web 服务器
reset()	对表单中的元素进行重置

提交表单有两种方式：submit 提交按钮和 submit()提交方法。

在<form>标签中，onsubmit 属性用于指定在表单提交时调用的事件处理函数；在 onsubmit 属性中使用 return 关键字表示根据被调用函数的返回值来决定是否提交表单，当函数返回值为 true 时则提交表单，否则不提交表单。

8.8　JavaScript 的对象事件处理程序

8.8.1　对象的事件

在 JavaScript 中，事件是预先定义好的、能够被对象识别的动作，事件定义了用户与网页交互时产生的各种操作。例如，单击按钮时，就产生一个事件，告诉浏览器发生了需要进行处理的单击操作。每种对象能识别一组预先定义好的事件，但并非每一种事件都会产生结果，因为 JavaScript 只是识别事件的发生。为了使对象能够对某一事件做出响应（Respond），就必须编写事件处理函数。

事件处理函数是一段独立的程序代码，它在对象检测到某个特定事件时执行（响应该事件）。一个对象可以响应一个或多个事件，因此可以使用一个和多个事件过程对用户或系统的事件做出响应。

对象事件有 3 类。

● 用户引起的事件，如网页装载、表单提交等。

● 引起页面之间跳转的事件，主要是超链接。

● 表单内部与界面对象的交互，包括界面对象的改变等。这类事件可以按照应用程序的具体功能自由设计。

8.8.2　常用的事件及处理

1. 浏览器事件

浏览器事件主要由 Load、unLoad、DragDrop 以及 Submit 等事件组成。

（1）Load 事件。Load 事件发生在浏览器完成一个窗口或一组帧的装载之后。onLoad 句柄在 Load 事件发生后由 JavaScript 自动调用执行。因为这个事件处理函数可在其他所有的 JavaScript 程序和网页之前被执行，可以用来完成网页中所用数据的初始化，如弹出一个提示窗口，显示版权或欢迎信息，弹出密码认证窗口等。例如：

```
<body onLood="window.alert(Pleae input password!")>
```

网页开始显示时并不触发 Load 事件，只有当所有元素（包含图像、声音等）被加载完成后才触发 Load 事件。

（2）Unload 事件。Unload 事件发生在用户在浏览器的地址栏中输入一个新的 URL，或者使用浏览器工具栏中的导航按钮，从而使浏览器试图载入新的网页。在浏览器载入新的网页之前，自动产生一个 Unload 事件，通知原有网页中的 JavaScript 脚本程序。

onUnload 事件与 onLoad 事件构成一对功能相反的事件处理模式。使用 onLoad 事件句柄可以初始化网页，而使用 onUnload 事件句柄则可以结束网页。

下面的例子在打开 HTML 文件时显示"欢迎"，在关闭浏览器窗口时显示"再见"。

```html
<html>
  <body onLoad="alert('欢迎')" onUnload="alert('再见')" >
    网页内容
  </body>
</html>
```

（3）Submit 事件。Submit 事件在完成信息的输入，准备将信息提交给服务器处理时发生。onSubmit 句柄在 Submit 事件发生时由 JavaScript 自动调用执行。onSubmit 句柄通常在<form>标记中声明。

为了减少服务器的负担，可在 Submit 事件处理函数中实现最后的数据校验。如果所有的数据验证都能通过，则返回一个 true 值，让 JavaScript 向服务器提交表单，把数据发送给服务器；否则，返回一个 false 值，禁止发送数据，且给用户相关的提示，让用户重新输入数据。

2. 鼠标事件

常用的鼠标事件有 MouseDown、MouseMove、MouseUp、MouseOver、MouseOut、Click、Blur 及 Focus 等事件。

（1）MouseDown 事件。当按下鼠标的某一个键时发生 MouseDowm 事件。在这个事件发生后，JavaScript 自动调用 MouseDown 句柄。在 JavaScript 中，如果发现一个事件处理函数返回 false 值，就中止事件的继续处理。如果 MouseDown 事件处理函数返回 false 值，与鼠标操作有关的其他一些操作，如拖放、激活超链接等都会无效，因为这些操作首先都必须产生 MouseDown 事件。

（2）MouseMove 事件。移动鼠标时，发生 MouseMove 事件。这个事件发生后，JavaScript 自动调用 onMouseMove 句柄。MouseMove 事件不从属于任何界面元素。只有当一个对象（浏览器对象 window 或 document）要求捕获事件时，这个事件才在每次鼠标移动时产生。

（3）MouseUp 事件。释放鼠标键时，发生 MouseUp 事件。在这个事件发生后，JavaScript 自动调用 onMouseUp 句柄。这个事件同样适用于普通按钮、网页及超链接。

（4）MouseOver 事件。当光标移动到一个对象上面时，发生 MouseOver 事件。在 MouseOver 事件发生后，JavaScript 自动调用执行 onMouseOver 句柄。

在通常情况下，当光标扫过一个超链接时，超链接的目标会在浏览器的状态栏中显示；也可通过编程在状态栏中显示提示信息或特殊的效果，使网页更具有变化性。在下面的示例代码中，第 1 行代码当光标在超链接上时可在状态栏中显示指定的内容，第 2、3、4 行代码是当光标在文字或图像上时，弹出相应的对话框。

```html
<a href="http://www.sohu.com/" onMouseOver="window.status='你好吗';return
true">请单击</a>
<a href onmouseover="alert('弹出信息！')">显示的链接文字</a>
<img src="image1.jpg" onMouseOver="alert('在图像之上');"><br>
<a href="#" onMouseOver="window.alert('在链接之上');"><img src="image2.
jpg"></a><hr>
```

（5）MouseOut 事件。MouseOut 事件发生在光标离开一个对象时。在这个事件发生后，JavaScript 自动调用 onMouseOut 句柄。这个事件适用于区域、层及超链接对象。

【例 8-10】MouseOut 事件示例。浏览者将鼠标移至页面中的"搜狐网"链接并离开它时，将弹出确认框，如果单击"确认"按钮，则页面跳转至"搜狐网"的主页，本例文件 8-10.html

在浏览器中显示的效果如图 8-14 和图 8-15 所示。

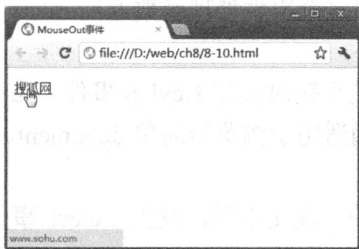

图 8-14　鼠标移至"搜狐网"链接

图 8-15　离开链接后弹出确认框

代码如下：

```html
<html>
<head>
<title>MouseOut 事件</title>
<script language="JavaScript">
  function warn(){
    if (confirm("下面将自动转到搜狐网"))
      window.location="http://www.sohu.com";
  }
</script>
</head>
<body>
  <p><a href="http://www.sohu.com" onMouseOut="warn()">搜狐网</a></p>
</body>
</html>
```

（6）Click 事件。Click 事件可在两种情况下发生：在一个表单上的某个对象被单击时发生；在单击一个超链接时发生。onClick 事件句柄在 Click 事件发生后由 JavaScript 自动调用执行。onClick 事件句柄适用于普通按钮、提交按钮、单选按钮、复选框及超链接。下面代码用于单击图像后弹出一个对话框：

```html
<img src="image1.jpg" onClick="window.alert('单击图像');"><br>
```

（7）Blur 事件。Blur 事件是在一个表单中的选择框、文本输入框中失去焦点时，即在表单其他区域单击鼠标时发生。即使此时当前对象的值没有改变，仍会触发 onBlur 事件。onBlur 事件句柄在 Click 事件发生后，由 JavaScript 自动调用执行。

（8）Focus 事件。在一个选择框、文本框或文本输入区域得到焦点时发生 Focus 事件。onFocus 事件句柄在 Click 事件发生时由 JavaScript 自动调用执行。用户可以通过单击对象，也可通过键盘上的"Tab"键使一个区域得到焦点。

onFocus 句柄与 onBlur 句柄功能相反。

3．键盘事件

常用的键盘事件有 KeyDown、KeyPress、KeyUp、Select 和 Change 事件。

（1）KeyDown 事件。当在键盘上按下一个键时，发生 KeyDown 事件。在这个事件发生后，由 JavaScript 自动调用 onKeyDown 句柄。该句柄适用于浏览器对象 document、图像、超链接及文本区域。

（2）KeyPress 事件。当在键盘上按下一个键时，发生 KeyDown 事件。在这个事件发生后，由 JavaScript 自动调用 onKeyPress 句柄。该句柄适用于浏览器对象 Document、图像、超链接及文本区域。

KeyDown 事件总是发生在 KeyPress 事件之前。如果这个事件处理函数返回 false 值，就不会产生 KeyPress 事件。

（3）KeyUp 事件。当在键盘上按下一个键，再释放这个键时发生 KeyUp 事件。在这个事件发生后由 JavaScript 自动调用 onKeyUp 句柄。这个句柄适用于浏览器对象 document、图像、超链接及文本区域。

（4）Select 事件。选定文本输入框或文本输入区域的一段文本后，发生 Select 事件。在 Select 事件发生后，由 JavaScript 自动调用 onSelect 句柄。onSelect 句柄适用于文本输入框及文本输入区。

（5）Change 事件。在一个选择框、文本输入框或文本输入区域失去焦点，其中的值又发生改变时，就会发生 Change 事件。在 Change 事件发生时，由 JavaScript 自动调用 onChange 句柄。Change 事件是个非常有用的事件，它的典型应用是验证一个输入的数据。

8.8.3 表单对象与交互性

form 对象（称表单对象或窗体对象）提供一个让客户端输入文字或选择的功能，例如，单选按钮、复选框、选择列表等，由<form>标签组构成，JavaScript 自动为每一个表单建立一个表单对象，并可以将用户提供的信息送至服务器进行处理，当然也可以在 JavaScript 脚本中编写程序对数据进行处理。

表单中的基本元素（子对象）有按钮、单选按钮、复选按钮、提交按钮、重置按钮、文本框等。在 JavaScript 中要访问这些基本元素，必须通过对应特定的表单元素的表单元素名来实现。每个元素主要通过该元素的属性或方法来引用。

调用 form 对象的一般格式为：

```
<form name="表单名" action="URL" …>
  <input type="表项类型" name="表项名" value="默认值" 事件="方法函数"…>
   …
</form>
```

1．Text 单行单列输入元素

功能：对 Text 标识中的元素实施有效的控制。

属性：

● name：设定提交信息时的信息名称。对应于 HTML 文档中的 name。

● value：用以设定出现在窗口中对应 HTML 文档中 value 的信息。

● defaultvalue：包括 Text 元素的默认值。

方法：

● blur()：将当前焦点移到后台。

● select()：加亮文字。

事件：

● onFocus：当 Text 获得焦点时，产生该事件。

● onBlur：当元素失去焦点时，产生该事件。

● onselect：当文字被加亮显示后，产生该文件。

● onchange：当 Text 元素值改变时，产生该文件。

2．Textarea 多行多列输入元素

功能：对 Textarea 中的元素进行控制。

属性：

● name：设定提交信息时的信息名称，对应 HTML 文档 Textarea 的 name。

● value：设定出现在窗口中对应 HTML 文档中 value 的信息。

● defaultvalue：元素的默认值。

方法：

● blur()：将输入焦点失去。

● select()：加亮文字。

事件：

● onBlur：当失去输入焦点后产生该事件。

● onFocus：当输入获得焦点后，产生该文件。

● onChange：当文字值改变时，产生该事件。

● onSelect：加亮文字，产生该文件。

3．Select 选择元素

功能：实施对滚动选择元素的控制。

属性：

● name：设定提交信息时的信息名称，对应文档 Select 中的 name。

● value：用以设定出现在窗口中对应 HTML 文档中 value 的信息。

● length：对应文档 Select 中的 length。

● options：组成多个选项的数组。

● selectIndex：指明一个选项。

● text：选项对应的文字。

● selected：指明当前选项是否被选中。

● index：指明当前选项的位置。

● defaultselected：默认选项。

事件：

● onBlur：当 Select 选项失去焦点时，产生该文件。

● onFocas：当 Select 获得焦点时，产生该文件。

● onChange：选项状态改变后，产生该事件。

4．Button 按钮

功能：对 Button 按钮的控制。

属性：

● name：设定提交信息时的信息名称，对应文档中 Button 的 name。

● value：设定出现在窗口中对应 HTML 文档中 value 的信息。

方法：click()：该方法类似于单击一个按钮。

事件：onclick：当单击 Button 按钮时，产生该事件。

5．Checkbox 检查框

功能：实施对一个具有复选框中元素的控制。

属性：

- name：设定提交信息时的信息名称。
- value：用以设定出现在窗口内对应 HTML 文档中 value 的信息。
- checked：该属性指明框的状态 true/false。
- defauitchecked：默认状态。

方法：click()：使得框的某一个项被选中。

事件：onclick：当框被选中时，产生该事件。

6．Password 口令

功能：对具有口令输入的元素的控制。

属性：

- name：设定提交信息时的信息名称，对应 HTML 文档中 Password 的 name。
- value：设定出现在窗口中对应 HTML 文档中 value 的信息。
- defaultvalu：默认值。

方法：

- select()：加亮输入口令域。
- blur()：失去 Password 输入焦点。
- focus()：获得 Password 输入焦点。

7．Submit 提交元素

功能：对一个具有提交功能按钮的控制。

属性：

- name：设定提交信息时的信息名称，对应 HTML 文档中 submit。
- value：用以设定出现在窗口中对应 HTML 文档中 value 的信息。

方法：click()：相当于单击 Submit 按钮。

事件：onclick：当单击该按钮时，产生该事件。

8.9　综合案例——Web 页面信息交互

在讲解了 JavaScript 程序设计的基础知识后，下面通过一个综合案例的讲解，让读者掌握如何使用 form 对象实现 Web 页面信息交互。

【例 8-11】使用 form 对象实现 Web 页面信息交互，要求浏览者输入姓名且接受商城协议。当不输入姓名且未接受协议时，单击"提交"按钮后会弹出警告框，提示用户输入姓名且接受协议；当用户输入姓名且接受协议时，单击"复位"按钮后会弹出确认框，等待用户确认是否清除输入的信息。本例文件 8-11.html 在浏览器中显示的效果如图 8-16 所示。

图 8-16　使用 form 对象实现 Web 页面信息交互

代码如下：

```html
<html>
<head>
<title>使用 form 对象实现 Web 页面信息交互</title>
<script>
function check(){
if
(window.document.form1.name1.value.length==0&&window.document.form1.agree.ch
ecked==false)
   alert("姓名不能为空且必须接受协议!");
   return true;
}
function set() {
if (confirm("真的清除吗?"))        //在弹出的确认框中如果用户单击"确定"按钮
  return true;                      //函数返回真
else
  return false;
}
</script>
</head>
<body>
  <form    name="form1"    action=""    method="post"    onsubmit="check()"
onreset="set()">
     请输入姓名 <input type="text" name="name1" size="16"><br>
     接受商城协议 <input type="checkbox" name="agree"><br>
     <input type="submit" value="提交">
     <input type="reset" value="复位">
  </from>
</body>
</html>
```

【说明】在 JavaScript 程序中使用 form 对象，可以实现更为复杂的 Web 页面信息交互过程。但前提是这些交互过程只在 Web 页面内进行，不需要占用服务器资源。

习题 8

1. 已知圆的半径是 10，计算圆的周长和面积，如图 8-17 所示。
2. 使用多重循环在网页中输出乘法口诀表，如图 8-18 所示。

图 8-17 题 1 图

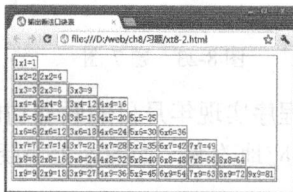

图 8-18 题 2 图

3. 在页面中用中文显示当天的日期和星期，如图 8-19 所示。
4. 在网页中显示一个工作中的数字时钟，如图 8-20 所示。
5. 编写程序实现按时间随机变化的网页背景，如图 8-21 所示。

图 8-19　题 3 图　　　　　　　　　　图 8-20　题 4 图

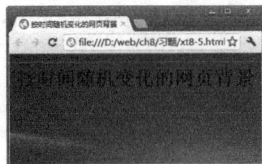
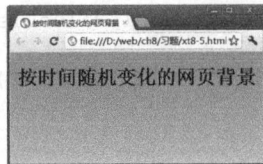

图 8-21　题 5 图

6．使用 window 对象的 setTimeout()方法和 clearTimeout()方法设计一个简单的计时器。当单击"开始计时"按钮后启动计时器，文本框从 0 开始计时；单击"暂停计时"按钮后暂停计时，如图 8-22 所示。

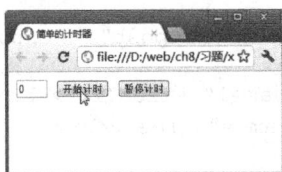
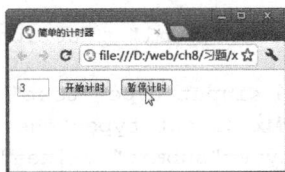

图 8-22　题 6 图

7．使用对象的事件编程实现当用户选择下拉菜单的颜色时，文本框的字体颜色跟随改变，如图 8-23 所示。

8．制作一个禁止使用鼠标右键操作的网页。当浏览者在网页上单击鼠标右键时，自动弹出一个警告对话框，禁止用户使用右键快捷菜单，如图 8-24 所示。

图 8-23　题 7 图　　　　　　　　　　图 8-24　题 8 图

9．编写程序实现年月日的联动功能，当改变"年"、"月"菜单的值时，"日"菜单的值的范围也会相应地改变，如图 8-25 所示。

图 8-25　题 9 图

HTML5 引入了多媒体、API、数据库支持等高级应用功能，允许更大的灵活性，支持开发非常精彩的交互式网站。HTML5 还提供了高效的数据管理、绘制、视频和音频工具，结合 JavaScript 编程，进一步促进了 Web 应用的开发。

9.1 HTML5 拖放 API

拖放是 HTML5 标准中非常重要的部分，通过拖放应用程序编程接口（Application Programming Interface，API）可以让 HTML 页面中的任意元素都变成可拖放的，使用拖放机制可以开发出更友好的人机交互界面。

拖放操作可以分为两个动作：在某个元素上按下鼠标左键移动鼠标（没有松开鼠标左键），此时开始拖动，在拖动的过程中，只要没有松开鼠标左键，将会不断产生事件，这个过程称为"拖"；把被拖动的元素拖动到另外一个元素上并松开鼠标左键，这个过程称为"放"。

9.1.1 draggable 属性

draggable 属性用来定义元素是否可以拖放，该属性有两个值：true 和 false，默认为 false，当值为 true 时表示元素选中后可以进行拖放操作，否则不能拖放。

【例 9-1】draggable 属性示例，本例文件 9-1.html 在浏览器中的显示效果如图 9-1 所示。代码如下：

```
<!doctype html>
<html>
<head>
<meta charset="gb2312">
<title>draggable 属性示例</title>
</head>
<body>
<h1 align="center">元素 draggable 属性</h1>
<p draggable="true">可以拖放的文字</p>
可以拖放的图片  <img src="images/logo.png"
border="1" draggable="true">
</body>
</html>
```

图 9-1 页面显示效果

【说明】draggable 属性设置为 true 时仅表示当前元素允许拖放，但并不能真正实现拖放，必须与 JavaScript 脚本结合使用才能实现该功能，在接下来的案例中将会讲解如何实现这一功能。

9.1.2 拖放触发的事件和数据传递

在 9-1.html 文件中，设置元素的 draggable 属性为 true 只是定义了当前元素允许拖放，用户看不到拖放的效果，并且在拖放时也不能携带数据。因此，使用拖放时，还需要通过 JavaScript 脚本绑定事件监听器，并在事件监听器中设置所需携带的数据。

1．拖放触发的事件

在拖放过程中，可触发的事件见表 9-1。

表 9-1　拖放时可能触发的事件

事　件	事　件　源	描　　述
ondragstart	被拖放的 HTML 元素	开始拖放元素时触发该事件
ondrag	被拖放的 HTML 元素	拖放元素过程中触发该事件
ondragend	被拖放的 HTML 元素	拖放元素结束时触发该事件
ondragenter	拖放时鼠标所进入的目标元素	被拖放的元素进入目标元素的范围内时触发该事件
ondragleave	拖放时鼠标所离开的元素	被拖放的元素离开当前元素的范围内时触发该事件
ondragover	拖放时鼠标所经过的元素	在所经过的元素范围内，拖放元素时会不断地触发该事件
ondrop	停止拖放时鼠标所释放的目标元素	被拖放的元素释放到当前元素中时，会触发该事件

2．数据传递

dataTransfer 对象用于从被拖放元素向目标元素传递数据，其中提供了许多实用的属性和方法。例如，通过 dropEffect 与 effectAllowed 属性相结合可以自定义拖放的效果，使用 setData( ) 和 getData( ) 方法可以将拖放元素的数据传递给目标元素。

dataTransfer 对象的属性见表 9-2。

表 9-2　dataTransfer 对象的属性

属　性	描　　述
dropEffect	设置或返回允许的操作类型，可以是 none、copy、link 或 move
effectAllowed	设置或返回被拖放元素的操作效果类别，可以是 none、copy、copyLink、copyMove、link、linkMove、move、all 或 uninitialized
items	返回一个包含拖动数据的 dataTransferItemList 对象
types	返回一个 DOMStringList，包括了存入 dataTransfer 对象中数据的所有类型
files	返回一个拖动文件的集合，如果没有拖动文件该属性为空

dataTransfer 对象的方法见表 9-3。

表 9-3　dataTransfer 对象的方法

方　法	描　　述
setData(format,data)	向 dataTransfer 对象中添加数据
getData(format)	从 dataTransfer 对象读取数据
clearData(format)	清除 dataTransfer 对象中指定格式的数据
setDragImage(icon,x,y)	设置拖放过程中的图标，参数 x、y 表示图标的相对坐标

在 dataTransfer 对象所提供的方法中，参数 format 用于表示在读取、添加或清空数据时的

数据格式，该格式包括 text/plain（文本文字格式）、text/html（HTML 页面代码格式）、text/xml（XML 字符格式）和 text/url-list（URL 格式列表）。

【例 9-2】HTML5 拖放示例，用户可以拖动页面中的图片放到目标矩形中，本例文件 9-2.html 在浏览器中的显示效果如图 9-2 所示。

图 9-2　页面显示效果

代码如下：

```
<!doctype html>
<html>
<head>
<meta charset="gb2312">
<title>HTML5 拖放示例</title>
<style type="text/css">
  #div1{                                    //目标矩形的样式
    width:500px;
    height:80px;
    padding:10px;
    border:1px solid #aaaaaa;               //边框为 1px 浅灰色实线边框
  }
</style>
<script type="text/javascript">
function allowDrop(ev){
  ev.preventDefault();                      //设置允许将元素放到其他元素中
}
function drag(ev){
  ev.dataTransfer.setData("Text",ev.target.id);    /*设置被拖放元素的数据类型
和值*/
}
function drop(ev){                          //当放置被拖放元素时发生 drop 事件
  ev.preventDefault();                      //设置允许将元素放到其他元素中
  var data=ev.dataTransfer.getData("Text");    /*从 dataTransfer 对象读取被拖
放元素的数据*/
  ev.target.appendChild(document.getElementById(data));
}
</script>
</head>
<body>
<p>请把天地环保网站的标志图片拖放到矩形中：</p>
<div id="div1" ondrop="drop(event)" ondragover="allowDrop(event)"></div>
<br />
<img  id="drag1"  src="images/logo.png"  draggable="true"  ondragstart=
"drag(event)" />
</body>
</html>
```

【说明】

（1）开始拖放元素时触发 ondragstart 事件，在事件的代码中使用 dataTransfer.setData( ) 方法设置被拖放元素的数据类型和值。在本例中，被拖放元素的数据类型是"Text"，值是被拖放元素的 id（即"drag1"）。

（2）ondragover 事件规定放置被拖放元素的位置，默认为无法将元素放到其他元素中。如果需要设置允许放置，必须阻止对元素的默认处理方式，需要通过调用 ondragover 事件的 event.preventDefault( )方法来实现这一功能。

（3）当放置被拖放元素时将触发 drop 事件。在本例中，div 元素的 ondrop 属性调用了一个函数 drop(event)来实现放置被拖放元素的功能。

9.2　多媒体播放

在 HTML5 出现之前并没有将视频和音频嵌入到页面的标准方式，多媒体内容在大多数情况下都是通过第三方插件或集成在 Web 浏览器的应用程序置于页面中的。通过这样的方式实现的音频、视频功能，需要借助第三方插件，并且实现代码复杂冗长。由于这些插件不是浏览器自身提供的，往往需要手动安装，不仅烦琐而且容易导致浏览器崩溃。运用 HTML5 中新增的<video>标签和<audio>标签可以避免这样的问题。

9.2.1　HTML5 的多媒体支持

HTML5 中提供了<video>和<audio>标签，可以直接在浏览器中播放视频和音频文件，无须事先在浏览器上安装任何插件，只要浏览器本身支持 HTML5 规范即可。

HTML5 对原生音频和视频的支持潜力巨大，但由于音频、视频的格式众多，以及相关厂商的专利限制，导致各浏览器厂商无法自由使用这些音频和视频的解码器，浏览器能够支持的音频和视频格式相对有限。如果用户需要在网页中使用 HTML5 的音频和视频，就必须熟悉下面列举的音频和视频格式。音频格式有 Ogg Vorbis、MP3、WAV，视频格式有 Ogg、H.264（MP4）、WebM。

1．音频格式

（1）Ogg Vorbis。Ogg Vorbis 是一种新的音频压缩格式，类似于 MP3 等现有的音乐格式。它是完全免费、开放和没有专利限制的。Ogg Vobis 有一个很出众的特点，就是支持多声道。Ogg Vorbis 文件的扩展名是.ogg，这种文件的设计格式非常先进，目前创建的 Ogg 文件可以在未来的任何播放器上播放。因此，这种文件格式可以不断地进行大小和音质的改良，而不影响旧有的编码器或播放器。

（2）MP3。MP3 格式诞生于 20 世纪 80 年代的德国。所谓的 MP3 是指 MPEG 标准中的音频部分，也就是 MPEG 音频层。MPEG 音频文件的压缩是一种有损压缩，通过牺牲声音文件中 12～16kHz 之间的高音频部分的质量来压缩文件的大小。相同时间长度的音乐文件，用 MP3 格式存储，一般只有 WAV 文件的 1/10，而音质也次于 CD 格式或 WAV 格式的声音文件。

（3）WAV。WAV 格式是 Microsoft 公司开发的一种声音文件格式，用于保存 Windows 平台的音频信息资源，被 Windows 平台及其应用程序所支持，支持多种音频位数、采样频率和声道，是目前 PC 上广为流行的声音文件格式。几乎所有的音频编辑软件都识别 WAV 格式。

2．视频格式

（1）Ogg。Ogg 也是 HTML5 所使用的视频格式之一。Ogg 采用多通道编码技术，可以在保持编码器的灵活性的同时而不损害原本的立体声空间影像，而且实现的复杂程度比传统的联合立体声方式要低。

（2）H.264（MP4）。MP4 的全称是 MPEG-4 Part 14，是一种储存数字音频和数字视频的多媒体文件格式，文件扩展名为.mp4。MP4 封装格式是基于 QuickTime 容器格式定义的，媒体描述与媒体数据分开，目前被广泛应用于封装 H.264 视频和 ACC 音频，是高清视频的代表。

（3）WebM。WebM 由 Google 提出，是一个开放、免费的媒体文件格式。WebM 影片格式其实是以 Matroska（即 MKV）容器格式为基础开发的新容器格式，包括了 VP8 影片轨和 Ogg Vorbis 音轨。WebM 标准的网络视频更加偏向于开源并且是基于 HTML5 标准的，WebM 项目旨在为对每个人都开放的网络开发高质量、开放的视频格式，其重点是解决视频服务这一核心的网络用户体验。

9.2.2　音频标签

目前，大多数音频是通过插件（如 Flash）来播放的。然而，并非所有浏览器都拥有同样的插件。HTML5 规定了一种通过音频标签<audio>来包含音频的标准方法，<audio>标签能够播放声音文件或音频流。

1．<audio>标签支持的音频格式及浏览器兼容性

<audio>标签支持 3 种音频格式，在不同的浏览器中的兼容性见表 9-4。

表 9-4　3 种音频格式的浏览器兼容性

音频格式	IE 9+	Firefox	Opera	Chrome	Safari
Ogg Vorbis		√	√	√	
MP3	√			√	√
WAV		√	√		√

HTML5 推荐使用 Ogg Vobis 音频格式。

2．<audio>标签的属性

<audio>标签的属性见表 9-5。

表 9-5　<audio>标签的属性

属　　性	描　　述
autoplay	如果出现该属性，则音频在就绪后马上播放
controls	如果出现该属性，则向用户显示控件，比如播放、暂停和音量控件
loop	如果出现该属性，则每当音频结束时重新开始播放
preload	如果出现该属性，则音频在页面加载时进行加载，并预备播放
src	要播放音频的 URL

为了解决浏览器对音频和视频格式的支持，使用<source>标签为音频或视频指定多个媒

体源，浏览器可以选择适合自己播放的媒体源。

【例 9-3】使用<audio>标签播放音频，本例文件 9-3.html 在浏览器中的显示效果如图 9-3 所示。代码如下：

```
<!doctype html>
<html>
<head>
<meta charset="gb2312">
<title>音频标签 audio 示例</title>
</head>
<body>
  <h3>播放音频</h3>
  <audio controls="controls" autoplay= "autoplay">
    <source src="audio/song.mp3" type="audio/mpeg" />
    <source src="audio/song.ogg" type="audio/ogg" />
    <source src="audio/song.wav" type="audio/x-wav" />
    您的浏览器不支持音频标签
  </audio>
</body>
</html>
```

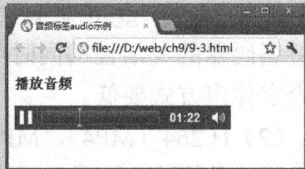

图 9-3　页面的显示效果

【说明】

（1）<audio>与</audio>标签之间插入的内容是供不支持<audio>标签的浏览器显示的。

（2）<audio>标签允许包含多个<source>标签。<source>标签可以链接不同的音频文件，浏览器将使用第一个可识别的格式。

9.2.3　视频标签

对于视频来说，大多数视频也是通过插件（如 Flash）来显示的。然而，并非所有浏览器都拥有同样的插件。

HTML5 规定了一种通过视频标签<video>来包含视频的标准方法。<video>标签能够播放视频文件或视频流。

1．<video>标签支持的视频格式及浏览器兼容性

<video>标签支持 3 种视频格式，在不同的浏览器中的兼容性见表 9-6。

表 9-6　3 种视频格式的浏览器兼容性

视频格式	IE 9+	Firefox	Opera	Chrome	Safari
Ogg		√	√	√	
MPEG 4	√			√	√
WebM		√	√	√	

HTML5 推荐使用 Ogg 视频格式。

2．<video>标签的属性

<video>标签的属性见表 9-7。

表 9-7　<video>标签的属性

属　　性	描　　述
autoplay	如果出现该属性，则视频在就绪后马上播放

续表

属　　性	描　　述
controls	如果出现该属性，则向用户显示控件，比如播放、暂停和音量控件
height	设置视频播放器的高度
loop	如果出现该属性，则每当音频结束时重新开始播放
preload	如果出现该属性，则视频在页面加载时进行加载，并预备播放。如果使用"autoplay"，则忽略该属性
src	要播放音频的 URL
width	设置视频播放器的宽度

【例 9-4】使用<video>标签播放视频，本例文件 9-4.html 在浏览器中的显示效果如图 9-4 所示。代码如下：

```html
<html>
<head>
<meta charset="gb2312">
<title>视频标签 video 示例</title>
</head>
<body>
 <h3>播放视频</h3>
 <video controls="controls" autoplay="autoplay">
   <source src="video/movie.ogg" type="video/
ogg" />
   <source src="video/movie.mp4" type="video/
mp4" />
   <source src="video/movie.webm" type="video/
webm" />
       您的浏览器不支持视频标签
 </video>
</body>
</html>
```

图 9-4　页面的显示效果

【说明】

（1）<video>与</video>标签之间插入的内容是供不支持<video>标签的浏览器显示的。

（2）<video>标签同样允许包含多个<source>标签，这里不再赘述。

9.2.4　HTML5 多媒体 API

HTML 5 中提供了 video 和 audio 对象，用于控制视频或音频的回放及当前状态等信息，video 和 audio 对象的相似度非常高，区别在于所占屏幕空间不同，但属性与方法基本相同。video 和 audio 对象常用的属性见表 9-8。

表 9-8　video 和 audio 对象常用的属性

属　　性	描　　述
autoplay	用于设置或返回是否在就绪（加载完成）后随即播放音频
controls	用于设置或返回视频（音频）是否应该显示控件（如播放/暂停等）
currentSrc	返回当前视频（音频）的 URL
currentTime	用于设置或返回视频（音频）中的当前播放位置（以秒计）
duration	返回视频（音频）的总长度（以秒计）
defaultMuted	用于设置或返回视频（音频）默认是否静音

续表

属　　性	描　　述
muted	用于设置或返回是否关闭声音
ended	返回视频（音频）的播放是否已结束
readyState	返回视频（音频）当前的就绪状态
paused	用于设置或返回视频（音频）是否暂停
volume	用于设置或返回视频（音频）的音量
loop	用于设置或返回视频（音频）是否应在结束时再次播放
networkState	返回视频（音频）的当前网络状态
src	用于设置或返回视频（音频）的 src 属性的值

video 和 audio 对象常用的方法见表 9-9。

表 9-9　video 和 audio 对象常用的方法

方　　法	描　　述
play()	开始播放视频（音频）
pause()	暂停当前播放的视频（音频）
load()	重新加载视频（音频）元素
canPlayType()	检查浏览器是否能够播放指定的视频（音频）类型
addTextTrack()	向视频添（音频）加新的文本轨道

【例 9-5】使用 video 对象创建一个自定义视频播放器，播放器包括"开始播放"/"暂停播放"按钮和"静音"或"取消静音"按钮，本例文件 9-5.html 在浏览器中的显示效果如图 9-5 所示。

图 9-5　页面的显示效果

代码如下：

```html
<html>
<head>
<meta charset="gb2312">
<title>使用 video 对象自定义视频播放器</title>
  <body>
    <div id="videoDiv">
        <video id="myVideo" controls>
            <source src="video/movie.ogg" type="video/ogg" />
            <source src="video/movie.mp4" type="video/mp4" />
            <source src="video/movie.webm" type="video/webm" />
```

```
                您的浏览器不支持<video />标签
            </video>
        </div>
        <div id="controlBar" >
            <input id="videoPlayer" type="button" value="开始播放" />
            <input id="videoVoice" type="button" value="静音" />
        </div>
        <script type="text/javascript">
            var myVideo=document.getElementById("myVideo");
            var videoPlayer=document.getElementById("videoPlayer");
            var videoVoice=document.getElementById("videoVoice");
            var videoInfo=document.getElementById("videoInfo");
            //播放/暂停按钮
            videoPlayer.onclick=function(){
                if(myVideo.paused){
                    myVideo.play();
                    videoPlayer.value="暂停播放";
                }else{
                    myVideo.pause();
                    videoPlayer.value="开始播放";
                }
            };
            //静音或取消静音
            videoVoice.onclick=function(){
                if(!myVideo.muted){
                    videoVoice.value="取消静音";
                    myVideo.muted=true;
                }else{
                    videoVoice.value="静音";
                    myVideo.muted=false;
                }
            };
        </script>
    </body>
</html>
```

9.3 Canvas 绘图

HTML5 的<canvas>元素有一个基于 JavaScript 的绘图 API，在页面上放置一个<canvas>元素就相当于在页面上放置了一块"画布"，可以在其中进行图形的描绘。<canvas>元素拥有多种绘制路径、矩形、圆形、字符及添加图像的方法，设计者可以控制其每个像素。

9.3.1 创建<canvas>元素

<canvas>元素的主要属性是画布宽度属性 width 和高度属性 height，单位是像素。向页面中添加<canvas>元素的语法格式为：

```
<canvas id="画布标识" width="画布宽度" height="画布高度">
    ...
</canvas>
```

<canvas>看起来很像<img>，唯一不同就是它不含 src 和 alt 属性。如果不指定 width 和

height 属性值，默认的画布大小是宽 300 像素，高 150 像素。

例如，创建一个标识为 myCanvas，宽度为 200 像素，高度为 100 像素的<canvas>元素，代码如下：

```
<canvas id="myCanvas" width="200" height="100"></canvas>
```

9.3.2 构建绘图环境

大多数<canvas>绘图 API 都没有定义在<canvas>元素本身上，而是定义在通过画布的 getContext()方法获得的一个"绘图环境"对象上。getContext()方法返回一个用于在画布上绘图的环境，其语法如下：

```
canvas.getContext(contextID)
```

参数 contextID 指定了用户想要在画布上绘制的类型。"2d"即二维绘图，这个方法返回一个上下文对象 CanvasRenderingContext2D，该对象导出一个二维绘图 API。

9.3.3 通过 JavaScript 绘制图形

<canvas>元素只是图形容器，其本身是没有绘图能力的，所有的绘制工作必须在 JavaScript 内部完成。

在画布上绘图的核心是上下文对象 CanvasRenderingContext2D，用户可以在 JavaScript 代码中使用 getContext()方法渲染上下文进而在画布上显示形状和文本。

JavaScript 使用 getElementById 方法通过 canvas 的 id 定位 canvas 元素，代码如下：

```
var myCanvas = document.getElementById('myCanvas');
```

然后，创建 context 对象，代码如下：

```
var myContext = myCanvas.getContext("2d");
```

getContext()方法使用一个上下文作为其参数，一旦渲染上下文可用，程序就可以调用各种绘图方法。表 9-10 列出了渲染上下文对象的常用方法。

表 9-10 渲染上下文对象的常用方法

方　法	描　述
fillRect()	绘制一个填充的矩形
strokeRect()	绘制一个矩形轮廓
clearRect()	清除画布的矩形区域
lineTo()	绘制一条直线
arc()	绘制圆弧或圆
moveTo()	当前绘图点移动到指定位置
beginPath()	开始绘制路径
closePath()	标记路径绘制操作结束
stroke()	绘制当前路径的边框
fill()	填充路径的内部区域
fillText()	在画布上绘制一个字符串

续表

方　　法	描　　述
createLinearGradient()	创建一条线性颜色渐变
drawImage()	把一幅图像放置画布上

需要说明的是，canvas 画布的左上角为坐标原点(0,0)。

1．绘制矩形

（1）绘制填充的矩形。fillRect()方法用来绘制填充的矩形，语法格式为：

```
fillRect(x, y, weight, height)
```

其中的参数含义如下。

x, y：矩形左上角的坐标。

weight, height：矩形的宽度和高度。

说明：fillRect()方法使用 fillStyle 属性所指定的颜色、渐变和模式来填充指定的矩形。

（2）绘制矩形轮廓。strokeRect()方法用来绘制矩形的轮廓，语法格式为：

```
strokeRect(x, y, weight, height)
```

其中的参数含义如下。

x, y：矩形左上角的坐标。

weight, height：矩形的宽度和高度。

说明：strokeRect()方法按照指定的位置和大小绘制一个矩形的边框（但并不填充矩形的内部），线条颜色和线条宽度由 strokeStyle 和 lineWidth 属性指定。

【例 9-6】绘制填充的矩形和矩形轮廓，本例文件 9-6.html 在浏览器中的显示效果如图 9-6 所示。代码如下：

```html
<!doctype html>
<html>
  <head>
    <meta charset="gb2312">
    <title>绘制矩形</title>
  </head>
  <body>
    <canvas id="myCanvas" width="200" height="100"
style="border:1px solid #c3c3c3;">
      您的浏览器不支持 canvas 元素.
    </canvas>
    <script type="text/javascript">
      var c=document.getElementById("myCanvas");      //获取画布对象
      var cxt=c.getContext("2d");                      //获取画布上绘图的环境
      cxt.fillStyle="#ff0000";                         //设置填充颜色
      cxt.fillRect(0,0,100,50);                        //绘制填充矩形
      cxt.strokeStyle="#0000ff";                       //设置轮廓颜色
      cxt.lineWidth="5";                               //设置轮廓线条宽度
      cxt.strokeRect(120,60,70,30);                    //绘制矩形轮廓
    </script>
  </body>
</html>
```

图 9-6　页面显示效果

2．绘制路径

（1）lineTo()方法。lineTo()方法用来绘制一条直线，语法格式为：

```
lineTo(x, y)
```

其中的参数含义如下。

x, y：直线终点的坐标。

说明：lineTo()方法为当前子路径添加一条直线。这条直线从当前点开始，到(x,y)结束。当方法返回时，当前点是(x,y)。

（2）moveTo()方法。在绘制直线时，通常配合 moveTo()方法设置绘制直线的当前位置并开始一条新的子路径，其语法格式为：

```
moveTo(x, y)
```

其中的参数含义如下。

x, y：新的当前点的坐标。

说明：moveTo()方法将当前位置设置为(x,y)并用它作为第一点创建一条新的子路径。如果之前有一条子路径并且它包含刚才的那一点，那么从路径中删除该子路径。

【例 9-7】绘制直线，本例文件 9-7.html 在浏览器中的显示效果如图 9-7 所示。代码如下：

```
<!doctype html>
<html>
  <head>
   <meta charset="gb2312">
    <title>绘制直线</title>
  </head>
  <body>
    <canvas id="myCanvas" width="200" height="100"
style="border:1px solid #c3c3c3;">
     您的浏览器不支持 canvas 元素.
    </canvas>
    <script type="text/javascript">
     var c=document.getElementById("myCanvas");      //获取画布对象
     var cxt=c.getContext("2d");                      //获取画布上绘图的环境
     cxt.moveTo(10,10);                               //定位绘图起点
     cxt.strokeStyle="#0000ff";                       //设置线条颜色
     cxt.lineWidth="2";                               //设置线条宽度
     cxt.lineTo(150,50);                              //第一条直线的终点坐标
     cxt.lineTo(10,50);                               //第二条直线的终点坐标
     cxt.stroke();                                    //绘制当前路径的边框
    </script>
  </body>
</html>
```

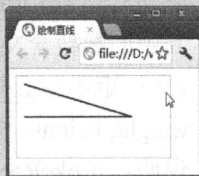

图 9-7　页面显示效果

【说明】本例中使用了 moveTo()方法指定了绘制直线的起点位置，lineTo()方法接受直线的终点坐标，最后 stroke()方法完成绘图操作。

当用户需要绘制一个路径封闭的图形时，需要使用 beginPath()方法初始化绘制路径和closePath()方法标记路径绘制操作结束。

● beginPath()方法的语法格式为：

```
beginPath()
```

说明：beginPath()方法丢弃任何当前定义的路径，开始一条新的路径，并把当前的点设置为(0,0)。当第一次创建画布的环境时，beginPath()方法会被显式地调用。

● closePath()方法的语法格式为：

```
closePath()
```

说明：closePath()方法用来关闭一条打开的子路径。如果画布的子路径是打开的，closePath()方法通过添加一条线条连接当前点和子路径起始点来关闭它；如果子路径已经闭合了，这个方法不做任何事情。一旦子路径闭合，就不能再为其添加更多的直线或曲线了；如果要继续向该路径添加直线或曲线，需要调用 moveTo()方法开始一条新的子路径。

【例 9-8】绘制一个三角形，本例文件 9-8.html 在浏览器中的显示效果如图 9-8 所示。代码如下：

```
<!doctype html>
<html>
  <head>
    <meta charset="gb2312">
    <title>绘制三角形</title>
  </head>
  <body>
    <canvas id="myCanvas" width="200" height="100"
style="border:1px solid #c3c3c3;">
      您的浏览器不支持 canvas 元素.
    </canvas>
    <script type="text/javascript">
      var c=document.getElementById("myCanvas");
      var cxt=c.getContext("2d");       //获取画布对象
      cxt.strokeStyle="#0000ff";        //获取画布上绘图的环境
      cxt.lineWidth="2";                //设置线条颜色
      cxt.beginPath();                  //设置线条宽度
      cxt.moveTo(50,20);                //定位绘图起点
      cxt.lineTo(150,80);               //第一条直线的终点坐标
      cxt.lineTo(20,60);                //第二条直线的终点坐标
      cxt.closePath();  //封闭路径，使第一条直线的起点坐标与第二条直线的终点坐标闭合
      cxt.stroke();                     //绘制当前路径的边框
    </script>
  </body>
</html>
```

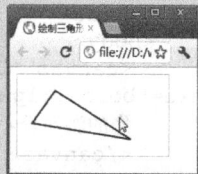

图 9-8　页面显示效果

【说明】本例中使用 beginPath()方法初始化路径，第一次使用 moveTo()方法改变当前绘画位置到(50,20)，接着使用两次 lineTo()方法绘制三角形的两边，最后使用 closePath()关闭路径形成三角形的第三边。

3．绘制圆弧或圆

arc()方法使用一个中心点和半径，为一个画布的当前子路径添加一条弧，语法格式为：

```
arc(x, y, radius, startAngle, endAngle, counterclockwise)
```

其中的参数含义如下。

x, y：描述弧的圆形的圆心坐标。

radius：描述弧的圆形的半径。

startAngle, endAngle：沿着圆指定弧的开始点和结束点的一个角度。这个角度用弧度来衡量，沿着 x 轴正半轴的三点钟方向的角度为 0，角度沿着逆时针方向而增加。

counterclockwise：弧沿着圆周的逆时针方向（TRUE）还是顺时针方向（FALSE）遍历。

说明：这个方法的前 5 个参数指定了圆周的一个起始点和结束点。调用这个方法会在当

前点和当前子路径的起始点之间添加一条直线。接下来，它沿着圆周在子路径的起始点和结束点之间添加弧。最后一个 counterclockwise 参数指定了圆应沿着哪个方向遍历来连接起始点和结束点。

【例 9-9】绘制圆弧和圆，本例文件 9-9.html 在浏览器中的显示效果如图 9-9 所示。代码如下：

```
<!doctype html>
<html>
  <head>
    <meta charset="gb2312">
    <title>绘制圆弧和圆</title>
  </head>
  <body>
    <canvas id="myCanvas" width="200" height="100"
style="border:1px solid #c3c3c3;">
      您的浏览器不支持 canvas 元素.
    </canvas>
    <script type="text/javascript">
      var c=document.getElementById("myCanvas");      //获取画布对象
      var cxt=c.getContext("2d");                      //获取画布上绘图的环境
      cxt.fillStyle="#ff0000";                         //设置填充颜色
      cxt.beginPath();                                 //初始化路径
      cxt.arc(60,50,20,0,Math.PI*2,true);              //逆时针方向绘制填充的圆
      cxt.closePath();                                 //封闭路径
      cxt.fill();                                      //填充路径的内部区域
      cxt.beginPath();                                 //初始化路径
      cxt.arc(140,40,20,0,Math.PI,true);               //逆时针方向绘制填充的圆弧
      cxt.closePath();                                 //封闭路径
      cxt.fill();                                      //填充路径的内部区域
      cxt.beginPath();                                 //初始化路径
      cxt.arc(140,60,20,0,Math.PI,false);              //顺时针绘制圆弧的轮廓
      cxt.closePath();                                 //封闭路径
      cxt.stroke();                                    //绘制当前路径的边框
    </script>
  </body>
</html>
```

图 9-9 页面显示效果

【说明】本例中使用 fill()方法绘制填充的圆弧和圆，如果只是绘制圆弧的轮廓而不填充的话，则使用 stroke()方法完成绘制。

4．绘制文字

（1）绘制填充文字。fillText()方法用于填充方式绘制字符串，语法格式为：

```
fillText(text,x,y,[maxWidth])
```

其中的参数含义如下。

text：表示绘制文字的内容。

x, y：绘制文字的起点坐标。

maxWidth：可选参数，表示显示文字的最大宽度，可以防止溢出。

（2）绘制轮廓文字。strokeText()方法用于轮廓方式绘制字符串，语法格式为：

```
strokeText(text,x,y,[maxWidth])
```

该方法的参数部分的解释与 fillText()方法相同。

fillText()方法和 strokeText()方法的文字属性设置如下。

font：字体。

textAlign：水平对齐方式。

textBaseline：垂直对齐方式。

【例 9-10】绘制填充文字和轮廓文字，本例文件 9-10.html 在浏览器中的显示效果如图 9-10
所示。代码如下：

```html
<!doctype html>
<html>
  <head>
    <meta charset="gb2312">
    <title>绘制文字</title>
  </head>
  <body>
    <canvas id="myCanvas" width="200" height="100"
style="border:1px solid #c3c3c3;">
    您的浏览器不支持 canvas 元素.
    </canvas>
    <script type="text/javascript">
      var c=document.getElementById("myCanvas");    //获取画布对象
      var cxt=c.getContext("2d");                   //获取画布上绘图的环境
      cxt.fillStyle="#ff0000";                      //设置填充颜色
      cxt.font = '16pt 黑体';
      cxt.fillText('画布上绘制的文字', 10, 30);      //绘制填充文字
      cxt.strokeStyle="#00ff00";                    //设置线条颜色
      cxt.shadowOffsetX = 5;                        //设置阴影向右偏移 5 像素
      cxt.shadowOffsetY = 5;                        //设置阴影向下偏移 5 像素
      cxt.shadowBlur = 10;                          //设置阴影模糊范围
      cxt.shadowColor = 'black';                    //设置阴影的颜色
      cxt.lineWidth="1";                            //设置线条宽度
      cxt.font = '40pt 黑体';
      cxt.strokeText('环保', 40, 80);               //绘制轮廓文字
    </script>
  </body>
</html>
```

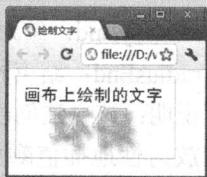

图 9-10　页面显示效果

【说明】本例中的填充文字使用的是默认的渲染属性，轮廓文字使用了阴影渲染属性，这
些属性同样适用于其他图形。

5．绘制渐变

（1）绘制线性渐变。createLinearGradient()方法用于创建一条线性颜色渐变，语法格式为：

```
createLinearGradient(xStart, yStart, xEnd, yEnd)
```

其中的参数含义如下。

xStart, yStart：渐变的起始点的坐标。

xEnd, yEnd：渐变的结束点的坐标。

说明：该方法创建并返回了一个新的 canvasGradient 对象，它在指定的起始点和结束点
之间线性地内插颜色值。这个方法并没有为渐变指定任何颜色，用户可以使用返回对象的
addColorStop()来实现这个功能。要使用一个渐变来勾勒线条或填充区域，只要把
canvasGradient 对象赋给 strokeStyle 属性或 fillStyle 属性即可。

（2）绘制径向渐变。

● createRadialGradient()方法用于创建一条放射颜色渐变，语法格式为：

```
createRadialGradient(xStart, yStart, radiusStart, xEnd, yEnd, radiusEnd)
```

其中的参数含义如下。

xStart, yStart：开始圆的圆心坐标。

radiusStart：开始圆的半径。

xEnd, yEnd：结束圆的圆心坐标。

radiusEnd：结束圆的半径。

说明：该方法创建并返回了一个新的 canvasGradient 对象，该对象在两个指定圆的圆周之间放射性地插值颜色。这个方法并没有为渐变指定任何颜色，用户可以使用返回对象的 addColorStop()方法来实现这个功能。要使用一个渐变来勾勒线条或填充区域，只要把 canvasGradient 对象赋给 strokeStyle 属性或 fillStyle 属性即可。

● addColorStop()方法在渐变中的某一点添加一个颜色变化，语法格式为：

```
addColorStop(offset, color)
```

其中的参数含义如下。

offset：这是一个范围在 0.0～1.0 之间的浮点值，表示渐变的开始点和结束点之间的偏移量。offset 为 0 对应开始点，offset 为 1 对应结束点。

color：指定 offset 显示的颜色，沿着渐变某一点的颜色是根据这个值及任何其他的颜色色标来插值的。

【例 9-11】绘制线性渐变和径向渐变，本例文件 9-11.html 在浏览器中的显示效果如图 9-11 所示。代码如下：

```
<!doctype html>
<html>
  <head>
    <meta charset="gb2312">
    <title>绘制渐变</title>
  </head>
  <body>
    <canvas id="myCanvas" width="200" height="100"
style="border:1px solid #c3c3c3;">
    您的浏览器不支持 canvas 元素.
    </canvas>
    <script type="text/javascript">
      var c=document.getElementById("myCanvas");
      var cxt=c.getContext("2d");
      var grd=cxt.createLinearGradient(10,0,180,30);    //绘制线性渐变
      grd.addColorStop(0,"#00ff00");                    //渐变起点
      grd.addColorStop(1,"#0000ff");                    //渐变结束点
      cxt.fillStyle=grd;
      cxt.fillRect(10,0,180,30);
      var radgrad=cxt.createRadialGradient(100,70,1,100,70,30);  /*绘制径向渐变*/
      radgrad.addColorStop(0,"#00ff00");                //渐变起点
      radgrad.addColorStop(0.9,"#0000ff");              //渐变偏移量
      radgrad.addColorStop(1,"#ffffff");                //渐变结束点
      cxt.fillStyle=radgrad;
```

图 9-11　页面显示效果

```
        cxt.fillRect(70,40,60,60);
    </script>
  </body>
</html>
```

6. 绘制图像

canvas 相当有趣的一项功能就是可以引入图像，它可以用于图片合成或制作背景等。只要是 Gecko 排版引擎支持的图像（如 PNG、GIF、JPEG 等）都可以引入到 canvas 中，并且其他的 canvas 元素也可以作为图像的来源。

用户可以使用 drawImage()方法在一个画布上绘制图像，也可以将源图像的任意矩形区域缩放或绘制到画布上，语法格式为：

● 格式一：

```
drawImage(image, x, y)
```

● 格式二：

```
drawImage(image, x, y, width, height)
```

● 格式三：

```
drawImage(image,sourceX,sourceY,sourceWidth,sourceHeight,destX,destY,des
tWidth,destHeight)
```

drawImage()方法有三种格式。格式一把整个图像复制到画布中，将其放到指定点的左上角，并将每个图像像素映射成画布坐标系统的一个单元；格式二也把整个图像复制到画布中，但允许用户用画布单位来指定想要的图像的宽度和高度；格式三则是完全通用的，它允许用户切割图像的任何矩形区域并复制它，对画布中的任何位置都可进行任何的缩放。

其中的参数含义如下。

image：所要绘制的图像。

x, y：要绘制图像左上角的坐标。

width, height：图像实际绘制的尺寸，指定这些参数使得图像可以缩放。

sourceX, sourceY：图像所要绘制区域的左上角。

sourceWidth, sourceHeight：图像所要绘制区域的大小。

destX, destY：所要绘制的图像区域的左上角的画布坐标。

destWidth, destHeight：图像区域所要绘制的画布大小。

【例 9-12】在画布上进行图像缩放、切割与绘制。图像素材的原始尺寸为 2125×1062 像素，首先在画布的左侧绘制被缩放的图像，然后在源图上切割局部图像缩放后绘制在画布的右侧。本例文件 9-12.html 在浏览器中的显示效果如图 9-12 所示。代码如下：

```
<html>
    <head>
        <meta charset="gb2312">
        <title>绘制图像</title>
    </head>
    <body>
        <h3>绘制图像</h3>
        <hr />
        <canvas id="myCanvas" width="650"
height="240" style="border:1px solid">
```

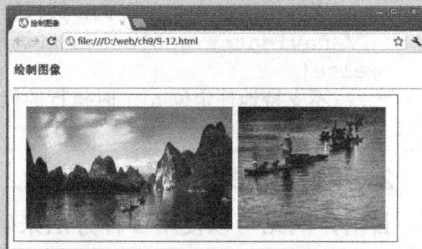

图 9-12　页面显示效果

```
                    对不起，您的浏览器不支持 HTML5 画布
API。
        </canvas>
        <script>
                var c = document.getElementById("myCanvas");
                var ctx = c.getContext("2d");
                //装载图像
                var img = new Image();
                img.src = "images/guilin.jpg";
                img.onload = function(){
                    //缩放图像为 350x200 像素的比例，从画布的(20,20)坐标作为起点绘制
                    ctx.drawImage(img,20,20,350,200);
                    //从图像上的(960,730)坐标开始进行切割，切割的尺寸为 330x330 像素
                    //并且将其绘制在画布的(380,20)坐标开始，缩放为 250x200 像素
                    ctx.drawImage(img,960,730,330,330,380,20,250,200);
                }
        </script>
    </body>
</html>
```

convas 绘画功能非常强大，除了以上所讲的基本绘画方法外，还包括设置 canvas 绘图样式、canvas 画布处理、canvas 中图形图像的组合和 canvas 动画等功能。由于篇幅所限，本书未能涵盖所有的知识点，读者可以自学其他相关的内容。

9.4　HTML5 地理定位 API

地理定位（Geolocation）就是确定某个设备或用户在地球上所处位置的过程。地理定位是 HTML5 中非常重要的新功能。使用地理定位 API 将会得到一对经纬度值，显示用户所在的位置。

9.4.1　Geolocation 基础

在学习地理定位 API 之前，首先要测试用户的浏览器是否支持地理定位 API，其次还要了解地理定位的实现方法。

1．浏览器支持

IE 9、Firefox、Chrome、Safari 及 Opera 浏览器都支持地理定位，可以使用 JavaScript 来验证浏览器是否支持地理定位 API。代码如下：

```
if (navigator.geolocation){
  //支持地理定位 API 时执行的代码
  //navigator.geolocation 调用浏览器的地理位置接口
}else{
  //不支持地理定位 API 时执行的代码
}
```

2．地理定位的实现方法

目前，网站可以使用 3 种方法来确定浏览者的地理位置。

（1）通过 IP 地址定位。所有面向公众网络的 IP 地址及其纬度/经度（latitude/longitude）

位置都被存储在数据库中。一旦网站获得了浏览者的 IP 地址，通过一个简单的查询就可以粗略地确定浏览者所在的地理位置。根据所使用设备的质量，可以在几米的半径范围内识别浏览者所在的位置。

（2）全球定位系统 GPS。全球定位系统 GPS 是一个由 24 颗地球轨道卫星组成的系统，GPS 向这些卫星发送一条消息，利用发送和接收该消息的时间，就可以以数米半径的精度，确定信息发送者的纬度和经度。对于需要精确定位的开发人员来说，GPS 是一个理想的解决方案。

（3）蜂窝电话基站的位置定位。这种地理定位的方法是根据蜂窝电话基站的位置进行三角定位，尽管有时不完全精确，但该方法可以快速地定位用户的位置。

9.4.2 Geolocation API 实现地理定位

无论采用上述哪种定位技术，HTML5 都可以采用它进行定位。Geolocation API 存在于 navigator 对象中，只包含 3 个方法：

- getCurrentPosition()：当前位置。
- watchPosition()：监视位置。
- clearWatch()：清除监视。

1. getCurrentPosition()方法

要获取地理位置，Geolocation API 提供了两种模式：单次获得和重复获得地理位置。单次获得地理位置使用 getCurrentPosition()方法，语法格式如下：

```
getCurrentPosition(success,error,option)
```

该方法最多可以有 3 个参数：

- success：成功获取位置信息的回调函数，它是该方法唯一必需的参数。
- error：用于捕获获取位置信息出错的情况。
- option：第 3 个参数是配置项，该对象影响了获取位置时的一些细节。

如果获得地理位置成功，则 getCurrentPosition()方法返回位置对象，包含以下属性，见表 9-11。

表 9-11 位置对象的属性

属 性	描 述
coords.latitude	十进制数的纬度
coords.longitude	十进制数的经度
coords.accuracy	位置精度
coords.altitude	海拔，海平面以上以米计
coords.altitudeAccuracy	位置的海拔精度
coords.heading	方向，从正北开始以度计
coords.speed	速度，以米/每秒计
timestamp	响应的日期/时间

2. watchPosition()方法

watchPosition()方法的参数与 getCurrentPosition()方法的参数相同，用于返回用户的当前位置，并继续返回用户移动时的更新位置。

watchPosition()方法和 getCurrentPosition()方法的主要区别是，它会持续告诉用户位置的改变，所以基本上它一直在更新用户的位置。当用户在移动时，这个功能会非常有利于追踪用户的位置。

3. clearWatch()方法

clearWatch()方法用于停止 watchPosition()方法。

9.4.3 案例——使用 HTML5 获取地理位置及百度地图

【例 9-13】HTML5 获取地理位置及百度地图实例。页面打开显示用户在百度地图中的位置，并用红色标记标注出来。本例文件 9-13.html 在浏览器中的显示效果如图 9-13 所示。

图 9-13　HTML5 获取地理位置及百度地图

代码如下：

```
<!doctype html>
<html>
<head>
<meta charset="gb2312" />
    <meta name="keywords" content="百度地图,百度地图API,百度地图自定义工具" />
    <meta name="description" content="百度地图API自定义地图,可视化生成百度地图" />
    <title>百度地图API自定义地图</title>
    <style type="text/css">
        html,body{margin:0;padding:0;}
        .iw_poi_title
{color:#CC5522;font-size:14px;font-weight:bold;overflow:hidden;
            padding-right:13px;white-space:nowrap}
        .iw_poi_content    {font:12px    arial,sans-serif;overflow:visible;
padding-top:4px;
            white-space:-moz-pre-wrap;word-wrap:break-word}
        #dituContent {                    /*百度地图容器样式*/
            width: 636px;                 /*容器宽636px*/
            height: 378px;                /*容器高378px*/
            border: #ccc solid 1px;       /*边框为1px浅灰色实线*/
        }
    </style>
    <!--引用百度地图API-->
    <script type="text/javascript" src="http://api.map.baidu.com/api?key=
&v=1.1&services=true">
    </script>
</head>
```

```
<body>
<!--百度地图容器-->
  <h3>您在百度地图中的位置: </h3>
  <div  id="dituContent"></div>
</body>
<script type="text/javascript">
    //创建和初始化地图函数
    function initMap(){
        createMap();                        //创建地图
        setMapEvent();                      //设置地图事件
        addMapControl();                    //向地图添加控件
        addMarker();                        //向地图中添加 marker
    }
    //创建地图函数
    function createMap(){
        var map = new BMap.Map("dituContent"); //在百度地图容器中创建一个地图
        var point = new BMap.Point(114.283922,34.790187);//定义一个中心点坐标
        map.centerAndZoom(point,18);/*设定地图的中心点和坐标并将地图显示在地图容
器中*/

        window.map = map;                   //将 map 变量存储在全局
    }
    //地图事件设置函数
    function setMapEvent(){
        map.enableDragging();               //启用地图拖放事件,默认启用(可不写)
        map.enableScrollWheelZoom();        //启用地图滚轮放大缩小
        map.enableDoubleClickZoom();        //启用鼠标双击放大,默认启用(可不写)
        map.enableKeyboard();               //启用键盘上下左右键移动地图
    }
    //地图控件添加函数
    function addMapControl(){
        //向地图中添加缩放控件
        var ctrl_nav = new BMap.NavigationControl(
    {anchor:BMAP_ANCHOR_TOP_LEFT,type:BMAP_NAVIGATION_CONTROL_LARGE});
        map.addControl(ctrl_nav);
        //向地图中添加缩略图控件
        var ctrl_ove = new BMap.OverviewMapControl(
    {anchor:BMAP_ANCHOR_BOTTOM_RIGHT,isOpen:1});
        map.addControl(ctrl_ove);
        //向地图中添加比例尺控件
        var ctrl_sca = new BMap.ScaleControl({anchor:BMAP_ANCHOR_BOTTOM_
LEFT});
        map.addControl(ctrl_sca);
    }
    //标注点数组
    var markerArr = [{title:"天地环保",content:"我的备注",point:"114.
283922|34.790187",
        isOpen:0,icon:{w:21,h:21,l:0,t:0,x:6,lb:5}}];
    //创建 marker
    function addMarker(){
        for(var i=0;i<markerArr.length;i++){
            var json = markerArr[i];
            var p0 = json.point.split("|")[0];
            var p1 = json.point.split("|")[1];
            var point = new BMap.Point(p0,p1);
            var iconImg = createIcon(json.icon);
            var marker = new BMap.Marker(point,{icon:iconImg});
```

```
                    var iw = createInfoWindow(i);
                    var label = new BMap.Label(
                      json.title,{"offset":new BMap.Size(json.icon.lb-json.icon.x+
10,-20)}});
                    marker.setLabel(label);
                    map.addOverlay(marker);
                    label.setStyle({
                        borderColor:"#808080",
                        color:"#333",
                        cursor:"pointer"
                    });
                    (function(){
                        var index = i;
                        var _iw = createInfoWindow(i);
                        var _marker = marker;
                        _marker.addEventListener("click",function(){
                            this.openInfoWindow(_iw);
                        });
                        _iw.addEventListener("open",function(){
                            _marker.getLabel().hide();
                        })
                        _iw.addEventListener("close",function(){
                            _marker.getLabel().show();
                        })
                        label.addEventListener("click",function(){
                            _marker.openInfoWindow(_iw);
                        })
                        if(!!json.isOpen){
                            label.hide();
                            _marker.openInfoWindow(_iw);
                        }
                    })()
                }
            }
        //创建 InfoWindow
        function createInfoWindow(i){
            var json = markerArr[i];
            var iw = new BMap.InfoWindow("<b class='iw_poi_title' title='" +
json.title + "'>" + json.title + "</b><div class='iw_poi_content'>"+json.
content+"</div>");
            return iw;
        }
        //创建一个 Icon
        function createIcon(json){
            var icon = new BMap.Icon("http://map.baidu.com/image/us_mk_
icon.png", new BMap.Size(json.w,json.h),{imageOffset: new BMap.Size(-json.l,
-json.t),infoWindowOffset:new BMap.Size(json.lb+5,1),offset:new BMap.Size
(json.x,json.h)})
            return icon;
        }
        initMap();//创建和初始化地图
    </script>
    </html>
```

【说明】使用 HTML5 获取地理位置及百度地图需要互联网在线支持，因此，在网页的
<head>区域需要添加获取地理位置及百度地图的 JavaScript 脚本引用代码。脚本文件来自于互
联网，因此，用户网站中不需要相关的.js 文件，只需要正确引用网络资源的位置即可。代码
如下：

```
<script type="text/javascript" src="http://api.map.baidu.com/api?key=&v=1.
1&services=true">
    </script>
```

9.5　HTML5 的发展前景

　　HTML5 在快速地成长，值得所有人密切关注。随着 Flash 的落幕，HTML5 技术已经取代了 Flash 在移动设备的地位，已经成为了移动平台唯一的标准。其实，HTML5 的时代才刚刚开始，HTML5 的标准还在不断完善中，对 HTML5 的支持和应用也还刚开始受到关注。

　　HTML5 是革命性的，它强化了 Web 网页的表现性能。另外，HTML5 追加了本地数据库等 Web 应用的功能。在 HTML5 平台上，视频、音频、图像、动画及网页的交互都被标准化，HTML5 将成为一种最基本的"互联网语言"。

　　HTML5 最强大的生命力体验在其破除了应用在不同操作系统和机型之间的障碍，具有巨大的跨平台优势。这就意味着，基于 HTML5 的开发应用，可以在搭载不同操作系统的终端上运行，这对广大开发者来说绝对是一个福音。再加上其应用的广泛性，可以便捷地完成目前所需的各种应用，包括支持文字、图片、视频、游戏，且不需要任何插件的帮助。

　　随着 Google、Apple 等创新公司的发展，HTML5 技术将同 Google Chrome、Google Android 移动操作系统、Apple iOS 等日渐成为发展的趋势。互联网巨头脸谱网倾向于 HTML5+CSS3+jQuery，苹果手握 Apple iOS，Google 强推 Android，而这些都与 HTML5 密切相关。可以预见，HTML5 的出现，将迎来互联网"大一统"的时代。

习题 9

　　1．使用 HTML5 拖放 API 实现购物车拖放效果，如图 9-14 所示。

图 9-14　题 1 图

　　2．使用<video>标签播放视频，如图 9-15 所示。

　　3．使用<canvas>元素绘制圆饼图，如图 9-16 所示。

图 9-15　题 2 图

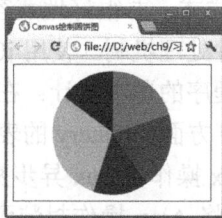

图 9-16　题 3 图

第 **10** 章

jQuery 基础

jQuery 是一个兼容多浏览器的 JavaScript 库，利用 jQuery 的语法设计可以使开发者更加便捷地操作文档对象、选择 DOM 元素、制作动画效果、进行事件处理、使用 Ajax 以及其他功能。除此以外，jQuery 还提供 API 允许开发者编写插件，其模块化的使用方式使开发者可以很轻松地开发出功能强大的静态或动态网页。

▌10.1　jQuery 概述

JavaScript 语言是 Web 前端语言发展过程中的一个重要里程碑，其实时性、跨平台、简单易用的特点决定了它在 Web 前端设计中的重要地位。

1．jQuery 简介

随着浏览器种类的推陈出新，JavaScript 对浏览器的兼容性受到了极大挑战，2006 年 1 月，美国 John Resing 创建了一个基于 JavaScript 的开源框架——jQuery。与 JavaScript 相比，jQuery 具有代码高效、浏览器兼容性更好等特征，极大地简化了对 DOM 对象、事件处理、动画效果以及 Ajax 等操作。

jQuery 是继 Prototype 之后又一个优秀的 JavaScript 库。它是轻量级的 JS 库，兼容 CSS3，还兼容各种浏览器（IE 6.0+、FF 1.5+、Safari 2.0+、Opera 9.0+）。jQuery 使用户能够更加方便地处理 HTML、events、实现动画效果，并且方便地为网站提供 Ajax 交互。

2．jQuery 的特点

jQuery 的设计理念是"写更少，做更多"（The Write Less，Do More），是一种将 JavaScript、CSS、DOM、Ajax 等特征集于一体的强大框架，通过简单的代码来实现各种页面特效。

jQuery 的特点如下。

（1）访问和操作 DOM 元素。jQuery 中封装了大量的 DOM 操作，可以非常方便地获取或修改页面中的某个元素，包含元素的移动、复制、删除等操作。

（2）强大的选择器。jQuery 允许开发人员使用 CSS 1~CSS 3 所有的选择器，方便、快捷地控制元素的 CSS 样式，并很好地兼容各种浏览器。

（3）可靠的事件处理机制。使用 jQuery 将表现层与功能相分离，可靠的事件处理机制让开发者更多专注于程序的逻辑设计；在预留退路（Graceful Degradation）、循序渐进以及非入侵式（Unobtrusive）方面，jQuery 的表现非常优秀。

（4）完善的 Ajax 操作。Ajax 异步交互技术极大方便了程序的开发，提高了浏览者的体验度；在 jQuery 库中将 Ajax 操作封装到一个函数$.ajax()中，开发者只需要专心实现业务逻辑处理，而无须关注浏览器的兼容性问题。

（5）链式操作方式。在某一个对象上产生一系列动作时，jQuery 允许在现有对象上连续多次操作，链式操作是 jQuery 的特色之一。

（6）完善的文档。jQuery 是一个开源产品，提供了丰富的文档。

10.2　编写 jQuery 程序

在编写 jQuery 程序之前，需要掌握如何搭建 jQuery 的开发环境。

1. 下载与配置 jQuery

（1）下载 jQuery。用户可以在 jQuery 的官方网站 http://jquery.com/下载最新的 jQuery 库。在下载界面可以直接下载 jQuery 1.x、jQuery 2.x 和 jQuery 3.x 三种版本。其中，jQuery 1.x 版本在原来的基础上继续对 IE 6、7、8 版本的浏览器进行支持；而 jQuery 2.x 以上不再支持 IE 8 及更早版本，但因其具有更小、更快等特点，得到用户的一致好评。

每个版本又分为以下两种：开发版（Development Version）和生产版（Production Version），其区别见表 10-1。

表 10-1　开发版和生产版的区别

版　　本	大小/KB	描　　　　述
jquery-1.x.js	约 288	开发版，完整无压缩，多用于学习、开发和测试
jquery-3.x.js	约 262	
jquery-1.x.min.js	约 94	生产版，经过压缩工具压缩，体积相对比较小，主要用于产品和项目中
jquery-3.x.min.js	约 85	

（2）配置 jQuery。本书下载使用的 jQuery 是 jquery-3.2.1.min.js 生产版，jQuery 不需要安装，将下载的 jquery-3.2.1.min.js 文件放到网站中的公共位置即可。通常将该文件保存在一个独立的文件夹 js 中，只要在使用的 HTML 页面中引入该库文件的位置即可。

在编写页面的<head>标签中，引入 jQuery 库的示例代码如下：

```
<head>
  <script src="js/jquery-3.2.1.min.js" type="text/javascript"></script>
</head>
```

需要注意的是，引用 jQuery 的<script>标签必须放在所有的自定义脚本文件的<script>之前，否则在自定义的脚本代码中应用不到 jQuery 脚本库。

2. 编写一个简单的 jQuery 程序

在页面中引入 jQuery 库后，通过$()函数来获取页面中的元素，并对元素进行定位或效果处理。在没有特别说明的情况下，$符号即为 jQuery 对象的缩写形式。例如，$("myDiv")与 jQuery("myDiv")完全等价。

【例 10-1】编写一个简单的 jQuery 程序，本例文件 10-1.html 在浏览器中的显示效果如图 10-1 所示。代码如下：

```
<!doctype html>
<html>
<head>
```

```
<title>第一个 jQuery 程序</title>
<script src="js/jquery-3.2.1.min.js" type=
"text/javascript">
</script>
<script>
$(document).ready(function(){
  alert("第一个 jQuery 程序!");
  });
</script>
</head>
<body>
</body>
</html>
```

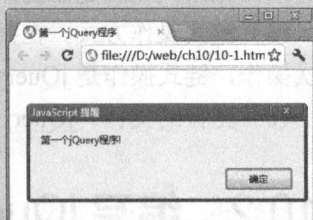

图 10-1　页面显示效果

【说明】$(document)是 jQuery 的常用对象，表示 HTML 文档对象。$(document).ready()
方法指定$(document)的 ready 事件处理函数，其作用类似于 JavaScript 中的 window.onload 事
件，也是当页面被载入时自动执行的。但两者也有一定的区别，具体见表 10-2。

表 10-2　window.onload 与$(document).ready()的区别

区别项	window.onload	$(document).ready()
执行时间	必须在页面全部加载完毕（包含图片）后才能执行	在页面中所有 DOM 结构下载完毕后执行，可能 DOM 元素关联的内容并没有加载完毕
执行次数	一个页面只能有一个；当页面中存在多个window.onload 时，仅输出最后一个的结果，无法完成多个结果同时输出	一个页面可以有多个，结果可以相继输出
简化写法	无	可以简写成$()

10.3　jQuery 对象和 DOM 对象

刚开始学习 jQuery 时，经常分不清楚哪些是 jQuery 对象，哪些是 DOM 对象。因此，了
解 jQuery 对象和 DOM 对象及它们之间的关系是非常必要的。

10.3.1　jQuery 对象和 DOM 对象简介

1. DOM 对象

DOM 是 Document Object Model，即文档对象模型的缩写。DOM 是以层次结构组织的节点或
信息片段的集合，每份 DOM 都可以表示成一棵树。DOM 对象在第 8 章中已经有过详细介绍，这
里不再赘述。下面构建一个基本的网页，网页在浏览器中的显示效果如图 10-2 所示。代码如下：

```
<html>
<head>
  <title>DOM 对象</title>
</head>
<body>
  <h2>天地环保宣传语</h2>
  <p>保护环境，人人有责</p>
</body>
</html>
```

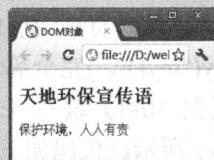

图 10-2　页面显示效果

可以把上面的 HTML 结构描述为一棵 DOM 树，在这棵 DOM 树中，<h2>、<p>节点都是 DOM 元素的节点，可以使用 JavaScript 中的 getElementById 或 getElementByTagName 来获取，得到的元素就是 DOM 对象。

DOM 对象可以使用 JavaScript 中的方法。例如：

```
var domObject = document.getElementById("id");
var html = domObject.innerHTML;
```

2．jQuery 对象

jQuery 对象就是通过 jQuery 包装 DOM 对象后产生的对象。jQuery 对象是独有的，可以使用 jQuery 里的方法。例如：

```
$("#sample").html();        // 获取 id 为 sample 的元素内的 html 代码
```

这段代码等同于：

```
document.getElementById("sample").innerHTML;
```

虽然 jQuery 对象是包装 DOM 对象后产生的，但 jQuery 无法使用 DOM 对象的任何方法，同理，DOM 对象也不能使用 jQuery 里面的方法。

如$("#sample").innerHTML、document.getElementById("sample").html()之类的写法都是错误的。

3．jQuery 对象和 DOM 对象的对比

jQuery 对象不同于 DOM 对象，但在实际使用时经常被混淆。DOM 对象是通用的，既可以在 jQuery 程序中使用，也可以在标准 JavaScript 程序中使用。例如，在 JavaScript 程序中根据 HTML 元素 id 获取对应的 DOM 对象的方法如下：

```
var domObj = document.getElementById("id");
```

而 jQuery 对象来自 jQuery 类库，只能在 jQuery 程序中使用，只有 jQuery 对象才能引用 jQuery 类库中定义的方法。因此，应尽可能在 jQuery 程序中使用 jQuery 对象，这样才能充分发挥 jQuery 类库的优势。通过 jQuery 的选择器$()可以获得 HTML 元素获取对应的 jQuery 对象。例如，根据 HTML 元素 id 获取对应的 jQuery 对象的方法如下：

```
var jqObj = $("#id");
```

需要注意的是，使用 document.getElementsById("id")得到的是 DOM 对象，而用#id 作为选择符取得的是 jQuery 对象，这两者并不是等价的。

10.3.2　jQuery 对象和 DOM 对象的相互转换

既然 jQuery 对象和 DOM 对象有区别也有联系，那么 jQuery 对象与 DOM 对象也可以相互转换。在两者转换之前首先约定好定义变量的风格。如果获取的是 jQuery 对象，则在变量前面加上$，例如：

```
var $obj = jQuery 对象;
```

如果获取的是 DOM 对象，则与用户平时习惯的表示方法一样：

```
var obj = DOM 对象;
```

1．jQuery 对象转换成 DOM 对象

jQuery 提供了两种转换方式将一个 jQuery 对象转换成 DOM 对象：[index]和 get(index)。

（1）jQuery 对象是一个类似数组的对象，可以通过[index]的方法得到相应的 DOM 对象。例如：

```
var $mr = $("#mr");          // jQuery 对象
var mr = $mr[0] ;            // DOM 对象
alert(mr.value);             // 获取 DOM 元素的 value 值并弹出
```

（2）jQuery 本身也提供 get(index)方法，可以得到相应的 DOM 对象。例如：

```
var $mr = $("#mr");          // jQuery 对象
var mr = $mr.get(0);         // DOM 对象
alert(mr.value);             // 获取 DOM 元素的 value 值并弹出
```

2．DOM 对象转换成 jQuery 对象

对于一个 DOM 对象，只要用$()把它包装起来，就可以得到一个 jQuery 对象了，即$(DOM 对象)。例如：

```
var mr= document.getElementById("mr");    // DOM 对象
var $mr = $(mr);                          // jQuery 对象
alert($(mr).val());                       // 获取文本框的值并弹出
```

转换后，DOM 对象就可以任意使用 jQuery 中的方法了。

通过以上方法，可以任意实现 DOM 对象和 jQuery 对象之间的转换。需要特别声明的是，只有 DOM 对象才能使用 DOM 中的方法，jQuery 对象是不可以使用 DOM 中的方法的。

【例 10-2】DOM 对象转换成 jQuery 对象。本例页面加载后，首先使用 DOM 对象的方法弹出 p 节点的内容，之后将 DOM 对象转换为 jQuery 对象，同样再弹出 p 节点的内容。本例文件 10-2.html 在浏览器中的显示效果如图 10-3 所示。

图 10-3　页面显示效果

代码如下：

```
<!doctype html>
<html>
<head>
<title> DOM 对象转换成 jQuery 对象</title>
<script src="js/jquery-3.2.1.min.js" type="text/javascript">
</script>
<script>
$(document).ready(function(){
    var domObj = document.getElementById("nodep");
    alert("使用 DOM 方法获取 p 节点的内容："+domObj.innerHTML);
```

```
        var $jqueryObj = $(domObj);
        alert("使用 jQuery 方法获取 p 节点的内容："+$jqueryObj.html());
})
</script>
</head>
<body>
  <h2>天地环保宣传语</h2>
  <p id="nodep">保护环境，人人有责</p>
</body>
</html>
```

【例 10-3】jQuery 对象转换成 DOM 对象。本例页面加载后，首先获取两个 jQuery 对象，使用 jQuery 对象的方法分别弹出两个 p 节点的内容，之后将 jQuery 对象转换为 DOM 对象，同样再弹出两次 p 节点的内容。本例文件 10-3.html 在浏览器中的显示效果如图 10-4 所示。

图 10-4　页面显示效果

代码如下：

```
<!doctype html>
<html>
<head>
<title> jQuery 对象转换成 DOM 对象</title>
<script src="js/jquery-3.2.1.min.js" type="text/javascript">
</script>
<script>
$(document).ready(function(){
    var $jQueryObj = $("#nodep");
    alert("使用 jQuery 方法获取第一个 p 节点的内容："+$jQueryObj.html());
    var $jQueryObj1 = $("#nodep1");
    alert("使用 jQuery 方法获取第二个 p 节点的内容："+$jQueryObj1.html());
    var domObj = $jQueryObj[0];
    alert("使用 DOM 方法获取第一个 p 节点的内容："+domObj.innerHTML);
    var domObj1 = $jQueryObj1.get(0);
    alert("使用 DOM 方法获取第二个 p 节点的内容："+domObj1.innerHTML);
})
</script>
</head>
<body>
  <h2>天地环保宣传语</h2>
  <p id="nodep">保护环境，人人有责</p>
```

```
    <p id="nodep1">绿化环境，从我做起</p>
</body>
</html>
```

10.4　jQuery 插件

jQuery 是一个轻量级 JavaScript 库，虽然它非常便捷且功能强大，但还是不可能满足所有用户的所有需求。而作为一个开源项目，所有用户都可以看到 jQuery 的源代码，很多人都希望共享自己日常工作积累的功能。jQuery 的插件机制使这种想法成为现实。可以把自己的代码制作成 jQuery 插件，供其他人引用。插件机制大大增强了 jQuery 的可扩展性，扩充了 jQuery 的功能。本节介绍下载和引用 jQuery 插件的方法。

1. 下载 jQuery 插件

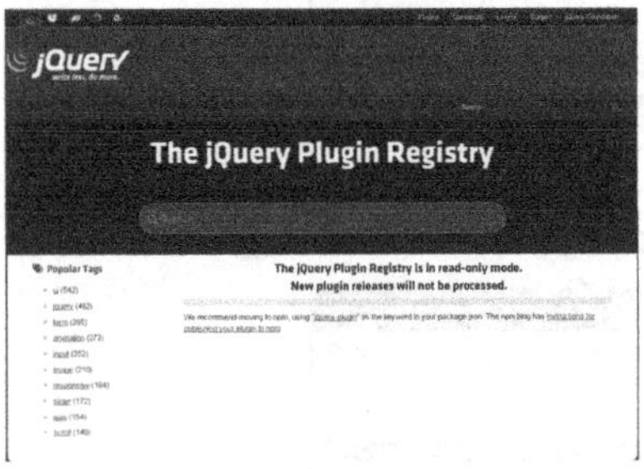

图 10-5　jQuery 的插件分类列表页面

在 jQuery 官方网站中有一个 Plugins（插件）超链接，单击该超链接，将进入到 jQuery 的插件分类列表页面（http://plugins.jquery.com/），如图 10-5 所示。在该页面中，单击分类名称，可以查看每个分类下的插件概要信息及下载超链接。用户也可以在上面的搜索（Search）文本框中输入指定的插件名称，搜索所需插件。

从图 10-5 中可以看出，常用的 jQuery 插件类别包括 UI 插件、表单插件、幻灯片插件、滚动插件、图像插件、图表插件、布局插件和文字处理插件等。

2. 引用 jQuery 插件的方法

引用 jQuery 插件的方法比较简单，首先将要使用的插件下载到本地计算机中，然后按照下面的步骤操作，就可以使用插件实现想要的效果了。

（1）把下载的插件包含到<head>标签内，并确保它位于主 jQuery 源文件（jquery-3.2.1.min.js）之后。

（2）包含一个自定义的 JavaScript 文件，并在其中使用插件创建或扩展的方法。示例代码如下：

```
<head>
<script src="js/jquery-3.2.1.min.js" type="text/javascript">
<script src="js/jquery.effect.js" type="text/javascript"></script>
<script src="js/jquery.overlay.min.js" type="text/javascript"></script>
</head>
```

需要说明的是，建议将下载的 jQuery 插件的文件名命名为 jquery.[插件名].js，以免和其他 js 库插件混淆。

10.5　jQuery 选择器简介

选择器是 jQuery 强大功能的基础，在 jQuery 中，对事件处理、遍历 DOM 都依赖于选择器。它完全继承了 CSS 的风格，编写和使用异常简单。如果能熟练掌握 jQuery 选择器，不仅能简化程序代码，而且可以达到事半功倍的效果。

在介绍 jQuery 选择器之前，先来介绍一下 jQuery 的工厂函数"$"。

1. jQuery 的工厂函数

在 jQuery 中，无论使用哪种类型的选择符都需要从一个"$"符号和一对"()"开始。在"()"中通常使用字符串参数，参数中可以包含任何 CSS 选择符表达式。

下面介绍几种比较常见的用法。

（1）在参数中使用标记名。例如，$("div")用于获取文档中全部的<div>。

（2）在参数中使用 id。例如，$("#username")用于获取文档中 id 属性值为 username 的一个元素。

（3）在参数中使用 CSS 类名。例如，$(".btn_grey")用于获取文档中使用 CSS 类名为 btn_grey 的所有元素。

2. 什么是 jQuery 选择器

在页面中要为某个元素添加属性或事件时，第一步必须先准确地找到这个元素，在 jQuery 中可以通过选择器来实现这一重要功能。jQuery 选择器是 jQuery 库中非常重要的部分之一，它支持网页开发者所熟知的 CSS 语法，能够轻松、快速地对页面进行设置。一个典型的 jQuery 选择器的语法格式为：

```
$(selector).methodName();
```

其中，selector 是一个字符串表达式，用于识别 DOM 中的元素，然后使用 jQuery 提供的方法集合加以设置。

多个 jQuery 操作可以以链的形式串起来，语法格式为：

```
$(selector).method1().method2().method3();
```

例如，要隐藏 id 为 test 的 DOM 元素，并为它添加名为 content 的样式，实现如下：

```
$('#test').hide().addClass('content');
```

jQuery 选择器完全继承了 CSS 选择器的风格，将 jQuery 选择器分为 4 类：基础选择器、层次选择器、过滤选择器和表单选择器。

10.6　基础选择器

基础选择器是 jQuery 中最常用的选择器，通过元素的 id、className 或 tagName 来查找页面中的元素，见表 10-3。

表 10-3　基础选择器

选 择 器	描 述	返 回
#id	根据元素的 id 属性进行匹配	单个 jQuery 对象
.class	根据元素的 class 属性进行匹配	jQuery 对象数组
element	根据元素的标签名进行匹配	jQuery 对象数组
selector1,selector2,…,selectorN	将每个选择器匹配的结果合并后一起返回	jQuery 对象数组
*	匹配页面的所有元素，包括 html、head、body 等	jQuery 对象数组

1. ID 选择器

每个 HTML 元素都有一个 id，可以根据 id 选取对应的 HTML 元素。ID 选择器#id 就是利用 HTML 元素的 id 属性值来筛选匹配的元素，并以 jQuery 包装集的形式返回给对象。这就好像在单位中每个职工都有自己的工号一样，职工的姓名是可以重复的，但工号却是不能重复的，因此根据工号就可以获取指定职工的信息。

ID 选择器的使用方法如下：

```
$("#id");
```

其中，id 为要查询元素的 id 属性值。例如，要查询 id 属性值为 test 的元素，可以使用下面的 jQuery 代码：

```
$("#test");
```

【例 10-4】在页面中添加一个 id 属性值为 test 的文本框和一个按钮，单击"输入的值为"按钮获取在文本框中输入的值，本例文件 10-4.html 在浏览器中的显示效果如图 10-6 所示。代码如下：

```
<html>
<head>
<title>ID 选择器的示例</title>
<script              src="js/jquery-3.2.1.min.js"
type="text/javascript">
</script>
<script type="text/javascript">
  $(document).ready(function(){
      //为按钮绑定单击事件
      $("input[type='button']").click
(function(){
          var inputValue = $("#test").val(); //获取文本框的值
          alert(inputValue);
      });
  });
</script>
</head>
<body>
  <h3>请输入内容:</h3>
  <input type="text" id="test" name="test" value=""/>
  <input type="button" value="输入的值为"/>
</body>
</html>
```

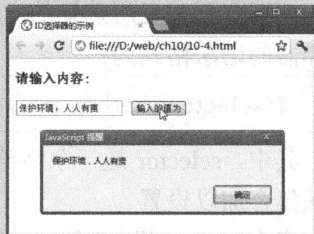

图 10-6　页面显示效果

【说明】

（1）ID 选择器是以"#id"的形式获取对象的，在这段代码中用$("#testInput")获取了一个 id 属性值为 testInput 的 jQuery 包装集，然后调用包装集的 val()方法取得文本输入框的值。

（2）代码$("input[type='button']")使用了 jQuery 中的属性选择器匹配文档中的按钮，关于属性选择器的用法本章后续内容将会讲解。

2. 元素选择器

元素选择器是根据元素名称匹配相应的元素的。元素选择器指向的是 DOM 元素的标记名，也就是说，元素选择器是根据元素的标记名选择的。可以把元素的标记名理解成职工的姓名，在一个单位中可能有多个姓名为"张三"的职工，但是姓名为"王五"的职工也许只有一个，因此通过元素选择器匹配到的元素可能有多个，也可能只有一个。在多数情况下，元素选择器匹配的是一组元素。

元素选择器的使用方法如下：

```
$("element");
```

其中，element 是要获取的元素的标记名。例如，要获取全部 p 元素，可以使用下面的 jQuery 代码：

```
$("p");
```

【例 10-5】在页面中添加两个<div>标签和一个"变脸"按钮，通过单击该按钮来获取这两个<div>标签，并交换它们的内容，本例文件 10-5.html 在浏览器中的显示效果如图 10-7 所示。

图 10-7　单击"变脸"按钮交换<div>标签的内容

代码如下：

```html
<html>
<head>
<title>元素选择器示例</title>
<style type="text/css">
img{
    border:1px solid #00f;
}
div{
    padding:5px;
}
</style>
<script src="js/jquery-3.2.1.min.js" type="text/javascript">
</script>
<script type="text/javascript">
  $(document).ready(function(){
    $("#button").click(function(){                 //为按钮绑定单击事件
      //获取第一个 div 元素
      $("div").eq(0).html("<img src='images/02.jpg'/> 绿树变成了蓝天");
      //获取第二个 div 元素
      $("div").get(1).innerHTML="<img src='images/01.jpg'/> 蓝天变成了绿树";
    });
  });
</script>
</head>
<body>
  <h3>乾坤大挪移</h3>
  <div><img src="images/01.jpg"/> 这是一棵绿树</div>
  <div><img src="images/02.jpg"/> 这是一片蓝天</div>
```

```
    <input type="button" id="button" value="变脸" />
    </body>
    </html>
```

【说明】

（1）在上面的代码中，使用元素选择器获取了一组 div 元素的 jQuery 包装集，它是一组 object 对象，存储方式为[object object]，但这种方式并不能显示出单独元素的文本信息，需要通过索引器来确定要选取哪个 div 元素，在这里分别使用了两个不同的索引器 eq()和 get()。这里的索引器类似于房间的门牌号，所不同的是，门牌号是从 1 开始计数的，而索引器是从 0 开始计数的。

（2）本实例中使用了两种方法设置元素的文本内容，html()方法是 jQuery 的方法，innerHTML 方法是 DOM 对象的方法。这里使用了 $(document).ready()方法，当页面元素载入就绪时就会自动执行程序，自动为按钮绑定单击事件。

（3）eq()方法返回的是一个 jQuery 包装集，所以它只能调用 jQuery 的方法，而 get()方法返回的是一个 DOM 对象，所以它只能调用 DOM 对象的方法。eq()方法与 get()方法默认都是从 0 开始计数的，$("#test").get(0)等效于$("#test")[0]。

3. 类名选择器

类名选择器是通过元素拥有的 CSS 类的名称查找匹配的 DOM 元素。在一个页面中，一个元素可以有多个 CSS 类，一个 CSS 类又可以匹配多个元素，如果元素中有一个匹配的类的名称就可以被类名选择器选取到。简单地说，类名选择器就是以元素具有的 CSS 类名称查找匹配的元素。

类名选择器的使用方法如下：

```
$(".class");
```

其中，class 为要查询元素所用的 CSS 类名。例如，要查询使用 CSS 类名为 digital 的元素，可以使用下面的 jQuery 代码：

```
$(".digital");
```

【例 10-6】在页面中添加两个<div>标签，并为其中的一个设置 CSS 类，然后通过 jQuery 的类名选择器选取设置 CSS 类的<div>标签，并设置其 CSS 样式，本例文件 10-6.html 在浏览器中的显示效果如图 10-8 所示。代码如下：

```
<html>
<head>
<title>类名选择器示例</title>
<style type="text/css">
    div{
        border:1px solid #003a75;
        background-color:#cef;
        margin:5px;
        height:100px;
        width:200px;
        padding:5px;
    }
</style>
<script          src="js/jquery-3.2.1.min.js"
type="text/javascript">
</script>
```

图 10-8 页面显示效果

```
<script type="text/javascript">
  $(document).ready(function() {
    var myClass = $(".myClass");                //选取元素
    myClass.css("background-color","#c50210"); //为选取的元素设置背景颜色
    myClass.css("color","#fff");                //为选取的元素设置文字颜色
    });
</script>
</head>
<body>
  <h3>通过类名选择器设置 CSS 类的 div 标记</h3>
  <div>默认样式</div>
  <div class="myClass">新的样式</div>
</body>
</html>
```

【说明】在上面的代码中，只为其中的一个<div>标签设置了 CSS 类名称，但由于程序中并没有名称为 myClass 的 CSS 类，所以这个类是没有任何属性的。类名选择器将返回一个名为 myClass 的 jQuery 包装集，利用 css()方法可以为对应的 div 元素设定 CSS 属性值，这里将元素的背景颜色设置为深红色，文字颜色设置为白色。

4. 复合选择器

复合选择器将多个选择器（可以是 ID 选择器、元素选择或类名选择器）组合在一起，两个选择器之间以逗号"，"分隔，只要符合其中的任何一个筛选条件就会被匹配，返回的是一个集合形式的 jQuery 包装集，利用 jQuery 索引器可以取得集合中的 jQuery 对象。

需要注意的是，多种匹配条件的选择器并不是匹配同时满足这几个选择器的匹配条件的元素，而是将每个选择器匹配的元素合并后一起返回。

复合选择器的使用方法如下：

```
$(" selector1,selector2,selectorN");
```

参数说明：

● selector1 是指一个有效的选择器，可以是 ID 选择器、元素选择器或类名选择器等。

● selector2 是指另一个有效的选择器，可以是 ID 选择器、元素选择器或类名选择器等。

● selectorN 是指任意多个选择器，可以是 ID 选择器、元素选择器或类名选择器等。

例如，要查询页面中的全部的<p>标签和使用 CSS 类 test 的<div>标签，可以使用下面的 jQuery 代码：

```
$("p,div.test");
```

【例 10-7】在页面中添加 3 种不同元素并统一设置样式。使用复合选择器筛选 id 属性值为 span 的元素和 div 元素，并为它们添加新的样式，本例文件 10-7.html 在浏览器中的显示效果如图 10-9 所示。

图 10-9　单击"换肤"按钮为元素换肤

代码如下：

```
<html>
<head>
<title>复合选择器示例</title>
<style type="text/css">
.default{
    border:1px solid #003a75;
    background-color:yellow;
    margin:5px;
    width:120px;
    float:left;
    padding:5px;
}
.change{
    background-color:#c50210;
    color:#fff;
}
</style>
<script src="js/jquery-3.2.1.min.js" type="text/javascript">
</script>
<script type="text/javascript">
$(document).ready(function() {
    $("input[type=button]").click(function(){   //绑定按钮的单击事件
        $("#span,div").addClass("change");       //添加所使用的 CSS 类
    });
});
</script>
</head>
<body>
  <h3>通过复合选择器为元素换肤</h3>
  <p class="default">p 元素</p>
  <span class="default" id="span">ID 为 span 的元素</span>
  <div class="default">div 元素</div>
  <input type="button" value="换肤" />
</body>
</html>
```

5. 通配符选择器

通配符就是指符号"*"，它代表着页面上的每个元素，也就是说，如果使用$("*")将取得页面上所有的 DOM 元素集合的 jQuery 包装集。

10.7 层次选择器

jQuery 层次选择器是通过 DOM 对象的层次关系来获取特定元素的，如同辈元素、后代元素、子元素和相邻元素等层次选择器的用法与基础选择器相似，也是使用$()函数来实现的，返回结果均为 jQuery 对象数组，见表 10-4。

表 10-4　层次选择器

选 择 器	描　　述	返　　回
$("ancestor descendant")	选取 ancestor 元素中的所有的子元素	jQuery 对象数组
$("parent>child")	选取 parent 元素中的直接子元素	jQuery 对象数组

选 择 器	描　　述	返　　回
$("prev+next")	选取紧邻 prev 元素之后的 next 元素	jQuery 对象数组
$("prev~siblings")	选取 prev 元素之后的 siblings 兄弟元素	jQuery 对象数组

1. ancestor descendant（祖先 后代）选择器

ancestor descendant 选择器中的 ancestor 代表祖先，descendant 代表后代，用于在给定的祖先元素下匹配所有的后代元素。ancestor descendant 选择器的使用方法如下：

```
$("ancestor descendant");
```

参数说明：

● ancestor 是指任何有效的选择器。

● descendant 是用以匹配元素的选择器，并且它是 ancestor 所指定元素的后代元素。

例如，要匹配 div 元素下的全部 img 元素，可以使用下面的 jQuery 代码：

```
$("div img");
```

2. parent>child（父>子）选择器

parent > child 选择器中的 parent 代表父元素，child 代表子元素，用于在给定的父元素下匹配所有的子元素。使用该选择器只能选择父元素的直接子元素。parent > child 选择器的使用方法如下：

```
$("parent > child");
```

参数说明：

● parent 是指任何有效的选择器。

● child 是用以匹配元素的选择器，并且它是 parent 元素的子元素。

例如，要匹配表单中所有的子元素 input，可以使用下面的 jQuery 代码：

```
$("form > input");
```

3. prev+next（前+后）选择器

prev + next 选择器用于匹配所有紧接在 prev 元素后的 next 元素。其中，prev 和 next 是两个相同级别的元素。prev + next 选择器的使用方法如下：

```
$("prev + next");
```

参数说明：

● prev 是指任何有效的选择器。

● next 是一个有效选择器并紧接着 prev 选择器。

例如，要匹配<div>标签后的<img>标签，可以使用下面的 jQuery 代码：

```
$("div + img");
```

4. prev~siblings（前~兄弟）选择器

prev ~ siblings 选择器用于匹配 prev 元素之后的所有 siblings 元素。其中，prev 和 siblings 是两个同辈元素。prev ~ siblings 选择器的使用方法如下：

```
$("prev ~ siblings");
```

参数说明：

● prev 是指任何有效的选择器。

● siblings 是一个有效选择器并紧接着 prev 选择器。

例如，要匹配 div 元素的同辈元素 ul，可以使用下面的 jQuery 代码：

```
$("div ~ ul");
```

需要注意的是，$("prev+next")用于选取紧随 prev 元素之后的 next 元素，且 prev 元素和 next 元素有共同的父元素，功能与$("prev").next("next")相同；而$("prev~siblings")用于选取 prev 元素之后的 siblings 元素，两者有共同的父元素而不必紧邻，功能与$("prev").nextAll ("siblings") 相同。

【例 10-8】层次选择器示例。通过层次选择器分别对子元素、直接子元素、相邻兄弟元素和普通兄弟元素进行选取，并对其设置样式，本例文件 10-8.html 在浏览器中的显示效果如图 10-10 所示。代码如下：

```
<!doctype html>
<html>
<head>
<title>层次选择器示例</title>
<script  src="js/jquery-3.2.1.min.js"  type="text/
javascript"></script>
</head>
<body>
  <div>
      查询条件<input name="search" />
      <form>
          <label>用户名:</label>
          <input name="useName" />
          <fieldset>
              <label>密  码:</label>
              <input name="password" />
          </fieldset>
      </form>
      <hr/>
      身份证号: <input name="none" /><br/>
      联系电话: <input name="none" />
  </div>
  <script type="text/javascript">
      $(function(e){
          $("form input").css("width","200px");   //第一个文本框采用默认样式
          $("form > input").css("background","pink"); /*第二个文本框采用粉色背景*/
          $("label + input").css("border-color","blue");  /*第二个、第三个文本框边框为蓝色*/
          $("form ~ input").css("border-width","8px");    /*最后两个文本框边框宽度 8px*/
          $("*").css("padding-top","3px");              //所有元素的上外边距为 3px
      });
  </script>
</body>
</html>
```

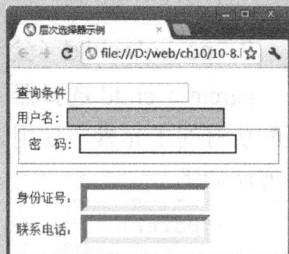

图 10-10　页面显示效果

【说明】

（1）在本例中，首先使用$("form input").css("width","200px");定义表单中所有文本框的默

认样式的宽度都是 200px，第一个文本框采用默认样式。

（2）由于第二个文本框是表单 form 的直接子元素，所以语句$("form > input").css("background","pink");将第二个文本框的背景色设置为粉色。

（3）由于第二个、第三个文本框都是 label 元素的相邻兄弟元素（即文本框紧邻 label），所以语句$("label + input").css("border-color","blue");将第二个、第三个文本框的边框颜色设置为蓝色。

（4）由于最后两个文本框位于表单定义的结束之后，是表单 form 的普通兄弟元素（即文本框不需要紧邻表单 form，本例中两者之间还存在着一个水平线元素<hr/>），因此，语句$("form ~ input").css("border-width","8px");将最后两个文本框的边框宽度设置为 8px。

10.8　过滤选择器

基础选择器和层次选择器可以满足大部分 DOM 元素的选取需求，在 jQuery 中还提供了功能更强大的过滤选择器，可以根据特定的过滤规则来筛选出所需要的页面元素。

过滤选择器又分为简单过滤器、内容过滤器、可见性过滤器和子元素过滤器。

1. 简单过滤器

简单过滤器是指以冒号开头，通常用于实现简单过滤效果的过滤器。例如，匹配找到的第一个元素等。jQuery 提供的简单过滤器见表 10-5。

表 10-5　简单过滤器

选　择　器	描　　　　　述	返　　　回
:first	选取第一个元素	单个 jQuery 对象
:last	选取最后一个元素	单个 jQuery 对象
:even	选取所有索引值为偶数的元素，索引从 0 开始	jQuery 对象数组
:odd	选取所有索引值为奇数的元素，索引从 0 开始	jQuery 对象数组
:header	选取所有标题元素，如 h1、h2、h3 等	jQuery 对象数组
:foucs	选取当前获取焦点的元素（1.6+版本）	jQuery 对象数组
:root	获取文档的根元素（1.9+版本）	单个 jQuery 对象
:animated	选取所有正在执行动画效果的元素	jQuery 对象数组
:eq(index)	选取索引等于 index 的元素，索引从 0 开始	单个 jQuery 对象
:gt(index)	选取索引大于 index 的元素，索引从 0 开始	jQuery 对象数组
:lt(index)	选取索引小于 index 的元素，索引从 0 开始	jQuery 对象数组
:not(selector)	选取 selector 以外的元素	jQuery 对象数组

【例 10-9】使用简单过滤器设置表格样式，本例文件 10-9.html 在浏览器中的显示效果如图 10-11 所示。代码如下：

```
<html>
<head>
<title>简单过滤器设置表格样式</title>
<script  src="js/jquery-3.2.1.min.js"  type="text/
javascript"></script>
</head>
```

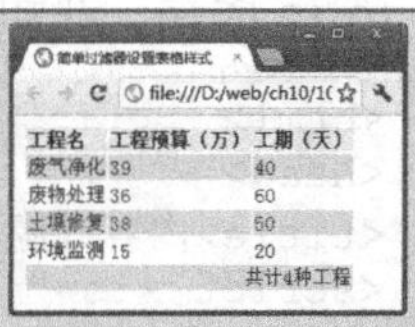

图 10-11　页面显示效果

```
<body>
    <div>
        <table>
            <tr><td>工程名</td><td>工程预算（万）</td><td>工期（天）</td></tr>
            <tr><td>废气净化</td><td>39</td><td>40</td></tr>
            <tr><td>废物处理</td><td>36</td><td>60</td></tr>
            <tr><td>土壤修复</td><td>38</td><td>50</td></tr>
            <tr><td>环境监测</td><td>15</td><td>20</td></tr>
            <tr><td colspan="3">共计 4 种工程</td></tr>
        </table>
    </div>
    <script type="text/javascript">
        $(function(e){
            $("table tr:first").css("background-color","yellow");/*表格首
行黄色背景*/
            $("table tr:last").css("text-align","right");//表格尾行文本右对齐
            $("table tr:eq(3)").css("color","red");        /*索引值为 3 的行
的文字颜色为红色 1*/
            $("table tr:lt(1)").css("font-weight","bold");     /*表格首行文
字加粗*/
            $("table tr:odd").css("background-color","#ddd");/*索引值为奇
数行的背景为浅灰色*/
            $(":root").css("background-color","ivry");    //网页乳白色背景
            $("table tr:not(:first)").css("font-size","13pt");    /*表格除
首行外的字体大小 13pt*/
        });
    </script>
</body>
</html>
```

【说明】table tr:eq(3)表示索引值为 3 的行的文字颜色为红色，对应的是实际表格的第 4 行；table tr:odd 表示索引值为奇数的行的背景色为浅灰色，对应的是实际表格的偶数行。

2. 内容过滤器

内容过滤器是指根据元素的文字内容或所包含的子元素的特征进行过滤的选择器，见表 10-6。

表 10-6　内容过滤器

选 择 器	描 述	返 回
:contains(text)	选取包含 text 内容的元素	jQuery 对象数组
:has(selector)	选取含有 selector 所匹配元素的元素	jQuery 对象数组
:empty	选取所有不包含文本或者子元素的空元素	jQuery 对象数组
:parent	选取含有子元素或文本的元素	jQuery 对象数组

【例 10-10】使用内容过滤器设置表格样式，本例文件 10-10.html 在浏览器中的显示效果如图 10-12 所示。代码如下：

```
<html>
<head>
<title>内容过滤器设置表格样式</title>
<script src="js/jquery-3.2.1.min.js" type="text/javascript"></script>
</head>
```

```
    <body>
        <div>
            <table>
                <tr><td>工程名</td><td>工程预算（万）</td>
<td>工期（天）</td></tr>
                <tr><td>废气净化</td><td>39</td><td>
<span>40</span></td></tr>
                <tr><td>废物处理</td><td>36</td><td>60
</td></tr>
                <tr><td>土壤修复</td><td><span>38</span>
</td><td>50</td></tr>
                <tr><td>环境监测</td><td>15</td><td></td></tr>
                <tr><td colspan="3">共计 4 种工程</td></tr>
            </table>
        </div>
        <script type="text/javascript">
            $(function(e){
                $("td:contains('废')").css("font-weight","bold");/*包含"废"字
的单元格文字加粗*/
                $("td:parent").css("background-color","#ddd");/*包含内容的单元
格浅灰色背景*/
                $("td:empty").css("background-color","white");/*内容为空的单元
格白色背景*/
                $("td").has('span').css("background-color","yellow");/* 包 含
span 的单元格黄色背景*/
            });
        </script>
    </body>
</html>
```

图 10-12 页面显示效果

3. 可见性过滤器

元素的可见状态有两种，分别是隐藏状态和显示状态。可见性过滤器就是利用元素的可见状态匹配元素的。

可见性过滤器也有两种，一种是匹配所有可见元素的:visible 过滤器，另一种是匹配所有不可见元素的:hidden 过滤器，见表 10-7。

表 10-7 可见性过滤器

选 择 器	描 述	返 回
:hidden	选取所有不可见元素，或者 type 为 hidden 的元素	jQuery 对象数组
:visible	选取所有的可见元素	jQuery 对象数组

在应用:hidden 过滤器时，display 属性是 none，以及 input 元素的 type 属性为 hidden 的元素都会被匹配到。

【例 10-11】使用可见性过滤器获取页面上隐藏和显示的 input 元素的值，本例文件10-11.html 在浏览器中的显示效果如图 10-13 所示。代码如下：

```
<!doctype html>
<html>
<head>
<title>可见性过滤器示例</title>
<script src="js/jquery-3.2.1.min.js" type="text/ javascript">
</script>
```

```
<script type="text/javascript">
    $(document).ready(function() {
        var visibleVal = $("input:visible").
val();
        //取得显示的 input 的值
        var hiddenVal1 = $("input:hidden:
eq(0)").val();    /*取得隐藏的文本框的值*/
        var hiddenVal2 = $("input:hidden:
eq(1)").val();    /*取得隐藏域的值*/
alert(visibleVal+"\n\r"+hiddenVal1+"\n\r"+hiddenVal
2);    /*alert 取得的信息 d*/
    });
</script>
</head>
<body>
    <h3>可见性过滤器获取页面上隐藏和显示的 input 元素的值</h3>
    <input type="text" value="显示的 input 元素">
    <input type="text" value="隐藏的 input 元素" style="display:none">
    <input type="hidden" value="我是隐藏域">
</body>
</html>
```

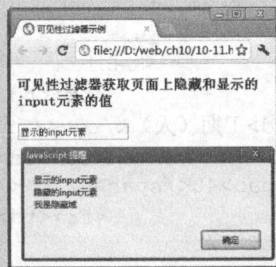

图 10-13　页面显示效果

4．子元素过滤器

在页面设计过程中需要突出某些行时，可以通过简单过滤器中的:eq()来实现表格中行的突显，但不能同时让多个表格具有相同的效果。

在 jQuery 中，子元素过滤器可以轻松地选取所有父元素中的指定元素，并进行处理，见表 10-8。

表 10-8　子元素过滤器

选择器	描　述	返　回
:first-child	选取每个父元素中的第一个元素	jQuery 对象数组
:last-child	选取每个父元素中的最后一个元素	jQuery 对象数组
:only-child	当父元素只有一个子元素时进行匹配；否则不匹配	jQuery 对象数组
:nth-child(N|odd|even)	选取每个父元素中的第 N 个子或奇偶元素	jQuery 对象数组
:first-of-type	选取每个父元素中的第一个元素（1.9+版本）	jQuery 对象数组
:last-of-type	选取每个父元素中的最后一个元素（1.9+版本）	jQuery 对象数组
:only-of-type	当父元素只有一个子元素时进行匹配，否则不匹配（1.9+版本）	jQuery 对象数组

【例 10-12】子元素过滤器示例，本例文件 10-12.html 在浏览器中的显示效果如图 10-14 所示。代码如下：

```
<html>
<head>
<title>子元素过滤器示例</title>
<script src="js/jquery-3.2.1.min.js" type="text/
javascript"></script>
</head>
<body>
    <ul>
        <li>废气净化</li>
```

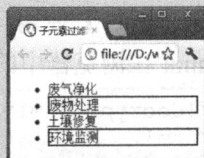

图 10-14　页面显示效果

```
        <li>废物处理</li>
        <li>土壤修复</li>
        <li>环境监测</li>
    </ul>
    <script>
     $(document).ready(function(){
        $("ul li:nth-child(even)").css("border", "2px solid blue"); /*选取索引
为偶数的 li 子元素添加边框*/
        });
    </script>
    </body>
    </html>
```

10.9　表单选择器

表单在 Web 前端开发中占据重要的地位，在 jQuery 中引入的表单选择器能够让用户更加方便地处理表单数据。通过表单选择器可以快速定位到某类表单元素，见表 10-9。

表 10-9　表单选择器

选　择　器	描　　　述	返　　回
:input	选取所有的 input、textarea、select 和 button 元素	jQuery 对象数组
:text	选取所有的单行文本框	jQuery 对象数组
:password	选取所有的密码框	jQuery 对象数组
:radio	选取所有的单选框	jQuery 对象数组
:checkbox	选取所有的多选框	jQuery 对象数组
:submit	选取所有的提交按钮	jQuery 对象数组
:image	选取所有的图片按钮	jQuery 对象数组
:button	选取所有的按钮	jQuery 对象数组
:file	选取所有的文件域	jQuery 对象数组
:hidden	选取所有的不可见元素	jQuery 对象数组

【例 10-13】使用表单选择器统计各个表单元素的数量，本例文件 10-13.html 在浏览器中的显示效果如图 10-15 所示。

代码如下：

```
    <html>
    <head>
    <title>表单选择器</title>
    <script    src="js/jquery-3.2.1.min.js"
type="text/javascript"></script>
    <style type="text/css">
        *{margin-top:5px;}
        div{height:210px; }
        #formDiv{float:left;padding:4px;
width:550px;border:1px solid #666;}
        #showResult{float:right;padding:4px;  width:200px;  border:1px  solid
#666;}
    </style>
    </head>
    <body>
      <div id="formDiv">
```

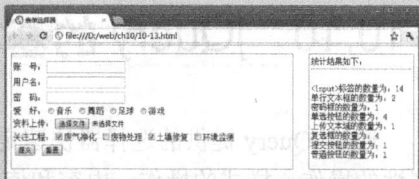

图 10-15　页面显示效果

```
            <form id="myform" action="#">
                账　号：<input type="text" /><br />
                用户名：<input type="text" name="userName" /><br />
                密　码：<input type="password" name="userPwd"/><br />
                爱　好：<input type="radio" name="hobby" value="音乐"/>音乐
                <input type="radio" name="hobby" value="舞蹈"/>舞蹈
                <input type="radio" name="hobby" value="足球"/>足球
                <input type="radio" name="hobby" value="游戏"/>游戏<br />
                资料上传：<input type="file" /><br />
                关注工程：<input type="checkbox" name="goodsType" value="废气净化"
checked />废气净化
                <input type="checkbox" name="goodsType" value="废物处理" />废物处理
                <input type="checkbox" name="goodsType" value="土壤修复" checked/>
土壤修复
                <input type="checkbox" name="goodsType" value="环境监测" />环境监测
<br/>
                <input type="submit" value="提交" />
                <input type="button" value="重置" /><br />
            </form>
        </div>
        <div id="showResult"></div>
        <script type="text/javascript">
                $(function(e){
                    var result="统计结果如下：<hr/>";
                    result+="<br />&lt;input&gt;标签的数量为："+$(":input").
length;
                    result+="<br />单行文本框的数量为："+$(":text").length;
                    result+="<br />密码框的数量为："+$(":password").length;
                    result+="<br />单选按钮的数量为："+$(":radio").length;
                    result+="<br />上传文本域的数量为："+$(":file").length;
                    result+="<br />复选框的数量为："+$(":checkbox").length;
                    result+="<br />提交按钮的数量为："+$(":submit").length;
                    result+="<br />普通按钮的数量为："+$(":button").length;
                    $("#showResult").html(result);
                });
        </script>
    </body>
</html>
```

10.10　jQuery 的基本操作

通过 jQuery 提供的选择器快速定位到页面的每个元素后，对元素可以进行各种操作，如属性的操作、样式的操作、内容和值的操作等。

10.10.1　元素属性的操作

jQuery 提供了表 10-10 中的对元素属性进行操作的方法。其中 key 和 name 都代表元素的属性名称，properties 代表一个集合。

表 10-10　对元素属性进行操作的方法

方　　法	描　　述
attr(name|pro|key,val|fn)	用于获取或设置元素的属性
removeAttr(name)	用于删除元素的某一个属性
prop(name|pro|key,val|fn)	用于获取或设置元素的一个或多个属性
removeProp(name)	用于删除由 prop()方法设置的属性集

当元素属性（如 checked、selected 和 disabled 等）取值为 true 或 false 时，通过 prop()方法对属性进行操作，而其他普通属性通过 attr()方法对其进行操作。

1．获取或设置元素属性

（1）attr()方法。attr()方法用于获取所匹配元素的集合中第一个元素的属性，或者设置所匹配元素的一个或多个属性。语法格式如下：

```
attr(name)
attr(properties)
attr(key,value)
attr(key,function(index, oldAttr))
```

参数说明：

● name 表示元素的属性名。

● properties 是一个由 key/value 键值对构成的集合，用于设置元素中的 $1 \sim n$ 个属性。

● key 表示需要设置的属性名。

● value 表示需要设置的属性值。

● function(index,oldAttr)表示使用函数的返回值作为属性的值，第一个参数为当前元素的索引值，第二个参数为原先的属性值。

例如，返回<img>集合中第一个图像的 src 属性值的代码如下：

```
$("img").attr("src");
```

（2）prop()方法。prop()方法用于获取所匹配元素的集合中第一个元素的属性，或者设置所匹配元素的一个或多个属性。prop()方法多用于 boolean 类型属性操作，如 checked、selected 和 disabled 等。语法格式如下：

```
prop(name)
prop(properties)
prop(key,value)
prop(key,function(index, oldAttr))
```

prop()方法的参数说明同 attr()方法的参数说明，这里不再赘述。

例如，返回第一个复选框状态的代码如下：

```
$("input[type='checkbox']").prop("checked");
```

2．删除元素属性

（1）removeAttr()方法。removeAttr()方法用于删除匹配元素的指定属性。语法格式如下：

```
removeAttr(name)
```

例如，删除所有 img 的 title 属性的代码如下：

```
$("img").removeAttr("title");
```

（2）removeProp()方法。removeProp()方法用于删除由 prop()方法设置的属性集。语法格式如下：

```
removeProp(name)
```

例如，将所有复选框设置为可用状态的代码如下：

```
$("input[type='checkbox']").removeProp("disabled");
```

【例 10-14】修改页面元素的属性，本例文件 10-14.html 的显示效果如图 10-16 所示。

图 10-16　页面显示效果

代码如下：

```
<html>
<head>
<title>修改页面元素的属性</title>
<script src="js/jquery-3.2.1.min.js" type="text/javascript"></script>
</head>
  <body>
    <img id="prod1" src="images/01.jpg"/>
    <img id="prod2" src="images/02.jpg"/><hr/>
        <input type="button" value="交换" onClick="swap()"/><hr/>
        <input type="checkbox" name="goodsType" value="废气净化" checked />
废气净化
        <input type="checkbox" name="goodsType" value="废物处理" />废物处理
        <input type="checkbox" name="goodsType" value="土壤修复"/>土壤修复
        <input type="checkbox" name="goodsType" value="环境监测" checked/>
环境监测
    <br/><hr/>
    <input type="button" value="全选" onClick="changeSelect()"/>
    <input type="button" value="反选" onClick="reverseSelect()"/>
    <input type="button" value="全部禁用" onClick="disabledSelect()"/>
    <input type="button" value="取消禁用" onClick="enabledSelect()"/>
     <script type="text/javascript">
            function swap(){          //单击"交换"按钮，交换两幅图像
                var prodSrc= $("#prod1").attr("src");
                $("#prod1").attr("src",function(){ return $("#prod2").attr
("src")});
                $("#prod2").attr("src",prodSrc);
            }
            function changeSelect(){     //单击"全选"按钮，选中所有复选框
                $("input[type='checkbox']").prop("checked",true);
            }
            function reverseSelect(){    //单击"反选"按钮，将复选框进行反选
                $("input[type='checkbox']").prop("checked",function(index,
oldValue){
                    return !oldValue;
```

```
                });
            }
            function disabledSelect(){  /*单击"全部禁用"按钮,将复选框全部选中
后再设置禁用*/
                $("input[type='checkbox']").prop({disabled:  true,checked:
true});
            }
            function enabledSelect(){ //单击"取消禁用"按钮,所有复选框回复到正常状态
                $("input[type='checkbox']").removeProp("disabled");
            }
        </script>
    </body>
</html>
```

10.10.2 元素样式的操作

在 jQuery 中,对元素的 CSS 样式操作可以通过修改 CSS 类或设置 CSS 属性来实现。

1. 修改 CSS 类

在网页设计中,设计者如果想改变一个元素的整体外观,如给网站换肤,就可以通过修改该元素所使用的 CSS 类来实现。在 jQuery 中,提供了几种用于修改 CSS 类的方法,见表 10-11。

表 10-11　修改 CSS 类的方法

方　　法	描　　述
addClass(class)	为所有匹配的元素添加指定的 CSS 类名
removeClass(class)	从所有匹配的元素中删除全部或指定的 CSS 类
toggleClass(class)	如果存在(不存在)就删除(添加)一个 CSS 类
toggleClass(class,switch)	如果 switch 参数为 true 则加上 CSS 类,否则就删除,通常 switch 参数为一个布尔型的变量

需要注意的是,当使用 addClass()方法添加 CSS 类时,并不会删除现有的 CSS 类。同时,在使用表 10-9 所列的方法时,其 class 参数都可以设置多个类名,类名与类名之间用空格分开。

【例 10-15】修改 CSS 类示例,本例文件 10-15.html 的显示效果如图 10-17 所示。

图 10-17　页面显示效果

代码如下:

```
<html>
<head>
<title>修改 CSS 类示例</title>
<style>
  p{
    margin: 8px;
    font-size:16px;
  }
```

```
      .selected{
        color:red;                      /*设置文字颜色为红色*/
      }
      .addborder{
        border:6px double blue;         /*设置 6px 双线蓝色边框*/
      }
    </style>
    <script src="js/jquery-3.2.1.min.js" type="text/javascript"></script>
  </head>
  <body>
    <p>段落内容换肤</p>
    <button id="addClass">添加样式</button>
    <button id="removeClass">删除样式</button>
    <script>
      $("#addClass").click(function(){
        $("p").addClass("selected addborder");        /*为 p 元素添加 selected 和
addborder 两个类*/
      });
      $("#removeClass").click(function(){
        $("p").removeClass("selected addborder");     /*为 p 元素删除 selected 和
addborder 两个类*/
      });
    </script>
  </body>
</html>
```

【说明】网页中定义了两个按钮和一个 p 元素，单击"添加样式"按钮，会调用 addClass() 方法为 p 元素添加 selected 和 addborder 两个类；单击"删除样式"按钮，会调用 removeClass() 方法为 p 元素删除 selected 和 addborder 两个类。

2. 设置 CSS 属性

如果需要获取或设置某个元素的具体样式（即设置元素的 style 属性），jQuery 也提供了相应的方法，见表 10-12。

表 10-12　设置 CSS 属性的方法

方　　法	描　　述
css(name)	返回第一个匹配元素的样式属性
css(name,value)	为所有匹配元素的指定样式设置值
css(properties)	以{属性:值,属性:值,…}的形式为所有匹配的元素设置样式属性

需要注意的是，使用 css()方法设置属性时，既可以解释连字符形式的 CSS 表示法（如 background-color），也可以使解释大小写形式的 DOM 表示法（如 backgroundColor）。

【例 10-16】设置 CSS 属性示例，本例文件 10-16.html 的显示效果如图 10-18 所示。

图 10-18　页面显示效果

代码如下：

```
<html>
<head>
<title>设置 CSS 属性示例</title>
<script src="js/jquery-3.2.1.min.js" type="text/javascript"></script>
<script type="text/javascript">
$(document).ready(function(){
    $("button").click(function(){   /*单击"段落换肤"按钮给段落设置字体大小加倍、黄
色背景、双线边框效果*/
        $("p").css({"font-size":"150%","background-color":"yellow","border":
"6px double blue"});
    });
});
</script>
</head>
<body>
    <h2>单击按钮看看段落字体、背景和边框的变化</h2>
    <p>段落内容换肤</p>
    <button type="button">段落换肤</button>
</body>
</html>
```

10.10.3　元素内容和值的操作

html()和 text()方法用于操作页面元素的内容，val()方法用于操作元素的值。上述方法的使用方式基本相同，当方法没有提供参数时表示获取匹配元素的内容或值；当方法携带参数时表示对匹配元素的内容或值进行修改。

1．操作元素内容

元素的内容是指定义元素的起始标记和结束标记之间的内容，又分为文本内容和 HTML 内容。通过下面的代码来说明如何区分元素中的文本内容和 HTML 内容。

```
<body>
    <p>段落内容换肤</p>
</body>
```

在上述代码中，body 元素的文本内容就是"段落内容换肤"，文本内容不包含元素的子元素，只包含元素的文本内容；而"<p>段落内容换肤</p>"就是 body 元素的 HTML 内容，HTML 内容不仅包含元素的文本内容，还包含元素的子元素。

（1）操作文本。jQuery 提供了 text()和 text(val)两个方法用于对文本内容进行操作，其中 text()用于获取全部匹配元素的文本内容，text(val)用于设置全部匹配元素的文本内容。

（2）操作 HTML 内容。jQuery 提供了 html()和 html(val)两个方法用于对 HTML 内容进行操作。其中 html()用于获取第一个匹配元素的 HTML 内容，html(val)用于设置全部匹配元素的 HTML 内容。

【例 10-17】获取和设置元素的文本内容与 HTML 内容，本例文件 10-17.html 在浏览器中的显示效果如图 10-19 所示。

代码如下：

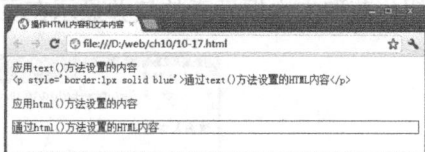

图 10-19　获取和设置元素的文本内容与 HTML 内容

```
<html>
<head>
<title>操作 HTML 内容和文本内容</title>
<script src="js/jquery-3.2.1.min.js" type="text/javascript">
</script>
<script type="text/javascript">
  $(document).ready(function(){
    $("#div1").text("<p style='border:1px solid blue'>通过 text()方法设置的
HTML 内容</p>");
    $("#div2").html("<p style='border:1px solid blue'>通过 html()方法设置的
HTML 内容</p>");
  });
</script>
</head>
<body>
应用 text()方法设置的内容
<div id="div1">
  <p id="intro">保护环境，人人有责</p>
</div>
<br/>应用 html()方法设置的内容
<div id="div2">
  <p id="intro">保护环境，人人有责</p>
</div>
</body>
</html>
```

【说明】从运行结果可以看出，应用 text()设置文本内容时，即使内容中包含 HTML 代码，也将被认为是普通文本，并不能作为 HTML 代码被浏览器解析，仍然按照原样显示；而应用 html()设置的 HTML 内容中所包含的 HTML 代码就可以被浏览器解析，因此文本"通过 html() 方法设置的 HTML 内容"是带有蓝色边框的。

2. 操作元素的值

val()方法用于设置或获取元素的值，当元素允许多选时，返回一个包含被选项的数组。jQuery 提供了 3 种对元素的值操作的方法，见表 10-13。

表 10-13　对元素的值操作的方法

方　法	描　述
val()	用于获取第一个匹配元素的当前值，返回值可能是一个字符串，也可能是一个数组。例如，当 select 元素有两个选中值时，返回结果就是一个数组
val(val)	用于设置所有匹配元素的值
val(arrVal)	用于为 check、select 和 radio 等元素设置值，参数为字符串数组

【例 10-18】设置表单元素的值。页面加载后，在文本框中输入祝福语，单击"提交"按钮，获取文本框元素的值并显示在页面中，本例文件 10-18.html 的显示效果如图 10-20 所示。

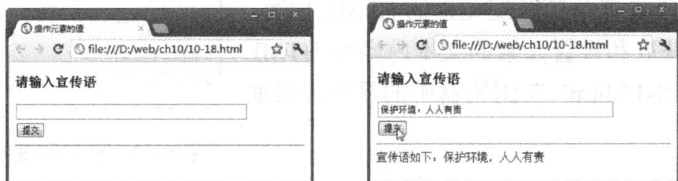

图 10-20　操作元素的值

代码如下：

```
<html>
<head>
<title>操作元素的值</title>
<script src="js/jquery-3.2.1.min.js" type="text/javascript"></script>
</head>
  <body>
    <h3>请输入宣传语</h3>
    <input type="text" value="" id="inputDiscuss" size="50" /><br/>
    <input type="button" value="提交" onClick="submitNewsDiscuss()"/>
    <hr/>
    <div id="newsDiscuss">
    </div>
     <script type="text/javascript">
           function submitNewsDiscuss(){
               var inputDiscuss=$("#inputDiscuss").val();
               $("#newsDiscuss").html("宣传语如下: "+inputDiscuss);
           }
     </script>
  </body>
</html>
```

习题 10

1. jQuery 3.x 版本相对于 jQuery 1.x 版本的最大区别是什么？
2. 简述 HTML 页面中引入 jQuery 库文件的方法。
3. 简述 DOM 对象和 jQuery 对象的区别。
4. 如何将 jQuery 对象转换成 DOM 对象。
5. 在网页中使用 p 元素定义了一个字符串"单击我，我就会消失。"，然后通过 jQuery 编程实现单击 p 元素时隐藏 p 元素，如图 10-21 所示。

图 10-21　题 5 图

6. 下载 jQuery 插件，实现如图 10-22 所示的 5 种幻灯片切换效果。

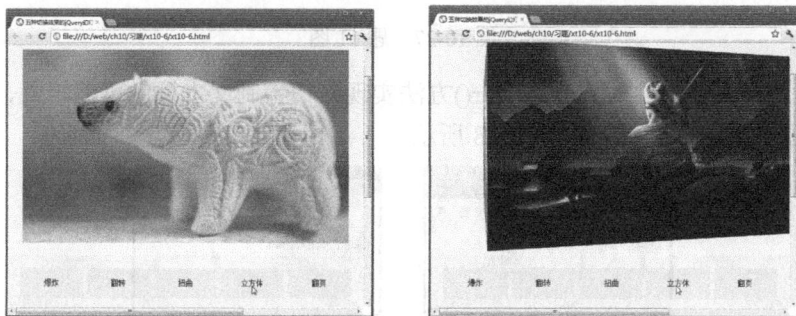

图 10-22　题 6 图

7. 使用基础选择器为页面元素添加样式，如图 10-23 所示。

8. 使用内容过滤器设置表格样式，如图 10-24 所示。

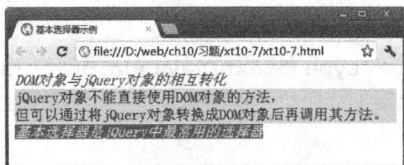

图 10-23　题 7 图　　　　　　　　　　图 10-24　题 8 图

9. 使用层次选择器为表单的直接子元素文本框换肤，单击"换肤"按钮，改变文本框的样式，如图 10-25 所示。

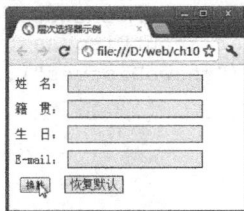

图 10-25　题 9 图

10. 使用可见性过滤器显示与隐藏页面元素，单击"显示隐藏元素"按钮，在"页面顶部"和"用户 ID"之间显示隐藏的菜单栏，如图 10-26 所示。

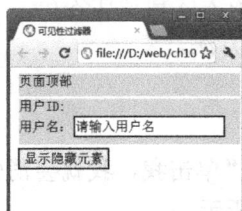
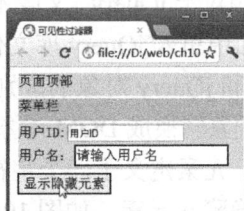

图 10-26　题 10 图

11. 综合使用 jQuery 选择器制作隔行换色鼠标指针指向表格行变色的页面，如图 10-27 所示。

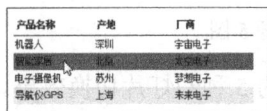
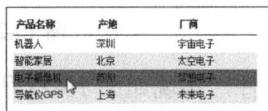

图 10-27　题 11 图

12. 使用删除元素属性的 removeAttr()方法实现按钮控制文本框的可编辑性，单击"启用"按钮，文本框恢复可编辑性，如图 10-28 所示。

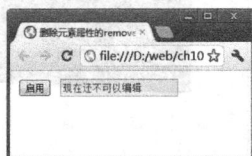

图 10-28　题 12 图

第 11 章
jQuery 的动画效果

动画可以更直观、生动地表现出设计者的意图，在网页中嵌入动画已成为网页设计的一种趋势，而程序开发人员一般都对实现页面中的动画效果感到头痛，而利用 jQuery 中提供的动画和特效方法能够轻松地为网页添加精彩的视觉效果，给用户一种全新的体验。

▌11.1 jQuery 的动画方法简介

jQuery 的动画方法总共分成 4 类。

- 基本动画方法：既有透明度渐变，又有滑动效果，是最常用的动画效果方法。
- 滑动动画方法：仅适用滑动渐变动画效果。
- 淡入/淡出动画方法：仅适用透明度渐变动画效果。
- 自定义动画方法：作为上述 3 种动画方法的补充和扩展。

利用这些动画方法，jQuery 可以很方便地制作出网页元素的动画效果。常用的 jQuery 动画方法见表 11-1。

表 11-1 常用的 jQuery 动画方法

方　　法	描　　述
show()	用于显示被隐藏的元素
hide()	用于隐藏可见的元素
slideUp()	以滑动的方式隐藏可见的元素
slideDown()	以滑动的方式显示隐藏的元素
slideToggle()	使用滑动效果，在显示和隐藏状态之间进行切换
fadeIn()	使用淡入效果显示一个隐藏的元素
fadeTo()	使用淡出效果隐藏一个可见的元素
fadeToggle()	在 fadeIn()和 fadeOut()方法之间切换
animate()	用于创建自定义动画的函数
stop()	用于停止当前正在运行的动画
delay()	用于将队列中的函数延时执行
finish()	停止当前正在运行的动画，删除所有排队的动画，并完成匹配元素所有的动画

11.2　显示与隐藏效果

页面中元素的显示与隐藏效果是最基本的动画效果，jQuery 提供了 hide() 和 show() 方法来实现此功能。

1. 隐藏元素的方法

hide() 方法用于隐藏页面中可见的元素，按照指定的隐藏速度，元素逐渐改变高度、宽度、外边距、内边距及透明度，使其从可见状态切换到隐藏状态。

hide() 方法相当于将元素 CSS 样式属性 display 的值设置为 none，它会记住原来的 display 的值。hide() 方法有两种语法格式。

（1）格式一是不带参数的形式，用于实现不带任何效果的隐藏匹配元素，其语法格式如下：

```
hide()
```

例如，要隐藏页面中的全部图片，可以使用下面的代码：

```
$("img").hide();
```

（2）格式二是带参数的形式，用于以优雅的动画隐藏所有匹配的元素，并在隐藏完成后可选地触发一个回调函数，其语法格式如下：

```
hide(speed,[callback])
```

参数说明：

● speed 表示元素从可见到隐藏的速度。其默认值为"0"，可选值为"slow"、"normal"、"fast"和代表毫秒的整数值。在设置速度的情况下，元素从可见到隐藏的过程中，会逐渐地改变其高度、宽度、外边距、内边距和透明度。

● callback 是可选参数，用于指定隐藏完成后要触发的回调函数。

例如，要在 500 毫秒内隐藏页面中的 id 为 logo 的元素，可以使用下面的代码：

```
$("#logo").hide(500);
```

jQuery 的任何动画效果都可以使用默认的 3 个参数，slow（600 毫秒）、normal（400 毫秒）和 fast（200 毫秒）。在使用默认参数时需要加引号，如 show("slow")，使用自定义参数时不需要加引号，如 show(500)。

2. 显示元素的方法

show() 方法用于显示页面中隐藏的元素，按照指定的显示速度，元素逐渐改变高度、宽度、外边距、内边距及透明度，使其从隐藏状态切换到完全可见状态。

show() 方法相当于将元素 CSS 样式属性 display 的值设置为 block、inline，或者除了 none 以外的值，它会恢复为应用 display 的值 none 之前的可见属性。show() 方法有两种语法格式。

（1）格式一是不带参数的形式，用于实现不带任何效果的显示匹配元素，其语法格式如下：

```
show()
```

例如，要显示页面中的全部图片，可以使用下面的代码：

```
$("img").show();
```

（2）格式二是带参数的形式，用于以优雅的动画显示所有匹配的元素，并在显示完成后可选择地触发一个回调函数，其语法格式如下：

```
show(speed,[callback])
```

其参数说明等同于 hide()方法的参数说明，这里不再赘述。

例如，要在 500 毫秒内显示页面中的 id 为 logo 的元素，可以使用下面的代码：

```
$("#logo").show(500);
```

【例 11-1】显示与隐藏动画效果示例。本例文件 11-1.html 的显示效果如图 11-1 所示。

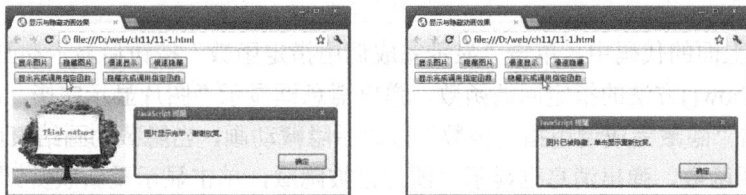

图 11-1　页面显示效果

代码如下：

```html
<html>
<head>
<title>显示与隐藏动画效果</title>
<script src="js/jquery-3.2.1.min.js" type="text/javascript"></script>
</head>
<body>
    <div >
        <input type="button" value="显示图片" id="showDefaultBtn"/>
        <input type="button" value="隐藏图片" id="hideDefaultBtn"/>
        <input type="button" value="慢速显示" id="showSlowBtn"/>
        <input type="button" value="慢速隐藏" id="hideSlowBtn"/><br/>
        <input type="button" value="显示完成调用指定函数" id="showCallBackBtn"/>
        <input type="button" value="隐藏完成调用指定函数" id="hideCallBackBtn"/>
    </div>
    <hr/>
    <img id="showImg" src="images/01.jpg">
    <script type="text/javascript">
    $(function(e){
        $("#showDefaultBtn").click(function(){
            $("#showImg").show();            //正常显示图片
        });
        $("#hideDefaultBtn").click(function(){
            $("#showImg").hide();            //正常隐藏图片
        });
        $("#showSlowBtn").click(function(){
            $("#showImg").show(1000);        //慢速显示图片
        });
        $("#hideSlowBtn").click(function(){
            $("#showImg").hide(1000);        //慢速隐藏图片
        });
        $("#showCallBackBtn").click(function(){
            $("#showImg").show("slow",function(){    /*动画结束后，调用
指定函数*/
                alert("图片显示完毕，谢谢欣赏。");    //弹出消息框
```

```
                    });
                });
                $("#hideCallBackBtn").click(function(){
                    $("#showImg").hide("slow",function(){      /*动画结束后，调用
指定的函数*/
                        alert("图片已被隐藏，单击显示重新欣赏。");//弹出消息框
                    });
                });
            });
        </script>
    </body>
</html>
```

【说明】在上面的代码中，单击"显示完成调用指定函数"按钮后显示动画，当显示动画结束后，调用 show()方法的指定回调函数，弹出消息框显示"图片显示完毕，谢谢欣赏。"的提示信息；单击"隐藏完成调用指定函数"按钮后隐藏动画，当隐藏动画结束后，调用 hide()方法的指定回调函数，弹出消息框显示"图片已被隐藏，单击显示重新欣赏。"的提示信息。

3．切换元素的显示状态

jQuery 中提供的 toggle()方法可以实现交替显示和隐藏元素的功能，即自动切换 hide()和 show()方法。该方法将检查每个元素是否可见。如果元素已隐藏，则运行 show()方法，如果元素可见，则运行 hide()方法，从而实现交替显示、隐藏元素的效果。关于 toggle()方法的用法在第 10 章中已详细讲解，这里讲解一个使用 toggle()方法实现切换元素显示状态的实例。

【例 11-2】切换元素的显示状态。本例文件 11-2.html 的显示效果如图 11-2 所示。

图 11-2　页面显示效果

代码如下：

```
<html>
<head>
<title>切换元素的显示状态</title>
<style>
#content{
    border:6px double blue;          /*双线蓝色边框*/
}
</style>
<script src="js/jquery-3.2.1.min.js" type="text/javascript"></script>
<script type="text/javascript">
$(document).ready(function(){
  $("button").click(function(){
    $("div").toggle();
  });
});
</script>
</head>
<body>
  <button type="button">切换显示状态</button><br/><br/>
```

```
<div id="content">天地环保社区上线启动仪式今日隆重举行，……（此处省略文字）</div>
</body>
</html>
```

【说明】页面加载后，单击"切换显示状态"按钮可以看到 div 元素被隐藏起来；再次单击该按钮可以看到 div 元素显示出来。连续单击该按钮，可以看到 div 元素在隐藏与显示之间反复切换。

11.3　淡入/淡出效果

如果在显示或隐藏元素时不需要改变元素的宽度和高度，只单独改变元素的透明度时，就需要使用淡入/淡出的动画效果了。

1．淡入效果

fadeIn()方法用于淡入显示已隐藏的元素。与 show()方法不同的是，fadeIn()方法只是改变元素的不透明度，该方法会在指定的时间内提高元素的不透明度，直到元素完全显示。语法格式如下：

```
fadeIn(speed,callback)
```

参数说明：

● speed 是可选的，用来设置效果的时长。其取值可以为"slow"、"fast"或表示毫秒的整数。

● callback 也是可选的，表示淡入效果完成后所执行的函数名称。

2．淡出效果

jQuery 中的 fadeOut()方法用于淡出可见元素。该方法与 fadeIn()方法相反，会在指定的时间内降低元素的不透明度，直到元素完全消失。

fadeOut()方法的基本语法格式如下：

```
fadeOut(speed,callback)
```

其参数的含义与 fadeIn()方法中参数的含义完全相同。

【例 11-3】淡入/淡出效果示例。单击"图片淡入"按钮，可以看到 3 幅图片同时淡入，但速度不同；单击"图片淡出"按钮，可以看到 3 幅图片同时淡出，但速度不同。本例文件 11-3.html 的显示效果如图 11-3 所示。

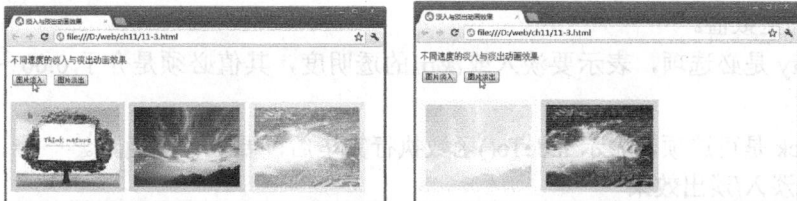

图 11-3　页面显示效果

代码如下：

```
<html>
<head>
<title>淡入与淡出动画效果</title>
<style>
  img{
    border:10px solid #ddd;                 /*图片加边框*/
    margin-top:10px;
  }
</style>
<script src="js/jquery-3.2.1.min.js" type="text/javascript"></script>
<script type="text/javascript">
$(document).ready(function(){
  $("#btnFadeIn").click(function(){
    $("#img1").fadeIn();                    //正常淡入
    $("#img2").fadeIn("slow");              //慢速淡入
    $("#img3").fadeIn(3000);                //自定义淡入速度，更加缓慢
  });
  $("#btnFadeOut").click(function(){
    $("#img1").fadeOut();                   //正常淡出
    $("#img2").fadeOut("slow");             //慢速淡出
    $("#img3").fadeOut(3000);               //自定义淡出速度，更加缓慢
  });
});
</script>
</head>
<body>
  <p>不同速度的淡入与淡出动画效果</p>
  <button id="btnFadeIn">图片淡入</button>
  <button id="btnFadeOut">图片淡出</button>
  <br><br>
  <img src="images/01.jpg" id="img1"/>
  <img src="images/02.jpg" id="img2"/>
  <img src="images/03.jpg" id="img3"/>
</body>
</html>
```

3. 元素的不透明效果

fadeTo()方法可以把元素的不透明度以渐进方式调整到指定的值。这个动画效果只是调整元素的不透明度，即匹配元素的高度和宽度不会发生变化。该方法的基本语法格式如下：

```
fadeTo(speed,opacity,callback)
```

参数说明：

● speed 表示元素从当前透明度到指定透明度的速度，可选值为"slow"、"normal"、"fast"和代表毫秒的整数值。

● opacity 是必选项，表示要淡入或淡出的透明度，其值必须是介于 0.00～1.00 之间的数字。

● callback 是可选项，表示 fadeTo()函数执行完毕后，要执行的函数。

4. 交替淡入/淡出效果

jQuery 中的 fadeToggle()方法可以在 fadeIn()与 fadeOut()方法之间进行切换。如果元素已淡出，则 fadeToggle()会向元素添加淡入效果。如果元素已淡入，则 fadeToggle()会向元素添加淡出效果。

fadeToggle()方法的基本语法格式如下：

```
fadeToggle(speed,callback)
```

其参数说明与 fadeIn() 方法中的参数说明完全相同。

fadeToggle() 方法与 fadeTo() 方法的区别是：fadeToggle() 方法将元素隐藏后，元素不再占据页面空间；而 fadeTo() 方法将元素隐藏后，元素仍然占据页面位置。

【例 11-4】元素的交替淡入/淡出和不透明效果示例。单击"图片交替淡入淡出"按钮，可以看到 3 幅图片以不同的速度交替淡入/淡出；单击"图片不透明效果"按钮，可以看到 3 幅图片设置了不同的不透明效果。本例文件 11-4.html 的显示效果如图 11-4 所示。

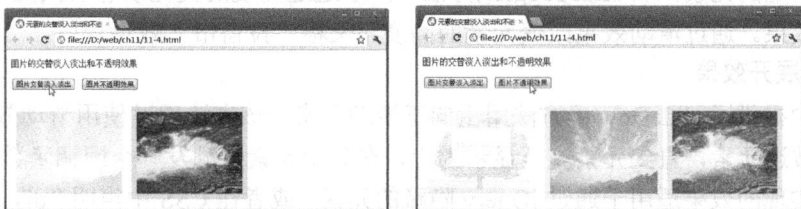

图 11-4　页面显示效果

代码如下：

```
<html>
<head>
<title>元素的交替淡入淡出和不透明效果</title>
<style>
  img{
    border:10px solid #ddd;              /*图片加边框*/
    margin-top:10px;
  }
</style>
<script src="js/jquery-3.2.1.min.js" type="text/javascript"></script>
<script type="text/javascript">
$(document).ready(function(){
  $("#btnFadeToggle").click(function(){
    $("#img1").fadeToggle();             //正常淡入/淡出速度
    $("#img2").fadeToggle("slow");       //慢速淡入/淡出
    $("#img3").fadeToggle(3000);         //自定义淡入/淡出速度，更加缓慢
  });
  $("#btnFadeFadeTo").click(function(){
    $("#img1").fadeTo("slow",0.15);      //透明度值较低
    $("#img2").fadeTo("slow",0.4);       //透明度值中等
    $("#img3").fadeTo("slow",0.7);       //透明度值较高
  });
});
</script>
</head>
<body>
  <p>图片的交替淡入淡出和不透明效果</p>
  <button id="btnFadeToggle">图片交替淡入淡出</button>
  <button id="btnFadeFadeTo">图片不透明效果</button>
  <br><br>
  <img src="images/01.jpg" id="img1"/>
  <img src="images/02.jpg" id="img2"/>
  <img src="images/03.jpg" id="img3"/>
</body>
</html>
```

【说明】fadeToggle()方法将元素隐藏后，元素不再占据页面空间；而 fadeTo()方法将元素隐藏后，元素仍然占据页面空间。

11.4 滑动效果

在 jQuery 中，提供了 slideDown()方法（用于滑动显示匹配的元素）、slideUp()方法（用于滑动隐藏匹配的元素）和 slideToggle()方法（用于通过高度的变化动态切换元素的可见性）来实现滑动效果。通过滑动效果改变元素的高度，又称"拉窗帘"效果。

1．向下展开效果

jQuery 中提供了 slideDown()方法用于向下滑动元素，该方法通过使用滑动效果，将逐渐显示隐藏的被选元素，直到元素完全显示为止，在显示元素后触发一个回调函数。

该方法实现的效果适用于通过 jQuery 隐藏的元素，或者在 CSS 中声明"display:none"的元素。语法格式如下：

```
slideDown(speed,[callback])
```

其参数说明与 fadeIn()方法中的参数说明完全相同。

例如，要在 500 毫秒内向下滑动显示页面中的 id 为 logo 的元素，可以使用下面的代码：

```
$("#logo").slideDown(500);
```

如果元素已经是完全可见的，则该效果不产生任何变化，除非规定了 callback 函数。

2．向上收缩效果

jQuery 中的 slideUp()方法用于向上滑动元素，从而实现向上收缩效果，直到元素完全隐藏为止。该方法实际上是改变元素的高度，如果页面中的一个元素的 display 属性值为 none，则当调用 slideUp()方法时，元素将由下到上缩短显示。语法格式如下：

```
$(selector).slideUp(speed,callback)
```

其参数说明与 fadeIn()方法中的参数说明完全相同。

例如，要在 500 毫秒内向上滑动收缩页面中的 id 为 logo 的元素，可以使用下面的代码：

```
$("#logo").slideUp(500);
```

如果元素已经是完全隐藏的，则该效果不产生任何变化，除非规定了 callback 函数。

3．交替伸缩效果

jQuery 中的 slideToggle()方法通过使用滑动效果（高度变化）来切换元素的可见状态。在使用 slideToggle()方法时，如果元素是可见的，就通过减小高度使全部元素隐藏；如果元素是隐藏的，就增加元素的高度使元素最终全部可见。语法格式如下：

```
$(selector).slideToggle(speed,callback)
```

其参数的含义与 fadeIn()方法中参数的含义完全相同。

例如，要实现单击 id 为 switch 的图片时，控制菜单的显示或隐藏（默认为不显示，奇数次单击时显示，偶数次单击时隐藏），可以使用下面的代码：

```
$("#switch").click(function(){
  $("#menu").slideToggle(500);          //显示或隐藏菜单
});
```

【例 11-5】滑动效果示例。单击"向下展开"按钮，div 元素中的内容从上往下逐渐展开；单击"向上收缩"按钮，div 元素中的内容从下往上逐渐折叠；单击"交替伸缩"按钮，div 元素中的内容可以向下展开或向上收缩。本例文件 11-5.html 的显示效果如图 11-5 所示。

图 11-5　页面显示效果

代码如下：

```html
<html>
<head>
<title>滑动效果示例</title>
<style type="text/css">
div.panel{                                    /*显示内容的样式*/
  margin:0px;
  padding:5px;
  background:#e5eecc;
  border:solid 1px #c3c3c3;
  text-indent:2em;
  height:150px;
  display:none;                               /*初始状态隐藏div中的内容*/
}
</style>
<script src="js/jquery-3.2.1.min.js" type="text/javascript"></script>
<script type="text/javascript">
$(document).ready(function(){
  $("#btnSlideDown").click(function(){
    $(".panel").slideDown("slow");            //向下展开
  });
  $("#btnSlideUp").click(function(){
    $(".panel").slideUp("slow");              //向上收缩
  });
  $("#btnSlideUpDown").click(function(){
    $(".panel").slideToggle("slow");          //交替伸缩
  });
});
</script>
</head>
<body>
<div class="panel">
<p>天地环保新闻发布</p>
<p>天地环保社区上线启动仪式今日隆重举行，……（此处省略文字）</p>
</div>
<p align="center">
  <button id="btnSlideDown">向下展开</button>
  <button id="btnSlideUp">向上收缩</button>
  <button id="btnSlideUpDown">交替伸缩</button>
</p>
</body>
</html>
```

【说明】无论元素是完全可见的还是完全隐藏的，slideToggle()方法实现的交替伸缩效果总是能够实现的。

11.5 综合案例——制作折叠式导航菜单

本章前面讲解了 jQuery 制作动画的各种方法和技巧，在掌握了这些知识的基础上，下面讲解一个综合应用案例。

当页面中导航菜单的菜单项较多时，往往采用折叠式导航菜单只显示正在使用的子菜单，将其余暂时不用的菜单功能折叠起来，这样就节省了页面空间。通过 jQuery 能很轻松地设计出这种效果。

【例 11-6】制作折叠式导航菜单。单击某个主菜单时，将展开该主菜单下的子菜单。例如，单击"会员管理"主菜单，将显示相应的子菜单。单击"退出系统"主菜单将不展开对应的子菜单，而是激活一个超链接。本例文件 11-6.html 的显示效果如图 11-6 所示。代码如下：

```
<html>
<head>
<title>折叠式导航菜单</title>
<script                    src="js/jquery-3.2.1.min.js"
type="text/javascript"></script>
<style type="text/css">
    dl {
        width: 158px;              /*设置菜单容器的宽度*/
        margin:0px;
    }
    dt {
        font-size: 14px;
        padding: 0px;
        margin: 0px;
        width:146px;               /*设置宽度*/
        height:19px;               /*设置高度*/
        background-image:url(images/title_show.gif);        /*设置背景图片*/
        padding:6px 0px 0px 12px;
        color:#215dc6;
        font-size:12px;
        cursor:hand;
    }
    dd{
        color: #000;
        font-size: 12px;
        margin:0px;
    }
    a {
        text-decoration: none;         /*不显示下画线*/
    }
    a:hover {
        color: #FF6600;                /*鼠标指针悬停链接的颜色是橘红色*/
    }
    #top{
        width:158px;                               /*设置宽度*/
        height:30px;                               /*设置高度*/
        background-image:url(images/top.gif);      /*设置背景图片*/
```

图 11-6 折叠式导航菜单

```
        }
        #bottom{
            width:158px;                                        /*设置宽度*/
            height:31px;                                        /*设置高度*/
            background-image:url(images/bottom.gif);        /*设置背景图片*/
        }
        .title{
            background-image:url(images/title_quit.gif);    /*设置背景图片*/
        }
        .item{
            width:146px;                                        /*设置宽度*/
            height:15px;                                        /*设置高度*/
            background-image:url(images/item_bg.gif);       /*设置背景图片*/
            padding:6px 0px 0px 12px;
            color:#215dc6;
            font-size:12px;
            cursor:hand;
            background-position:center;
            background-repeat:no-repeat;                        /*背景图片不重复*/
        }
    </style>
    <script type="text/javascript">
    $(document).ready(function(){
        $("dd").hide();  //隐藏全部子菜单
        $("dt[class!='title']").click(function(){
            if($(this).next().is(":hidden")){
            //  slideDown:通过高度变化（向下增长）来动态地显示所有匹配的元素
                $(this).css("backgroundImage","url(images/title_hide.gif)");
//改变主菜单的背景
                $(this).next().slideDown("slow");
            }else{
                $(this).css("backgroundImage","url(images/title_show.gif)");
//改变主菜单的背景
                $(this).next().slideUp("slow");
            }
        });
    });
    </script>
    </head>
    <body>
    <div id="top"></div>
    <dl>
        <dt>商品管理</dt>
        <dd>
            <div class="item"><a href="#">添加商品</a></div>
            <div class="item"><a href="#">修改商品</a></div>
            <div class="item"><a href="#">查询商品</a></div>
        </dd>
        <dt>会员管理</dt>
        <dd>
            <div class="item"><a href="#">添加会员</a></div>
            <div class="item"><a href="#">修改会员</a></div>
            <div class="item"><a href="#">权限设置</a></div>
        </dd>
        <dt>广告管理</dt>
        <dd>
            <div class="item"><a href="#">新品发布</a></div>
```

```
        <div class="item"><a href="#">优惠促销</a></div>
        <div class="item"><a href="#">友情链接</a></div>
    </dd>
    <dt class="title"><a href="#">退出系统</a></dt>
</dl>
<div id="bottom"></div>
</body>
</html>
```

【说明】本程序折叠式菜单的功能是使用 jQuery 的滑动效果来实现的。页面加载后，首先隐藏全部子菜单，然后再为每个包含子菜单的主菜单项添加 click 事件，当主菜单为隐藏时，滑动显示主菜单，否则，滑动隐藏主菜单。

习题 11

1. 编写程序实现正方形不同的淡入与淡出动画效果，如图 11-7 所示。
2. 制作天地环保新闻中心向上滚动的动态新闻效果，每隔 3 秒，新闻信息就会向上滚动，如图 11-8 所示。

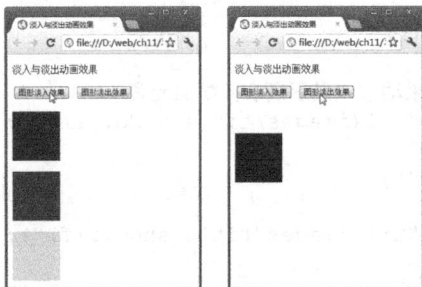

图 11-7 题 1 图

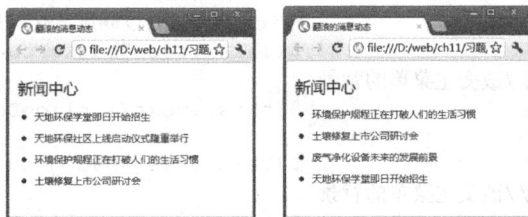

图 11-8 题 2 图

3. 编写程序制作一个可以展开与折叠的导航菜单，单击"导航菜单"图片展开菜单，再次单击"导航菜单"图片将菜单折叠起来，如图 11-9 所示。

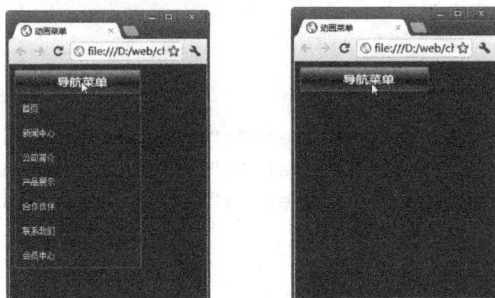

图 11-9 题 3 图

jQuery UI 插件的用法

jQuery UI 是一个以 jQuery 为基础的用户体验与交互库,它是由 jQuery 官方维护的一类提高网站开发效率的插件库。本章将详细讲解 jQuery UI 插件的使用方法。

12.1 jQuery UI 概述

jQuery UI 是一个建立在 jQuery JavaScript 库上的小部件和交互库,它是由 jQuery 官方维护的一类提高网站开发效率的插件库,用户可以使用它创建高度交互的 Web 应用程序。

1. jQuery UI 简介

(1) jQuery UI 的特性。jQuery UI 是以 jQuery 为基础的开源 JavaScript 网页用户界面代码库,它包含底层用户交互、动画、特效和可更换主题的可视控件,其主要特性如下。

● 简单易用:继承 jQuery 简易使用特性,提供高度抽象接口,短期改善网站易用性。

● 开源免费:采用 MIT&GPL 双协议授权,轻松满足自由产品至企业产品各种授权需求。

● 广泛兼容:兼容各主流桌面浏览器。包括 IE 6+、Firefox 2+、Opera 9+、Chrome 1+。

● 轻便快捷:组件间相对独立,可按需加载,避免浪费带宽拖慢网页打开速度。

● 标准先进:通过标准 XHTML 代码提供渐进增强,保证低端环境的可访问性。

● 美观多变:提供近 20 种预设主题,并可自定义多达 60 项可配置样式规则,提供 24 种背景纹理选择。

(2) jQuery UI 插件的分类。jQuery UI 侧重于用户界面的体验,根据其体验角度的不同,主要分为以下 3 部分。

① 交互(Interactions)。这部分内容主要展示一些与鼠标操作相关的插件内容,如拖动(Dragable)、放置(Dropable)、缩放(Resizable)、复选(Selectable)、排序(Sortable)等。

② 小部件(Widgets)。这部分内容包括一些可视化的小控件,通过这些控件可以极大地优化用户在页面中的体验。如折叠面板(Accordion)、日历(Datepicker)、对话框(Dialog)、进度条(Progressbar)、滑块(Slider)、标签页(Tabs)等。

③ 动画。这部分内容包括一些动画效果的插件,使得动画不再拘泥于 animate()方法。用户可以通过这部分插件,实现更为复杂的动画效果。

(3) jQuery UI 与 jQuery 的区别。jQuery UI 与 jQuery 的主要区别是:

① jQuery 是一个 js 库,主要提供的功能是选择器、属性修改和事件绑定等。

② jQuery UI 是在 jQuery 的基础上,利用 jQuery 的扩展性设计的插件,提供了一些常用的界面元素,如对话框、拖动行为、改变大小行为等。

2. jQuery UI 的下载

在使用 jQuery UI 之前，需要下载 jQuery UI 库，下载步骤如下。

（1）在浏览器中输入 www.jqueryui.com，进入如图 12-1 所示的页面。目前，jQuery UI 的最新版本是 jQuery UI 1.12.1。

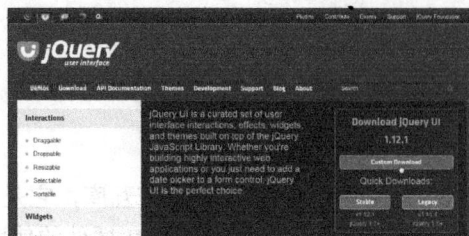

图 12-1　jQuery UI 的下载页面

（2）单击"Custom Download"按钮，进入 jQuery UI 的 Download Builder 页面（jqueryui.com/download/），如图 12-2 所示。Download Builder 页面中有可供下载的 jQuery UI 版本、核心（UI Core）、交互部件（Interactions）、小部件（Widgets）和效果库（Effects）。

jQuery UI 中的一些组件依赖于其他组件，当选中这些组件时，它所依赖的其他组件也都会自动被选中。

（3）在 Download Builder 页面的左下角可以看到一个下拉列表框，列出了一系列为 jQuery UI 插件预先设计的主题，用户可以从这些提供的主题中选择一个，如图 12-3 所示。

图 12-2　Download Builder 页面

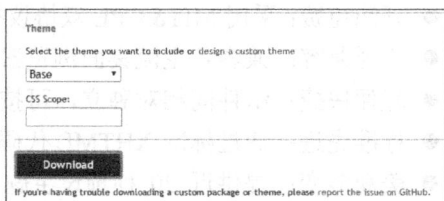

图 12-3　选择 jQuery UI 主题

（4）单击"Download"按钮，即可下载选择的 jQuery UI。

3. jQuery UI 的使用

jQuery UI 下载完成后，将得到一个包含所选组件的自定义 zip 文件（jquery-ui-1.12.1.custom.zip），解压该文件，结果如图 12-4 所示。

图 12-4　jQuery UI 的文件组成

在网页中使用 jQuery UI 插件时，需要将图 12-4 中的所有文件及文件夹（即解压之后的 jquery-ui-1.12.1.custom 文件夹）复制到网页所在的文件夹下，然后在网页的<head>区域添加 jquery-ui.css 文件、jquery-ui.js 文件及 external/jquery 文件夹下 jquery.js 文件的引用。

代码如下：

```
<link rel="stylesheet" href="jquery-ui-1.12.1.custom/jquery-ui.css" />
<script
src="jquery-ui-1.12.1.custom/external/jquery/jquery.js"></script>
<script src="jquery-ui-1.12.1.custom/jquery-ui.js"></script>
```

一旦引用了上面 3 个文件，开发人员即可向网页中添加 jQuery UI 插件。例如，要在网页中添加一个日期选择器，可使用下面的代码实现。

网页结构代码如下：

```
<div id="slider"></div>
```

调用日期选择器插件的 JavaScript 代码如下：

```
<script>
  $(function(){
    $("#datepicker").datepicker();
  });
</script>
```

4. jQuery UI 的工作原理

jQuery UI 包含了许多维持状态的插件，它与典型的 jQuery 插件使用模式略有不同。jQuery UI 插件库提供了通用的 API，因此，只要学会使用其中的一个插件，即可知道如何使用其他的插件。下面以进度条（progressbar）插件为例介绍 jQuery UI 插件的工作原理。

（1）安装。

为了跟踪插件的状态，首先介绍一下插件的生命周期。当插件安装时，生命周期开始，只要在一个或多个元素上调用插件，即安装了插件。例如，下面的代码开始 progressbar 插件的生命周期：

```
$("#elem" ).progressbar();
```

另外，在安装时，还可以传递一组选项，这样即可重写默认选项，代码如下：

```
$("#elem").progressbar({value:40});
```

说明：安装时传递的选项数目多少可根据自身的需要而定，选项是插件状态的组成部分，所以也可以在安装后再进行设置选项。

（2）方法。

既然插件已经初始化，开发人员就可以查询它的状态，或者在插件上执行动作了。所有初始化后的动作都以方法调用的形式进行。为了在插件上调用一个方法，可以向 jQuery 插件传递方法的名称。

例如，为了在进度条（progressbar）插件上调用 value 方法，可以使用下面的代码：

```
$("#elem").progressbar("value");
```

如果方法接收参数，可以在方法名后传递参数。例如，下面的代码将参数 60 传递给 value 方法：

```
$("#elem").progressbar("value",60);
```

每个 jQuery UI 插件都有其自己的一套基于插件所提供功能的方法，然而，有些方法是所有插件都共同具有的，下面分别进行讲解。

① option 方法。option 方法主要用来在插件初始化后改变选项。例如，通过调用 option 方法改变 progressbar（进度条）的 value 为 30，代码如下：

```
$("#elem").progressbar("option","value",30);
```

需要注意的是，上述代码与初始化插件时调用 value 方法设置选项的方法$("#elem").progressbar("value",60);有所不同，这里是调用 option 方法将 value 选项修改为 30。

另外，也可以通过给 option 方法传递一个对象，一次更新多个选项，代码如下：

```
$("#elem").progressbar("option",{
  value: 100,
  disabled: true
});
```

需要注意的是，option 方法有着与 jQuery 代码中取值器和设置器相同的标志，就像.css()和.attr()一样，唯一的不同就是必须传递字符串 option 作为第一个参数。

② disable 方法。disable 方法用来禁用插件，它等同于将 disabled 选项设置为 true。例如，下面的代码用来将进度条设置为禁用状态：

```
$("#elem").progressbar("disable");
```

③ enable 方法。enable 方法用来启用插件，它等同于将 disabled 选项设置为 false。例如，下面的代码用来将进度条设置为启用状态：

```
$("#elem").progressbar("enable");
```

④ destroy 方法。destroy 方法用来销毁插件，使插件返回到最初的标记，这意味着插件生命周期的终止。例如，下面的代码销毁进度条插件：

```
$("#elem").progressbar("destroy");
```

一旦销毁了一个插件，就不能在该插件上调用任何方法了，除非再次初始化这个插件。

⑤ widget 方法。widget 方法用来生成包装器元素，或者与原始元素断开连接的元素。例如，在下面的代码中，widget 将返回生成的元素，因为在进度条（progressbar）实例中没有生成的包装器，widget 方法返回原始的元素。

```
$("#elem").progressbar("widget");
```

（3）事件。

所有的 jQuery UI 插件都有跟它们各种行为相关的事件，用于在状态改变时通知用户。对于大多数的插件，当事件被触发时，名称以插件名称为前缀。例如，可以绑定进度条（progressbar）的 change 事件，一旦值发生变化时就触发，代码如下：

```
$("#elem").bind("progressbarchange",function(){
  alert("进度条的值发生了改变!");
});
```

每个事件都有一个相对应的回调，作为选项进行呈现，开发人员可以使用进度条（progressbar）的 change 选项进行回调，这等同于绑定 progressbarchange 事件，代码如下：

```
$("#elem").progressbar({
  change: function(){
```

```
        alert("进度条的值发生了改变!");
    }
});
```

12.2　jQuery UI 的常用插件

jQuery UI 中提供了许多实用的插件，包括常用的日期选择器、折叠面板、标签页、自动完成、进度条等。本节将对 jQuery UI 中常用的插件及其使用方法进行详细讲解。

12.2.1　日期选择器插件

日期选择器（Datepicker）主要用来从弹出框或在线日历中选择一个日期，使用该插件时，可以自定义日期的格式和语言，也可以限制可选择的日期范围等。

默认情况下，当相关的文本域获得焦点时，在一个小的覆盖层打开日期选择器。对于一个内联的日历，只需简单地将日期选择器附加到 div 或 span 上。

日期选择器的常用方法及说明见表 12-1。

表 12-1　日期选择器的常用方法及说明

方　　法	说　　明
$.datepicker.setDefaults(settings)	为所有的日期选择器改变默认设置
$.datepicker.formatDate(format,date,settings)	格式化日期为一个带有指定格式的字符串值
$.datepicker.parseDate(format,value,settings)	从一个指定格式的字符串值中提取日期
$.datepicker.iso8601Week(date)	确定一个给定的日期在一年中的第几周：1～53
$.datepicker.noWeekends	设置如 beforeShowDay 函数，防止选择周末

需要注意的是，不支持在<input type="date">上创建日期选择器，因为这种操作会造成与本地选择器的 UI 冲突。

【例 12-1】通过使用日期选择器插件选择日期并格式化，显示在文本框中，在选择日期时，同时提供两个月的日期供选择，而且在选择时，可以修改年份信息和月份信息。本例文件 12-1.html 在浏览器中的显示效果如图 12-5 所示。

图 12-5　日期选择器插件的应用

代码如下：

```
<html>
<head>
```

```
<title>日期选择器（Datepicker）插件</title>
<link rel="stylesheet" href="jquery-ui-1.12.1.custom/jquery-ui.css" />
<script
src="jquery-ui-1.12.1.custom/external/jquery/jquery.js"></script>
<script src="jquery-ui-1.12.1.custom/jquery-ui.js"></script>
<script>
  $(function() {
    $( "#datepicker" ).datepicker({
      showButtonPanel: true,           //显示按钮面板
      numberOfMonths: 2,               //显示两个月
      changeMonth: true,               //允许切换月份
      changeYear: true,                //允许切换年份
      showWeek: true,                  //显示星期
      firstDay: 1                      //显示每月从第一天开始
    });
    $( "#format" ).change(function() {
     $( "#datepicker" ).datepicker( "option", "dateFormat", $( this ).
val() );
    });
  });
</script>
</head>
<body>
<p>日期: <input type="text" id="datepicker"></p>
<p>格式选项: <br>
  <select id="format">
    <option value="mm/dd/yy">mm/dd/yyyy 格式</option>
    <option value="yy-mm-dd">yyyy-mm-dd 格式</option>
    <option value="d M, y">短日期格式 - d M, y</option>
    <option value="DD, d MM, yy">长日期格式 - DD, d MM, yy</option>
  </select>
</p>
</body>
</html>
```

12.2.2 折叠面板插件

折叠面板（Accordion）用来在一个有限的空间内显示用于呈现信息的可折叠的内容面板，单击头部，展开或折叠被分为各个逻辑部分的内容，另外，开发人员可以选择性地设置当鼠标指针悬停时是否切换各部分的打开或折叠状态。

折叠面板标记需要一对标题和内容面板。例如，使用系列的标题（H3 标签）和内容 div，代码如下：

```
<div id="accordion">
  <h3>第一标题</h3>
  <div>第一内容面板</div>
  <h3>第二标题</h3>
  <div>第二内容面板</div>
  <h3>第三标题</h3>
  <div>第三内容面板</div>
</div>
```

折叠面板的常用选项及说明见表 12-2。

表 12-2　折叠面板的常用选项及说明

选　项	类　型	说　明
active	Boolean 或 Integer	当前打开哪一个面板
animate	Boolean 或 Number 或 String 或 Object	是否使用动画改变面板，且如何使用动画改变面板
collapsible	Boolean	所有部分是否都可以马上关闭，允许折叠激活的部分
disabled	Boolean	如果设置为 true，则禁用该 accordion
event	String	accordion 头部会做出反应的事件，用以激活相关的面板。可以指定多个事件，用空格间隔
header	Selector	标题元素的选择器，主要通过 accordion 元素上的.find()进行应用。内容面板必须是紧跟在与其相关的标题后的同级元素
heightStyle	String	控制 accordion 和每个面板的高度
icons	Object	标题要使用的图标，与 jQuery UI CSS 框架提供的图标（Icons）匹配。设置为 false 则不显示图标

折叠面板的常用方法及说明见表 12-3。

表 12-3　折叠面板的常用方法及说明

方　法	说　明
destroy()	完全移除 accordion 功能。这会把元素返回到它的预初始化状态
disable()	禁用 accordion
enable()	启用 accordion
option(optionName)	获取当前与指定的 optionName 关联的值
option()	获取一个包含键/值对的对象，键/值对表示当前 accordion 选项散列
option(optionName,value)	设置与指定的 optionName 关联的 accordion 选项的值
option(options)	为 accordion 设置一个或多个选项
refresh()	处理任何在 DOM 中直接添加或移除的标题和面板，并重新计算 accordion 的高度。结果取决于内容和 heightStyle 选项
widget()	返回一个包含 accordion 的 jQuery 对象

折叠面板的常用事件及说明见表 12-4。

表 12-4　折叠面板的常用事件及说明

事　件	说　明
activate(event,ui)	面板被激活后触发（在动画完成之后）。如果 accordion 之前是折叠的，则 ui.oldHeader 和 ui.oldPanel 将是空的 jQuery 对象。如果 accordion 正在折叠，则 ui.newHeader 和 ui.newPanel 将是空的 jQuery 对象
beforeActivate(event,ui)	面板被激活前直接触发。可以取消以防止面板被激活。如果 accordion 当前是折叠的，则 ui.oldHeader 和 ui.oldPanel 将是空的 jQuery 对象。如果 accordion 正在折叠，则 ui.newHeader 和 ui.newPanel 将是空的 jQuery 对象
create(event,ui)	当创建 accordion 时触发。如果 accordion 是折叠的，则 ui.header 和 ui.panel 将是空的 jQuery 对象

【例 12-2】使用 Accordion 实现一个折叠面板，默认第一个面板为展开状态。本例文件 12-2.html 在浏览器中的显示效果如图 12-6 所示。

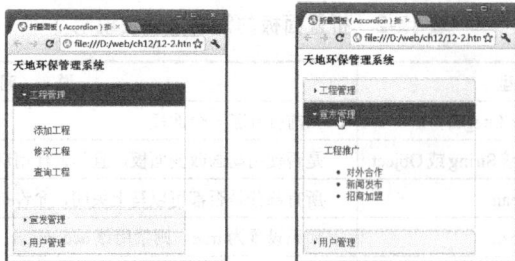

图 12-6　页面显示效果

代码如下：

```html
<!doctype html>
<html>
<head>
<title>折叠面板（Accordion）插件</title>
<link rel="stylesheet" href="jquery-ui-1.12.1.custom/jquery-ui.css" />
<script src="jquery-ui-1.12.1.custom/external/jquery/jquery.js"></script>
<script src="jquery-ui-1.12.1.custom/jquery-ui.js"></script>
<script>
  $(function(){
    $("#accordion").accordion({
      heightStyle: "fill"                     //自动设置折叠面板的尺寸为父容器的高度
    });
  });
</script>
</head>
<body>
<h3 class="docs">天地环保管理系统</h3>
<div class="ui-widget-content" style="width:300px;">
  <div id="accordion">
    <h3>工程管理</h3>
    <div>
      <p>添加工程</p>
      <p>修改工程</p>
      <p>查询工程</p>
    </div>
    <h3>宣发管理</h3>
    <div>
    <p>工程推广</p>
      <ul>
        <li>对外合作</li>
        <li>新闻发布</li>
        <li>招商加盟</li>
      </ul>
    </div>
    <h3>用户管理</h3>
    <div>
      <p>添加用户</p>
      <p>删除用户</p>
      <p>权限设置</p>
    </div>
  </div>
</div>
</body>
</html>
```

【说明】由于折叠面板是由块级元素组成的，默认情况下它的宽度会填充可用的水平空间。为了填充由容器分配的垂直空间，设置 heightStyle 选项为 fill，脚本会自动设置折叠面板的尺寸为父容器的高度。

12.2.3 标签页插件

标签页（Tabs）是一种多面板的单内容区，每个面板与列表中的标题相关，单击标签页，可以切换显示不同的逻辑内容。

标签页有一组必须使用的特定标记，以便标签页能正常工作，分别如下：

● 标签页必须在一个有序的（<ol>）或无序的（<ul>）列表中。

● 每个标签页的"title"必须在一个列表项（<li>）的内部，且必须用一个带有 href 属性的锚（<a>）包裹。

● 每个标签页面板可以是任意有效的元素，但它必须带有一个 id，该 id 与相关标签页的锚中的散列值相对应。

每个标签页面板的内容可以在页面中定义好，这种方式是基于与标签页相关的锚的 href 自动处理的。默认情况下，标签页在单击时激活，但通过 event 选项可以改变或覆盖默认的激活事件。例如，可以将默认的激活事件设置为鼠标指针经过标签页激活，代码如下：

```
event:"mouseover"
```

【例 12-3】使用标签页制作了一个关于天地环保公司介绍的标签页，当鼠标指针经过标签页时打开标签页内容，当鼠标指针二次经过标签页时隐藏标签页内容。本例文件 12-3.html 在浏览器中的显示效果如图 12-7 所示。

图 12-7 标签页插件应用示例

代码如下：

```
<html>
<head>
<title>标签页（Tabs）</title>
<link rel="stylesheet" href="jquery-ui-1.12.1.custom/jquery-ui.css" />
<script
src="jquery-ui-1.12.1.custom/external/jquery/jquery.js"></script>
<script src="jquery-ui-1.12.1.custom/jquery-ui.js"></script>
<script>
  $(function() {
   $( "#tabs" ).tabs({
     collapsible: true,
     event: "mouseover"      //将默认的单击激活事件设置为鼠标指针经过标签页激活
   });
  });
```

```
    </script>
  </head>
  <body>
  <div id="tabs">
    <ul>
      <li><a href="#tabs-1">新闻发布</a></li>
      <li><a href="#tabs-2">环保学堂</a></li>
      <li><a href="#tabs-3">政策方针</a></li>
    </ul>
    <div id="tabs-1">
      <p><strong>鼠标二次经过标签页可以隐藏内容</strong></p>
      <p>天地环保社区上线启动仪式今日隆重举行，……（此处省略内容）</p>
    </div>
    <div id="tabs-2">
      <p><strong>鼠标二次经过标签页可以隐藏内容</strong></p>
      <p>环境保护一般是指人类为解决现实或潜在……（此处省略内容）</p>
    </div>
    <div id="tabs-3">
      <p><strong>鼠标二次经过标签页可以隐藏内容</strong></p>
      <p>保护环境是中国长期稳定发展的根本利益……（此处省略内容）</p>
    </div>
  </div>
  </body>
</html>
```

12.2.4 自动完成插件

自动完成（Autocomplete）插件用来根据用户输入的值进行搜索和过滤，让用户快速找到并从预设值列表中选择。自动完成插件类似"百度"的搜索框，当用户在输入框中输入时，自动完成插件提供相应的建议。

说明：自动完成插件的数据源可以是一个简单的 JavaScript 数组，使用 source 选项提供给自动完成插件即可。

自动完成插件使用 jQuery UI CSS 框架来定义它的外观和感观的样式。如果需要使用自动完成插件指定的样式，则可以使用下面的 CSS class 名称。

● ui-autocomplete：用于显示匹配用户的菜单（menu）。

● ui-autocomplete-input：自动完成插件实例化的 input 元素。

自动完成插件的常用选项及说明见表 12-5。

表 12-5　自动完成插件的常用选项及说明

选　项	类　型	说　明
appendTo	Selector	菜单应该被附加到哪一个元素中。当该值为 null 时，输入域的父元素将检查 ui-front class。如果找到带有 ui-front class 的元素，菜单将被附加到该元素中。如果未找到带有 ui-front class 的元素，不管值为多少，菜单将被附加到 body 中
autoFocus	Boolean	如果设置为 true，当菜单显示时，第一个条目将自动获得焦点
delay	Integer	按键和执行搜索之间的延迟，以毫秒计。对于本地数据，采用零延迟是有意义的（更具响应性），但对于远程数据会产生大量的负荷，同时降低了响应性
disabled	Boolean	如果设置为 true，则禁用该 autocomplete

续表

选 项	类 型	说 明
minLength	Integer	执行搜索前用户必须输入的最小字符数。对于仅带有几项条目的本地数据，通常设置为零，但当单个字符搜索会匹配几千项条目时，设置一个高数值是很有必要的
position	Object	标识建议菜单的位置与相关的 input 元素有关系。of 选项默认为 input 元素，但用户可以指定另一个定位元素
source	Array 或 String 或 Function(Object request,Function response(Object data))	定义要使用的数据，必须指定

自动完成插件常用方法及说明见表 12-6。

表 12-6 自动完成插件的常用方法及说明

方 法	说 明
close()	关闭 autocomplete 菜单。当与 search 方法结合使用时，可用于关闭打开的菜单
destroy()	完全移除 autocomplete 功能。这会把元素返回到它的预初始化状态
disable()	禁用 autocomplete
enable()	启用 autocomplete
option(optionName)	获取当前与指定的 optionName 关联的值
option()	获取一个包含键/值对的对象，键/值对表示当前 autocomplete 选项散列
option(optionName,value)	设置与指定的 optionName 关联的 autocomplete 选项的值
option(options)	为 autocomplete 设置一个或多个选项
search([value])	触发 search 事件，如果该事件未被取消则调用数据源。当被点击时，可被类似选择框按钮来打开建议。当不带参数调用该方法时，则使用当前输入的值
widget()	返回一个包含菜单元素的 jQuery 对象。虽然菜单项不断地被创建和销毁。菜单元素本身会在初始化时创建，并不断地重复使用

自动完成插件的常用事件及说明见表 12-7。

表 12-7 自动完成插件的常用事件及说明

事 件	说 明
change(event,ui)	如果输入域的值改变则触发该事件
close(event,ui)	当菜单隐藏时触发。不是每一个 close 事件都伴随着 change 事件
create(event,ui)	当创建 autocomplete 时触发
focus(event,ui)	当焦点移动到一个条目上（未选择）时触发。默认的动作是把文本域中的值替换为获得焦点的条目的值，即使该事件是通过键盘交互触发的。取消该事件会阻止值被更新，但不会阻止菜单项获得焦点
open(event,ui)	当打开建议菜单或更新建议菜单时触发
response(event,ui)	在搜索完成后菜单显示前触发。用于建议数据的本地操作，其中自定义的 source 选项回调不是必需的。该事件总是在搜索完成时触发，如果搜索无结果或禁用了 autocomplete，导致菜单未显示，该事件一样会被触发
search(event,ui)	在搜索执行前满足 minLength 和 delay 后触发。如果取消该事件，则不会提交请求，也不会提供建议条目

事　件	说　明
select(event,ui)	当从菜单中选择条目时触发。默认的动作是把文本域中的值替换为被选中的条目的值。取消该事件会阻止值被更新，但不会阻止菜单关闭

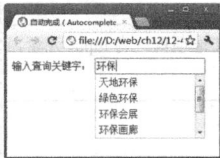

图 12-8　页面显示效果

【例 12-4】通过使用自动完成插件实现根据用户的输入，智能显示查询列表的功能，如果查询列表过长，可以通过为 autocomplete 设置 max-height 来防止菜单显示过长。本例文件 12-4.html 的显示效果如图 12-8 所示。

代码如下：

```html
<!doctype html>
<html>
<head>
<title>自动完成（Autocomplete）插件</title>
<link rel="stylesheet" href="jquery-ui-1.12.1.custom/jquery-ui.css" />
<script
src="jquery-ui-1.12.1.custom/external/jquery/jquery.js"></script>
<script src="jquery-ui-1.12.1.custom/jquery-ui.js"></script>
<style>
  .ui-autocomplete {
    max-height: 100px;           /* 菜单最大高度100px，超出高度时出现垂直滚动条 */
    overflow-y: auto;            /* 垂直滚动条自动适应 */
    overflow-x: hidden;          /* 防止水平滚动条 */
  }
  * html .ui-autocomplete {
    max-height: 200px;
  }
</style>
<script>
$(function() {
  var datas = [                  //自定义的菜单项
    "天地环保",
    "绿色环保",
    "环保会展",
    "环保画廊",
    "环保社区",
    "信息大学",
    "营养保健",
    "环保学堂"
  ];
  $( "#tags" ).autocomplete({ //当输入内容包含查询关键字时显示用户自定义的菜单
    source: datas
  });
});
</script>
</head>
<body>
<div class="ui-widget">
  <label for="tags">输入查询关键字：</label>
  <input id="tags">
</div>
</body>
</html>
```

通过上面案例的讲解，读者一定体验到 jQuery UI 丰富的插件种类及其强大的功能。由于篇幅所限，这里不能尽述，读者可以到 jQuery 的官方网站下载学习这些插件的用法。

习题 12

1. 使用 jQuery UI 进度条插件制作如图 12-9 所示的页面。单击"进度条随机值"按钮，进度条显示随机生成的值；单击"进度条随机颜色"按钮，进度条显示随机生成的颜色。

图 12-9　题 1 图

2. 使用 jQuery UI 滑块插件制作如图 12-10 所示的一个简单的 RGB 调色器。

图 12-10　题 2 图

3. 使用 jQuery UI 自动完成插件制作如图 12-11 所示的页面。在文本框中输入关键字，实现"分类"智能查询。

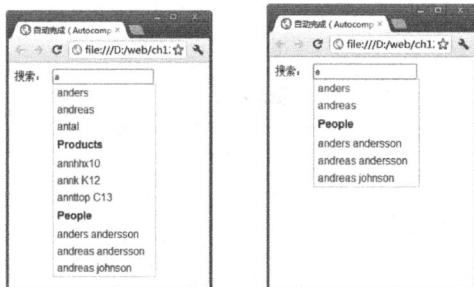

图 12-11　题 3 图

4. 使用 jQuery UI 菜单插件制作如图 12-12 所示的二级菜单。

图 12-12　题 4 图

5. 使用 jQuery UI 折叠面板插件制作如图 12-13 所示的页面。页面加载后，折叠面板中的每个子面板都带有图标，单击"切换图标"按钮，隐藏子面板的图标，可以反复切换图标的显示与隐藏状态。

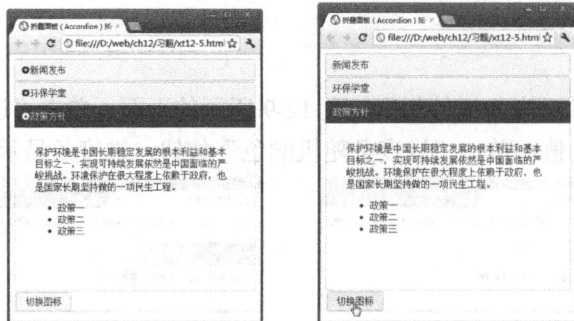

图 12-13　题 5 图

本章主要运用前面章节讲解的各种网页制作技术介绍网站的开发流程，从而进一步巩固网页设计与制作的基本知识。

13.1 网站的开发流程和组织结构

在讲解具体页面的制作之前，首先简单介绍一下网站的开发流程和组织结构。

13.1.1 网站的开发流程

典型的网站开发流程包括以下几个阶段。

● 规划站点：包括确立站点的策略或目标、确定所面向的用户及站点的数据需求。

● 网站制作：包括设置网站的开发环境、规划页面设计和布局、创建内容资源等。

● 测试网站：测试页面的链接及网站的兼容性。

● 发布站点：将站点发布到服务器上。

1. 规划站点

建设网站首先要对站点进行规划，规划的范围包括确定网站的服务职能、服务对象、所要表达的内容等，还要考虑站点文件的结构等。在着手开发站点前认真进行规划，能够在以后节省大量的时间。

（1）确定建站的目的。建立网站的目的要么是宣传推广，要么是增加利润。显然，创建天地环保网站的目的是为了宣传推广企业，提高企业的知名度，增加企业之间的合作，天地环保网站正是在这样的业务背景下建立的。

（2）确定网站的内容。内容决定一切，内容价值决定了浏览者是否有兴趣继续关注网站。天地环保网站的主要功能模块包括公司简介、工程展示、新闻中心、联系我们、留言板等。

（3）使用合理的文件夹保存文档。若要有效地规划和组织站点，除了规划站点的内容外，就是规划站点的基本结构和文件的位置，可以使用文件夹来合理构建文档结构。首先为站点建立一个根文件夹（根目录），在其中创建多个子文件夹，然后将文档分门别类存储到相应的文件夹下。设计合理的站点结构，能够提高工作效率，方便对站点的管理。

（4）使用合理的文件名称。当网站的规模变得很大，使用合理的文件名就显得十分必要了，文件名应容易理解且便于记忆，让人看文件名就能知道网页表述的内容。Web 服务器使用的是英文操作系统，不能对中文文件名提供很好的支持，中文文件名可能导致浏览错误或访问失败。如果实在对英文不熟悉，可以采用汉语拼音作为文件名称来使用。

2．网站制作

完整的网站制作包括以下两个过程。

（1）前台页面制作。当设计人员拿到美工效果图后，需要综合使用 HTML、CSS、JavaScript、jQuery 等 Web 前端开发技术，将效果图转换为.html 网页，其中包括图片收集、页面布局规划等工作。

（2）后台程序开发。后台程序开发包括网站数据库设计、网站和数据库的连接、动态网页编程等。本书主要讲解前台页面的制作，后台程序开发读者可以在动态网站设计的课程中学习。

3．测试网站

网站测试与传统的软件测试不同，它不但需要检查是否按照设计的要求运行，而且还要测试系统在不同用户端的显示是否合适，最重要的是从最终用户的角度进行安全性和可用性测试。在把站点上传到服务器之前，要先在本地对其测试。实际上，在站点建设过程中，最好经常对站点进行测试并解决出现的问题，这样可以尽早发现问题并避免重犯错误。

测试网页主要从以下 3 个方面着手。

● 页面的效果是否美观。
● 页面中的链接是否正确。
● 页面的浏览器兼容性是否良好。

4．发布站点

当完成了网站的设计、调试、测试和网页制作等工作后，需要把设计好的站点上传到服务器来完成整个网站的发布。可以使用网站发布工具将文件上传到远程 Web 服务器以发布该站点，以及同步本地和远端站点上的文件。

13.1.2 创建站点目录

在制作各个页面前，用户需要确定整个网站的目录结构，包括创建站点根目录和根目录下的通用目录。

1．创建站点根目录

本书所有章节的案例均建立在 D:\web 下的各个章节目录中。因此，本章讲解的综合案例建立在 D:\web\ch13 目录中，该目录作为站点根目录。

2．根目录下的通用目录

对于中小型网站，一般会创建如下通用的目录结构。

图 13-1　网站的目录结构

● images 目录：存放网站的所有图片。
● css 目录：存放 CSS 样式文件，实现内容和样式的分离。
● js 目录：存放 jQuery 和 JavaScript 脚本文件。
● lib 目录：存放 jQuery 插件文件。

在 D:\web\ch13 目录中依次建立上述目录，整个网站的目录结构如图 13-1 所示。

对于网站下的各网页文件，例如，index.html 等一般存放在网站根目录下。网站的目录、网页文件名及网页素材文件名一般都为小写，并采用代表一定含义的英文命名。

13.1.3　网站页面的组成

天地环保网站的主要组成页面如下。

网站首页（index.html）：显示网站的 Logo、导航菜单、广告、公司简介、工程案例、新闻资讯和版权声明等信息。

关于我们（about.html）：显示公司经营理念和核心业务的页面。

工程案例（productlist.html）：显示工程分类的页面。

新闻资讯（news.html）：显示公司新闻和环保学堂的页面。

新闻明细（newsdetails.html）：显示新闻详细内容的页面。

联系我们（contact.html）：显示公司联系方式和地图位置的页面。

留言板（message.html）：显示留言表单的页面。

13.2　网站技术分析

制作天地环保网站使用的主要技术如下。

1．HTML5

HTML5 是网页结构语言，负责组织网页结构，站点中的页面都需要使用网页结构语言建立起网页的内容架构。制作本网站中使用的 HTML5 的主要技术如下。

- 搭建页面内容架构。
- Div 布局页面内容。
- 使用文档结构元素定义页面内容。
- 使用列表和链接制作导航菜单。
- 使用表单技术制作搜索框。
- 使用表格技术格式化输出页面内容。

2．CSS3

CSS3 是网页表现语言，负责设计页面外观，统一网站风格，实现表现和结构相分离。制作本网站中使用的 CSS3 的主要技术如下。

- 网站整体样式的规划。
- 网站顶部 Logo 与宣传语的样式设计。
- 网站导航菜单的样式设计。
- 网站广告条的样式设计。
- 网站栏目的样式设计。
- 网站新闻列表的样式设计。
- 网站表单的样式设计。
- 网站版权信息的样式设计。

3．JavaScript 和 jQuery

JavaScript 和 jQuery 是网页行为语言，实现页面交互与网页特效。制作本网站中使用的 JavaScript 和 jQuery 的主要技术如下。

- 使用图片轮播特效制作网站首页的广告条。
- 使用 JavaScript 结合 HTML5 获取地理位置及百度地图。
- 使用 jQuery 自动完成插件实现搜索框智能提示。

13.3 制作网站首页

网站首页包括网站的 Logo、导航菜单、广告、公司简介、工程案例、新闻资讯和版权声明等信息，效果如图 13-2 所示，布局示意图如图 13-3 所示。

图 13-2 网站首页效果

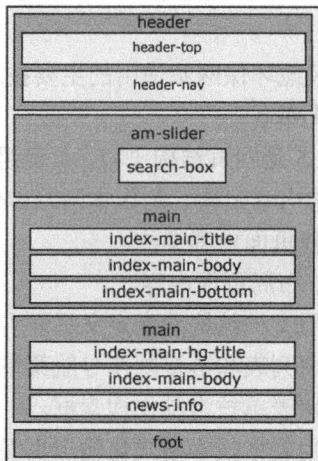

图 13-3 网站首页的布局示意图

在实现了网站首页的整体布局后，接下来就要完成网站首页的制作了。制作过程如下。

1. 页面样式设计

（1）页面整体样式。页面整体样式包括页面图像、超链接、标题等元素的 CSS 定义，CSS 代码如下：

```
/*设置页面整体样式*/
*{                                    /*设置浏览器默认样式*/
    margin: 0;                        /*外边距 0px*/
    padding: 0;                       /*内边距 0px*/
}
img {                                 /*设置图像样式*/
    border: 0;                        /*图像无边框*/
}
a {                                   /*设置超链接样式*/
    text-decoration: none;            /*链接无修饰*/
}
```

```
h1 {                                          /*设置一级标题样式*/
    font-size: 24px;                          /*字体大小是 24px*/
}
h2 {                                          /*设置二级标题样式*/
    font-size: 20px;                          /*字体大小是 20px*/
}
.clearfix{                                    /*设置清除浮动样式*/
    clear: both;                              /*清除所有浮动样式*/
}
```

（2）页面顶部内容的样式。页面顶部的内容被放在名为 header-top 的 Div 容器中，主要用来显示网站的 Logo、公司名称、宣传语和咨询热线，如图 13-4 所示。

图 13-4　页面顶部的布局效果

该区域的制作在前面的章节已经讲解，这里不再赘述。

（3）导航菜单的样式。导航菜单的内容被放在名为 header-nav 的 Div 容器中，如图 13-5 所示。

图 13-5　导航菜单的布局效果

CSS 代码如下：

```
/*设置导航菜单的样式*/
.header-nav {
  background: #28905a;                        /*菜单绿色背景*/
}
.header-nav nav {                             /*菜单容器的样式*/
  max-width: 1100px;                          /*容器最大宽度 1100px*/
  margin: auto;                               /*容器水平居中对齐*/
  position: relative;                         /*相对定位*/
}
.header-nav nav > ul {                        /*菜单列表的样式*/
  list-style: none;                           /*列表无修饰*/
  margin: 0;
  padding: 0;
  overflow: hidden;                           /*溢出隐藏*/
}
.header-nav nav > ul > li {                   /*菜单列表项的样式*/
  float: left;                                /*向左浮动*/
  padding: 0;
  text-align: center;                         /*文本水平居中对齐*/
  min-width: 120px;
}
.header-nav nav > ul > li > a {               /*菜单列表项超链接的样式*/
    font-size: 14px;
    color: #fff;                              /*白色文字*/
    width: 100%;
    display: inline-block;                    /*将链接设置为内联对象，内容作为块对象显示*/
```

```
    padding: 1.6rem 0;
  }
  .header-nav nav > ul li:hover {        /*菜单列表项悬停链接的样式*/
    background: #5cc18c;                  /*浅绿色背景*/
  }
```

（4）广告条的样式。广告条的内容被放在名为 am-slider 的 Div 容器中，如图 13-6 所示。

图 13-6　广告条的布局效果

CSS 代码如下：

```
/*设置广告条的样式*/
.am-slides {                              /*广告条容器的样式*/
  margin: 0;
  padding: 0;
  list-style: none;                       /*列表无修饰*/
  position: relative;                     /*相对定位*/
}
.am-slider-slide .am-slides > li {        /*广告图片列表项的样式*/
  display: none;                          /*列表项不显示*/
  position: relative;                     /*相对定位*/
}
.am-slider .am-slides img {               /*广告图片的样式*/
  width: 100%;
  display: block;                         /*块级元素显示*/
}
.search-box {                             /*搜索框容器的样式*/
  position: absolute;                     /*绝对定位*/
  z-index: 2;                             /*位于所有对象之上*/
  width: 100%;
  text-align: center;                     /*水平居中对齐*/
  top: 57%;
}
.search-box input {                       /*搜索文本框的样式*/
  outline: none;                          /*无轮廓*/
  border: none;                 /*无边框*/
  background: #ffffff;          /*白色背景*/
  border-radius: 5px;           /*5px 圆角边框*/
  width: 236.5px;
  height: 25.5px;
}
.search-box .search-box-btn {  /*搜索按钮的样式*/
  width: 30px;
  height: 27px;
  background: url(../images/searchbtn.png) no-repeat;   /*背景图像不重复*/
  position: absolute;                     /*绝对定位*/
```

```
    margin: 1px 0 0 4px;
    display: inline-block;              /*将按钮设置为内联对象，内容作为块对象显示*/
}
```

（5）网站首页内容区域的样式。网站首页的内容被放在名为 main 的 Div 容器中，如图 13-7 所示。

图 13-7　网站首页内容区域的布局效果

CSS 代码如下：

```
/*设置网站首页内容区域的样式*/
main {                                  /*内容容器的样式*/
  max-width: 1100px;
  margin: 0 auto;                       /*容器水平居中对齐*/
}
.index-main-title {                     /*"关于我们"栏目标题容器的样式*/
  text-align: center;                   /*文本水平居中对齐*/
  padding: 40px 0;
}
.index-main-title p {                   /*"关于我们"栏目标题段落的样式*/
    font-size: 20px;                    /*字体大小 20px*/
    font-weight: bold;                  /*字体加粗*/
    margin: 0;
    padding: 0;
    color: #28905A;                     /*绿色文字*/
}
.index-main-title span {                /*"关于我们"栏目副标题的样式*/
  color: #b4b4b4;                       /*浅灰色文字*/
  font-size: 1.4rem;
}
.index-main-body ul {                   /*"关于我们"栏目内容列表的样式*/
  margin: 0;
  padding: 0;
  text-align: center;                   /*文本水平居中对齐*/
  white-space: nowrap;                  /*内容超出容器时显示省略号*/
}
.index-main-body li {                   /*栏目内容列表项的样式*/
  width: 31.33%;
```

```
    list-style: none;                        /*链接无修饰*/
    display: inline-block;
    text-align: center;                      /*文本水平居中对齐*/
}
.index-main-body img {                       /*栏目图像的样式*/
    width: 100%;
    height: 100%;
}
.index-main-body ul p {                      /*图片下方说明文字的样式*/
    font-weight: bold;                       /*字体加粗*/
    color: #28905A;                          /*绿色文字*/
}
.index-main-body ul a {                      /*按钮的样式*/
    border: 1px solid #999;
    border-radius: 20px;                     /*按钮的边框是 20px 圆角边框*/
    color: #000;                             /*正常链接的颜色是白色*/
    display: block;                          /*块级元素显示*/
    width: 119px;
    text-align: center;                      /*文本水平居中对齐*/
    height: 28px;
    margin: 10px auto;                       /*按钮在容器中水平居中对齐*/
}
.index-main-hg-title {                       /*"工程案例"栏目容器的样式*/
    text-align: center;                      /*文本水平居中对齐*/
    padding: 40px 0;
}
.index-main-hg-title p {                     /*"工程案例"栏目标题的样式*/
    font-size: 20px;
    font-weight: bold;                       /*字体加粗*/
    margin: 0;
    padding: 0;
    color: #28905A;                          /*绿色文字*/
}
.index-main-hg-title span {                  /*"工程案例"栏目副标题的样式*/
    color: #b4b4b4;                          /*浅灰色文字*/
    font-size: 1.4rem;
}
.news-info {                                 /*"新闻资讯"栏目容器的样式*/
    max-width: 1100px;                       /*最大宽度 1100px*/
    text-align: center;
    overflow: hidden;                        /*溢出隐藏*/
    margin-bottom: 30px;                     /*下外边距 30px*/
}
.news-info h2 {                              /*"新闻资讯"栏目标题的样式*/
    display: block;                          /*块级元素显示*/
    width: 84px;
    margin: 40px auto;                       /*标题在容器中水平居中对齐*/
    padding: 3px 0;
    color: #28905A;                          /*绿色文字*/
}
.news-left {                                 /*"新闻资讯"栏目左侧区域的样式*/
    margin-left: -434px;                     /*向左偏移 434px*/
    max-width: 410px;
}
.news-left img {                             /*左侧区域图像的样式*/
```

```
  width: 100%;                          /*宽度占容器的100%*/
  float: none;                          /*不浮动*/
}
.news-left p {                          /*左侧区域段落的样式*/
  display: block;                       /*块级元素显示*/
  margin: 20px 0 0 0;
  padding: 0;
  clear: both;                          /*清除所有浮动*/
}
.news-left span {                       /*左侧区域新闻内容文字的样式*/
  display: block;                       /*块级元素显示*/
  float: none;
  clear: both;
  width: 100%;
}
.news-left a {                          /*左侧区域"更多"链接的样式*/
  display: block;                       /*块级元素显示*/
  clear: both;                          /*清除所有浮动*/
  margin: 0 auto;                       /*水平居中对齐*/
}
```

（6）版权区域的样式。版权区域的内容被放在名为 footer 的 Div 容器中，如图 13-8 所示。

图 13-8　版权区域的布局效果

CSS 代码如下：

```
/*设置版权区域的样式*/
.footer {
  background: #29905b ;                 /*绿色背景*/
  color: #ffffff;                       /*白色文字*/
}
.footer .footer-pc {                    /*版权容器的样式*/
    max-width: 1100px;
    margin: 0 auto;                     /*容器水平居中对齐*/
    padding: 20px 20px;                 /*内边距20px*/
    text-align: center;                 /*文字水平居中对齐*/
}
.footer ul {                            /*版权区域列表的样式*/
    margin: 0;
    padding: 0;
    display: inline-block;
    height: 60px;                       /*高度60px*/
}
.footer ul li {                         /*版权区域列表项的样式*/
  list-style: none;                     /*列表无修饰*/
}
```

2. 页面结构代码

接下来列出页面的结构代码，让读者对页面的整体结构有一个全面的认识，然后在此基础上重点讲解页面交互与网页特效的实现方法。网站首页（index.html）的结构代码如下：

```html
    <html>
    <head>
    <meta charset="gb2312" />
    <title>首页</title>
    <link rel="stylesheet" href="css/default.css" />
    <script type="text/javascript" src="js/jquery.min.js"></script>
    <script src="lib/amazeui/amazeui.ie8polyfill.min.js"></script>
    <script  type="text/javascript"  src="lib/handlebars/handlebars.min.js">
</script>
    <script     type="text/javascript"     src="lib/iscroll/iscroll-probe.js">
</script>
    <script type="text/javascript" src="lib/amazeui/amazeui.min.js"></script>
    <script type="text/javascript" src="lib/raty/jquery.raty.js"></script>
    <script type="text/javascript" src="js/main.min.js?t=1"></script>
    </head>
    <body>
    <header>
        <div class="header-top">
            <div class="width-center">
                <div class="header-logo "><img src="images/logo.png" alt="">
</div>
                <div class="header-title div-inline">
                    <strong>天地环保</strong>
                    <span>环 境 治 理 专 家</span>
                </div>
                <div class="header-right">
                    <span>全国咨询热线</span>
                    <span>400-810-6666</span>
                </div>
            </div>
        </div>
        <div class="header-nav">
            <nav>
            <ul class="header-nav-ul am-collapse am-in">
                <li class="on"><a href="index.html" name="index">网站首页</a>
</li>
                <li><a href="about.html" name="about">关于我们</a></li>
                <li><a href="productlist.html" name="show">工程案例</a></li>
                <li><a href="news.html" name="new">新闻资讯</a></li>
                <li><a href="contact.html" name="message">联系我们</a></li>
                <li><a href="message.html" name="message">留言板</a></li>
                </li>
            </ul>
            </nav>
        </div>
    </header>
    <div     class="am-slider     am-slider-default"     data-am-flexslider=
"{playAfterPaused: 8000 , controlNav: false, directionNav: false}">
        <div class="search-box">
            <div>
            <input type="text" placeholder="请输入您需要的环保类别" style=
"width:320px;">
            </div>
            <div class="search-box-btn"></div>
        </div>
        <ul class="am-slides">
            <li><img src="images/banner.jpg" ></li>
            <li><img src="images/banner.jpg" ></li>
```

```
            <li><img src="images/banner.jpg" ></li>
            <li><img src="images/banner.jpg" ></li>
        </ul>
    </div>
    <main>
        <div class="index-main-title">
            <p>关于我们</p>
            <span>为各大重型工业工厂所制造的环境问题提供相关处理净化设备</span>
        </div>
        <div class="index-main-body">
                <ul>
                    <li><img src="images/main1.jpg"><p>工业废气净化</p></li>
                    <li><img src="images/main2.jpg"><p>有机废气净化</p></li>
                    <li><img src="images/main3.jpg"><p>粉尘净化</p></li>
                </ul>
            <p>我公司主要产品以治理工业废气为主，……（此处省略文字）</p>
            <a>了解更多</a>
        </div>
        <div class="index-main-bottom">
                <p>工程案例</p>
                <span>为各大重型工业工厂所制造的环境问题提供相关处理净化设备</span>
        </div>
    </main>
    <main>
    <div class="index-main-hg-title">
        <p>工程案例</p>
        <span>为各大重型工业工厂所制造的环境问题提供相关处理净化设备</span>
    </div>
    <div class="index-main-body">
        <ul>
            <li><img src="images/smcase1.jpg"><p>废气净化处理项目</p><span>保护环
境就是保护我们赖以生存的家</span><a href="productlist.html">更多</a></li>
            <li><img src="images/smcase2.jpg"><p>固体废物处理项目</p><span>保护环
境就是保护我们赖以生存的家</span><a href="productlist.html">更多</a></li>
            <li><img src="images/smcase3.jpg"><p>污染土壤修复工程</p><span>保护环
境就是保护我们赖以生存的家</span><a href="productlist.html">更多</a></li>
        </ul>
    </div>
    <div class="news-info">
        <h2>新闻资讯</h2>
        <div>
            <ul>
                <li class="news-left"><img src="images/smcase4.jpg"><div><p>全
国各地将提高垃圾处理费排污费</p><span>继居民垃圾处理费,排污费后,全国将会陆续公布相似措施,
且二氧化硫等排污费还会列入未来环境税征收范围</span><a href="productlist.html">更多
</a></div></li>
                    ……（此处省略 3 条类似的新闻定义）
            </ul>
        </div>
    </div>
    <div style="clear:both"></div>
    </main>
    <footer class="footer">
        <div class="footer-pc">
        <ul>
```

```
        <li><a href="index.html">网站首页</a> | <a href="about.html">关于我们
</a> | <a href="productlist.html">工程案例</a> | <a href="news.html">新闻资讯</a>
| <a href="contact.html">联系我们</a> | <a href="message.html">留言板</a></li>
        <li>Copyright &copy; 2018 天地环保有限公司  ICP 备 10033333
号</li>
    </ul>
    </div>
  </footer>
  </body>
  </html>
```

3. 页面交互与网页特效的实现

（1）使用图片轮播特效制作广告条。制作过程如下：

① 首先在网页的<head>区域引入 jQuery 库和特效插件（网站首页所有特效插件），代码如下：

```
<script type="text/javascript" src="js/jquery.min.js"></script>
<script src="lib/amazeui/amazeui.ie8polyfill.min.js"></script>
<script type="text/javascript" src="lib/handlebars/handlebars.min.js">
</script>
<script type="text/javascript" src="lib/iscroll/iscroll-probe.js"> </script>
<script type="text/javascript" src="lib/amazeui/amazeui.min.js"></script>
<script type="text/javascript" src="lib/raty/jquery.raty.js"></script>
<script type="text/javascript" src="js/main.min.js?t=1"></script>
```

② 接下来，讲解实现图片轮播特效所使用的方法。实现图片轮播特效，其关键是应用 jQuery 插件技术，该方法的定义位于"lib/amazeui/amazeui.min.js"文件中。由于该文件内容较长，这里只截取了生成图片轮播特效对象及设置播放参数的关键代码。代码如下：

```
$.fn.owlCarousel = function (options) {
    return this.each(function () {
        if ($(this).data("owl-init") === true) {
            return false;
        }
        $(this).data("owl-init", true);
        var carousel = Object.create(Carousel);
        carousel.init(options, this);
        $.data(this, "owlCarousel", carousel);          //生成图片轮播对象
    });
};
$.fn.owlCarousel.options = {                            //设置图片轮播对象的参数
    items : 5,                                          //允许最多 5 幅图像轮播
    itemsCustom : false,
    itemsDesktop : [1199, 1],
    itemsDesktopSmall : [979, 1],
    itemsTablet : [768, 1],
    itemsTabletSmall : false,
    itemsMobile : [479, 1],
    singleItem : false,
    itemsScaleUp : false,
    slideSpeed : 200,                                   //手动切换图片的速度
    paginationSpeed : 800,                              //自动分页切换图片的速度
    rewindSpeed : 1000,                                 //回放切换图片的速度
    autoPlay : false,
    stopOnHover : false,
    navigation : false,
    navigationText : ["prev", "next"],
```

```
        rewindNav : true,                              //允许回放
        scrollPerPage : false,
        pagination : true,                             //允许分页
        paginationNumbers : false,                     //不显示分页数字
        responsive : true,                             //响应单击事件
        responsiveRefreshRate : 200,
        responsiveBaseWidth : window,
        baseClass : "owl-carousel",
        theme : "owl-theme",
        lazyLoad : false,
        lazyFollow : true,
        lazyEffect : "fade",
        autoHeight : false,                            //播放器高度自适应
        jsonPath : false,
        jsonSuccess : false,
        dragBeforeAnimFinish : true,
        mouseDrag : true,                              //允许鼠标拖动
        touchDrag : true,
        addClassActive : false,
        transitionStyle : false,
        beforeUpdate : false,
        afterUpdate : false,
        beforeInit : false,
        afterInit : false,
        beforeMove : false,
        afterMove : false,
        afterAction : false,
        startDragging : false,
        afterLazyLoad: false
    };
  });
</script>
```

（2）实现搜索框的智能提示功能。制作过程如下：

① 准备工作。由于搜索框的智能提示功能要使用 jQuery UI 的自动完成插件，因此需要将 jQuery UI 插件的文件夹复制到当前站点的 js 文件夹中。

② 在网页的<head>区域添加引用 jQuery UI 插件的代码。代码如下：

```
<link rel="stylesheet" href="js/jquery-ui-1.12.1.custom/jquery-ui.css" />
<script
src="js/jquery-ui-1.12.1.custom/external/jquery/jquery.js"></script>
<script src="js/jquery-ui-1.12.1.custom/jquery-ui.js"></script>
```

③ 编写程序实现搜索框的智能提示功能，关键代码如下：

```
<html>
<head>
<meta charset="gb2312" />
<title>首页</title>
<link rel="stylesheet" href="css/default.css" />
<script type="text/javascript" src="js/jquery.min.js"></script>
<script src="lib/amazeui/amazeui.ie8polyfill.min.js"></script>
<script  type="text/javascript"  src="lib/handlebars/handlebars.min.js">
</script>
<script type="text/javascript" src="lib/iscroll/iscroll-probe.js"> </script>
<script type="text/javascript" src="lib/amazeui/amazeui.min.js"></script>
<script type="text/javascript" src="lib/raty/jquery.raty.js"></script>
<script type="text/javascript" src="js/main.min.js?t=1"></script>
```

```
    <link rel="stylesheet" href="js/jquery-ui-1.12.1.custom/jquery-ui.css" />
    <script
src="js/jquery-ui-1.12.1.custom/external/jquery/jquery.js"></script>
    <script src="js/jquery-ui-1.12.1.custom/jquery-ui.js"></script>
    <style>
    .ui-autocomplete {
    max-height: 100px;        /* 菜单最大高度100px，超出高度时出现垂直滚动条 */
    overflow-y: auto;         /* 垂直滚动条自动适应 */
    overflow-x: hidden;       /* 防止水平滚动条 */
    }
    </style>
    <script>
    $(function() {
    var datas = [
        "天地环保",
        "绿色环保",
        "环保会展",
        "环保画廊",
        "环保社区",
        "信息大学",
        "营养保健",
        "环保学堂"    ];
    $( "#tags" ).autocomplete({
        source: datas
    });
    });
    </script>
    </head>
    <body>
    ……（省略的页面其他代码，下面是搜索文本框所在的div代码，修改之前的代码如下）
    <div class="search-box">
        <div class="ui-widget">
        <input type="text" id="tags" placeholder="请输入您需要的环保类别"
style="width:320px;">
        </div>
        <div class="search-box-btn"></div>
    </div>
    ……（省略的页面其他代码）
    </body>
    </html>
```

在浏览器中重新打开网站首页 index.html，输入搜索关键词"环保"，即可看到搜索框的智能提示效果，如图 13-9 所示。

图 13-9　搜索框的智能提示效果

需要注意的是，读者在制作本页面时一定要记得在页面<head>区域添加引用 jQuery UI

插件的代码。

13.4　制作"联系我们"页面

网站首页制作完成后，其他页面在制作时就有章可循了，相同的样式和结构可以复用，所以在实现其他页面的实际工作量会大大小于网站首页制作。

"联系我们"页面用于显示公司联系方式和地图位置，页面效果如图 13-10 所示，布局示意图如图 13-11 所示。

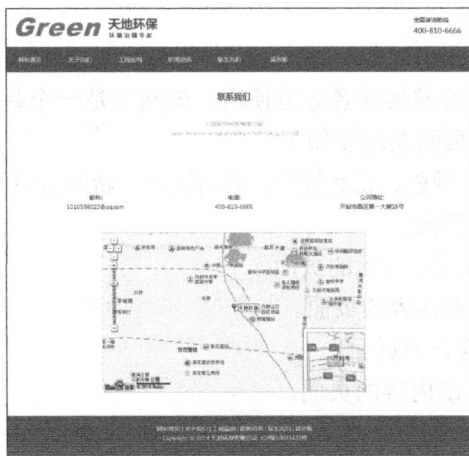

图 13-10　"联系我们"页面的效果　　　　图 13-11　布局示意图

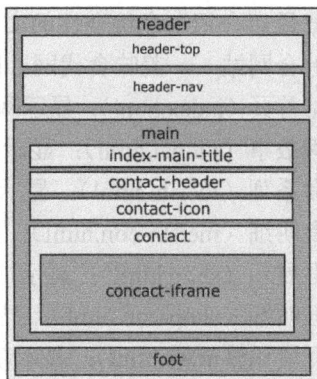

"联系我们"页面的布局与网站首页相似，如网站的 Logo、导航菜单、版权区域等，读者可以参考素材提供的代码，这里不再赘述其实现过程，而是重点讲解如何实现使用 JavaScript 结合 HTML5 获取地理位置及百度地图。

制作过程如下。

（1）准备工作。在前面章节中已经讲解了使用 JavaScript 结合 HTML5 获取地理位置及百度地图的基本方法，但如何将地图嵌入到综合案例的页面中呢？这里需要两个页面实现这一功能。

第一个页面就是"联系我们"（contact.html），第二个页面就是之前讲过的案例 9-13.html，这里为了引用方便，将其更名为 map.html，其代码不再赘述。

（2）打开 contact.html，定位到需要嵌入地图的代码位置，添加一个框架 iframe，将其源文件设置为 map.html，关键代码如下：

```
    ……（省略的页面其他代码）
<div class="contact-header">
  <span>天地环保科技有限公司</span>
  <span>Tiandi environmental protection Technology Co,Ltd</span>
</div>
<ul class="contact-icon">
  <li><span></span><span>邮件:</span><span>1010588023@qq.com</span></li>
  <li><span></span><span>电话:</span><span>400-810-6666</span></li>
  <li><span></span><span>公司地址:</span><span>开封市西区第一大街 16 号
</span></li>
  </ul>
```

```
<main class="contact">
  <iframe class="concact-iframe" src="map.html" frameborder="0" scrolling=
"no"></iframe>
  </main>
  ……（省略的页面其他代码）
```

使用这种方法，用户可以方便地将地图嵌入到任何一个需要引用地图的页面中。

至此，天地环保网站的主要页面和关键技术讲解完毕，其余页面的制作方法与主页类似，局部内容的制作已经在前面章节中讲解，读者可以在此基础上制作网站的其余页面。

13.5　实训网站

本章最后介绍一个综合性的实训网站作为习题供读者练习使用，该网站是一个基于美食题材的综合网站——美味食代网。网站的主要页面及功能如下。

网站首页（index.html）：显示网站的 Logo、导航、新品推荐、公司简介、新闻资讯等信息。

品牌故事（pinpai.html）：显示公司简介的页面。

美食系列（meishi.html）：显示美食分类与图片展示的页面。

美食明细（meishi-con.html）：显示美食详细内容的页面。

店面展示（shop.html）：显示加盟连锁店列表的页面。

店面明细（shop-con.html）：显示连锁店详细内容的页面。

新闻资讯（news.html）：显示新闻列表的页面。

新闻明细（news-con.html）：显示新闻明细的页面。

关于我们（about-us.html）：显示总公司及分公司联系方式的页面。

习题 13

1．制作天地环保网站的"关于我们"页面（about.html），如图 13-12 所示。

2．制作天地环保网站的"留言板"页面（message.html），如图 13-13 所示。

图 13-12　题 1 图

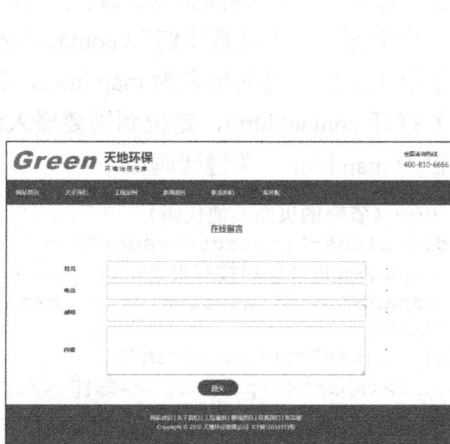

图 13-13　题 2 图

3. 制作天地环保网站的"工程案例"页面（productlist.html），如图 13-14 所示。
4. 制作天地环保网站的"新闻资讯"页面（news.html），如图 13-15 所示。

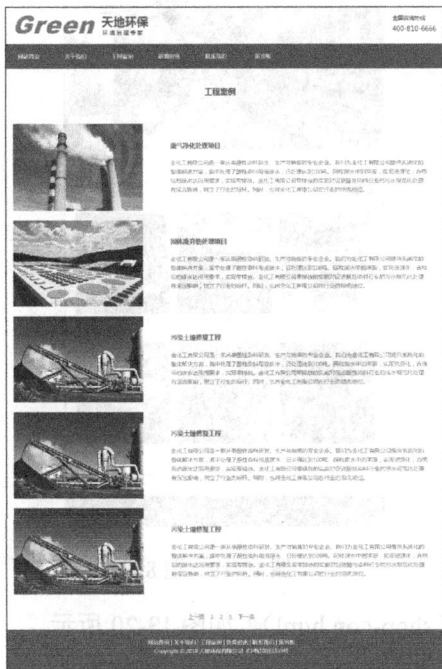

图 13-14　题 3 图

图 13-15　题 4 图

5. 制作美味食代网站的首页（index.html），如图 13-16 所示。
6. 制作美味食代网站的"美食系列"页面（meishi.html），如图 13-17 所示。

图 13-16　题 5 图

图 13-17　题 6 图

7．制作美味食代网站的"美食明细"页面（meishi-con.html），如图 13-18 所示。

8．制作美味食代网站的"店面展示"页面（shop.html），如图 13-19 所示。

图 13-18　题 7 图

图 13-19　题 8 图

9．制作美味食代网站的"店面明细"页面（shop-con.html），如图 13-20 所示。

10．制作美味食代网站的"新闻资讯"页面（news.html），如图 13-21 所示。

图 13-20　题 9 图

图 13-21　题 10 图

11．制作美味食代网站的"新闻明细"页面（news-con.html），如图 13-22 所示。

12．制作美味食代网站的"关于我们"页面（about-us.html），如图 13-23 所示。

图 13-22　题 11 图

图 13-23　题 12 图

反侵权盗版声明

电子工业出版社依法对本作品享有专有出版权。任何未经权利人书面许可，复制、销售或通过信息网络传播本作品的行为，歪曲、篡改、剽窃本作品的行为，均违反《中华人民共和国著作权法》，其行为人应承担相应的民事责任和行政责任，构成犯罪的，将被依法追究刑事责任。

为了维护市场秩序，保护权利人的合法权益，我社将依法查处和打击侵权盗版的单位和个人。欢迎社会各界人士积极举报侵权盗版行为，本社将奖励举报有功人员，并保证举报人的信息不被泄露。

举报电话：（010）88254396；（010）88258888

传　　真：（010）88254397

E-mail：　dbqq@phei.com.cn

通信地址：北京市海淀区万寿路 173 信箱
　　　　　电子工业出版社总编办公室

邮　　编：100036